中国石化员工培训教材

炼化电气设计实用指南

中国石化员工培训教材编审指导委员会　组织编写

本书主编　赵桂初

中国石化出版社

内 容 提 要

《炼化电气设计实用指南》是《中国石化员工培训教材》系列之一，属于“专业技术”类培训教材。本教材是我国石化行业现行电气设计技术规范和有关设计手册在工程设计中的具体应用与拓展。主要包括：供配电系统，负荷计算，短路电流计算，照明设计，配电设计，防雷与接地设计，变配电所设计，继电保护和自动装置，大型机组供电设计，爆炸危险环境电气设计，工厂配电综合自动化系统设计等内容。

本书是设计部门电气专业设计人员，特别是中、高级技术人员岗位技能培训的实用教材，也是石化企业从事运行、管理的电气技术人员重要的参考书。

图书在版编目(CIP)数据

炼化电气设计实用指南/赵桂初主编.
—北京：中国石化出版社，2014.1
中国石化员工培训教材
ISBN 978-7-5114-2500-3

Ⅰ.①炼… Ⅱ.①赵… Ⅲ.①石油炼制-电气设备-设计-技术培训-教材 Ⅳ.①TE62

中国版本图书馆CIP数据核字(2013)第294750号

中国石化出版社出版发行

地址：北京市东城区安定门外大街58号
邮编：100011 电话：(010)84271850
读者服务部电话：(010)84289974
http://www.sinopec-press.com
E-mail:press@sinopec.com
北京科信印刷有限公司印刷

*

787×1092毫米16开本16印张394千字
2014年1月第1版 2014年1月第1次印刷
定价：48.00元

《中国石化员工培训教材》编审指导委员会

《炼化电气设计实用指南》

编委会：

主　编：赵桂初

参编人员（按章节目录顺序排序）：

张　建　冯桂玲　杨光义

赵永明　岳金峰

审委会：

组　长：袁学群

成　员：李　辉　朱望武　姚益民

序

中国石化是上中下游一体化能源化工公司，经营规模大、业务链条长、员工数量多，在我国经济社会发展中具有举足轻重的作用。公司的发展，基础在队伍，关键在人才，根本在提高员工队伍整体素质。员工教育培训是建设高素质员工队伍的先导性、基础性、战略性工程，是加强人才队伍建设的重要途径。

当前，我们已开启了建设世界一流能源化工公司的新航程，加快转变发展方式的任务艰巨而繁重，这对进一步做好员工教育培训工作提出了新的更高要求。我们要以中国特色社会主义理论为指导，紧紧围绕企业改革发展、队伍建设和员工成长需要，以提高思想政治素质为根本，以能力建设为重点，积极构建符合中国石化实际的培训体系，加大重点和骨干人才培训力度，深入推进全员培训，不断提高教育培训的质量和效益，为打造世界一流提供有力的人才保证和智力支持。

培训教材是员工学习的工具。加强培训教材建设，能够有效反映和传递公司战略思想和企业文化，推动企业全员学习，促进学习型企业建设。中国石化员工培训教材编审指导委员会组织编写的这套系列教材，较好地反映了集团公司经营管理目标要求，总结了全体员工在实践中创造的好经验好做法，梳理了有关岗位工作职责和工作流程，分析研究了面临的新技术、新情况、新问题等，在此基础上进行了完善提升，具有很强的实践性、实用性和较高的理论性、思想性。这套系列培训教材的开发和出版，对推动全体员工进一步加强学习，进而提高全体员工的理论素养、知识水平和业务能力具有重要的意义。

学习的目的在于运用，希望全体员工大力弘扬理论联系实际的优良学风，紧密结合企业发展环境的新变化、新进展、新情况，学好用好培训教材，不断提高解决实际问题、做好本职工作的能力，真正做到学以致用、知行合一，把学习培训的成果切实转变为推进工作、促进改革创新的实际行动，为建设世界一流能源化工公司作出积极的贡献。

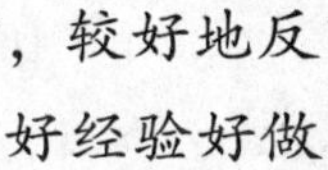

二〇一二年七月十六日

前　言

根据中国石化发展战略要求，为加强培训资源建设、推进全员培训的深入开展，集团公司人事部组织梳理了近些年培训教材开发成果，调研了企业培训教材需求，开展了中国石化员工培训过程体系研究。在此基础上，按职业素养、综合管理、专业技术、技能操作、国际化业务、新员工等六类，组织编写覆盖石油石化主要业务的系列培训教材，初步构建起中国石化特色的培训教材体系。这套系列教材围绕中国石化发展战略、队伍建设和员工成长的需要，以提高全体员工履行岗位职责的能力为重点，把研究和解决生产经营、改革发展面临的新挑战、新情况、新问题作为重要目标，把全体员工在实践中创作的好经验好做法作为重要内容，具有较强的实践性、针对性。这套培训教材的开发工作由中国石化员工培训教材编审指导委员会组织，集团公司人事部统筹协调，总部各业务部门分工负责专业指导和质量把关，主编单位负责组织培训教材编写。在培训教材开发和编写的过程中，上下协同、团结合作，各级领导给予了高度重视和支持，许多管理专家、技术骨干、技能操作能手为培训教材编写贡献了智慧、付出了辛勤的劳动。

《炼化电气设计实用指南》为专业技术培训类型的教材。由富有炼化电气设计几十年工作经验的专家负责编写和审定。本教材主要适用于从事电气设计工作且有一定工作经历的中、高级工程技术人员学习、参考。

在工程设计过程中，电气专业设计人员，除了必要的专业知识外，还必须遵循许多电气技术设计规范，也需要参考各种专业性的设计手册，但对规范的正确理解和应用需要长期的实践过程，另外还常常会遇到设计规范未界定的问题，这些都给工作时间不长、经验不足的电气设计人员带来许多困惑。通过本教材的培训，能使他们拓展思路、少走弯路，为全面掌握工程设计中一些常用的关键技术问题提供帮助。

教材编写过程中不但注意到设计标准的现实性，与最新颁布的设计规范衔接同步，更注重使设计规范应用的具体化，如对《爆炸危险环境电力装置设计规范》中不确定的概念提出具体的推荐数据。

教材注重示范性和实用性，通常是叙述原理或计算公式之后，紧接着列举计算实例，对于工程设计中经常使用的数据，进行了大量的计算并列出计算结果表供设计人员直接选用，如低压断路器选择与整定表，常用配电变压器损耗计算结果表，低压系统短路电流计算结果表等等。

教材中涉及的电气设备，应该是现行最先进、可靠、实用的产品。

在表达方式上，尽量多用图表，减少重复性的文字叙述。

《炼化电气设计实用指南》由炼化工程（集团）股份有限公司组织编写，由中石化洛阳工程有限公司编写组承担具体编写工作。主编赵桂初，参加编写的人员有张建、冯桂玲、杨光义、赵永明、岳金峰。具体分担内容如下：

赵桂初　第一章～第五章、第八章、第十章、第十一章

张　建　第六章

冯桂玲　第七章

杨光义　第九章

赵永明　第十章、第十一章英文附录翻译

岳金峰　第十二章

本教材已经中国石油化工集团公司人事部审定通过，主审袁学群（中国石化工程建设有限公司），参加审定的人员有李辉、朱望武（中国石化工程建设有限公司）、姚益民（中石化上海工程有限公司）。审定工作得到了工程企业管理部、洛阳工程有限公司人力资源部的大力支持；中国石化出版社对教材的编写和出版工作给予了通力协作和配合，在此一并表示感谢。

由于本教材涵盖的内容较多，不同设计部门、不同企业之间也存在着差别，编写难度较大，加上编写时间仓促，不足之处在所难免，敬请各使用单位及个人对本教材提出宝贵意见和建议，以便以后修订时补充更正。

目　录

第一章　概　述

1　目的

现代化企业可持续发展，靠的是科学技术不断更新和进步，而掌握先进技术并使其在工程实践中得以应用靠的是人才。在现代化石油化工企业中，作为主要生产动力的电力供应，对保证企业安全、可靠、高效生产起到至关重要的作用。为此就需要有一个先进可靠的厂内配电系统，而第一步就需要有一个高水平的配电系统设计。编写本教材的目的在于培养从事电气专业的设计人员，特别是中、高级设计技术人员，通过本教材的培训，使其成为全面掌握本专业设计内容，并能解决石化企业配电系统设计中关键技术问题的骨干人才。

2　适用范围

2.1　设计部门的中、高级电气专业设计人员

这些人受过高等教育，具有电力系统或工厂配电方面的专业基础知识，并从事电气专业设计工作约5年以上，参与过一些项目的工程设计，对本专业的设计程序、设计内容、各专业之间的配合关系等都有了较全面的了解，但涉及的内容无论在广度和深度方面都还不够，对设计规范或设计手册中的内容理解不够透彻，在具体应用方面尚不能得心应手，处理工程设计、施工、试车中技术上比较复杂的问题显得经验不足。通过本教材相关内容的培训，使他们的理论认识更加巩固、技术水平及实际应用能力进一步提高。

2.2　石化企业内电气专业技术人员和管理人员

这些人从事企业内供电系统的运行管理，是企业安全、可靠供电的保证。他们必须熟悉配电系统设计的内容，掌握设计意图，例如设备的性能、保护的整定与配合，设计数据的由来及验证等等，并能从实际运行中，及时发现问题和处理问题。本教材许多内容揭示了设计文件和图纸上结果数据的由来。掌握了本教材的内容，在某种程度上就具备了对企业现有配电系统的分析、判断和改进的能力。

3　编写内容的说明

3.1　与设计规范、设计手册的关系

工程设计必须遵循相关的设计规范，电气专业所涉及的规范、规定非常多，熟悉这些规范、规定并在工程设计中正确应用是从事设计工作的电气工程师的必修课。另外，就专业知识而言，除了教科书就是各种类型的电气设计手册，其中在石化行业最常用的是《工业与民

用配电设计手册》。作为训练有素的电气设计技术人员，理解并掌握这些专业设计手册中的内容，也是不可或缺的基本功。

本教材编写的内容，就是力图使有一定设计经验的电气技术人员，进一步掌握在工程设计中专业知识的具体应用、逐步加深对设计规范的理解，不断积累设计经验，全面提高设计技术水平。

本教材的内容既要遵循有关设计规范，也不会违背设计手册中的基本原理，但也不是设计规范和设计手册内容的简单重复，在一定程度上应该是设计规范和设计手册的内容在工程设计中的具体实施和伸延。并力图使电气设计人员在设计过程中更实用、更省力、更方便。

3.2 应用技术和设计标准的先进性

电气技术在不断发展、进步，设计标准在不断更新，电气设备更是在激烈竞争中不断求新发展，教材的内容必须紧跟时代步伐。技术标准采用已颁布实施的有效版本，包括与电气设计有关的各种国家标准和行业标准。其次，在设备选用上(指为了阐述原理或计算方法时的产品举例)，注重技术先进成熟、运行可靠、节能环保的产品。对全厂电气系统的配置、监控等方面突出智能化、信息化的理念。

3.3 突出实用性、示范性

每个章节的内容，除了规范要求、现行作法、计算公式等叙述外，都有举例示范。在解决了怎么做怎么算以后，为了减少设计人员的重复工作量，还列出常用的一些计算结果数据。如常用变压器损耗、低压断路器选择及整定表等等。

3.4 对设计规范中不具操作性的内容提出推荐作法

某些设计规范的条款中，会出现一些不确定的概念，如《爆炸危险环境电力装置设计规范》中的“酌情考虑”、“按具体情况确定”、“设备附近”等等，怎么“考虑”？“附近”是多远？没有可操作性。还有设计规范没有规定、但工程中确实存在的情况，如污水处理设施的预分离器(隔油池)的危险区域划分，上述规范中只有无盖的分离器危险范围尺寸，而现在为了环保，隔油池一般都有盖板，如何划分危险范围？这些都是工程设计中不能回避的问题。本教材对这类问题特别是经常遇到的问题提出推荐作法。

3.5 对相关资料的引用

为了节省篇幅，教材中多处直接引用设计规范和设计手册的内容，例如：在“负荷计算”一章中“上述三种类型负荷的定义见规范 SH/T 3116—2000《炼油厂用电负荷设计计算方法》第 2.0.7 条至 2.0.9 条”，在“变配电所设计”一章中“其他电气设备的校验计算可直接查阅《工业与民用配电设计手册(第三版)》第五章有关公式和数据表”，在“短路电流计算”一章中“运算曲线参见上述《设计手册》第 4－4 节图 4－4～图 4－8，或运算曲线数字表 表 4－15～表 4－16”等等。这种引用方式，主要是为了节省本教材的篇幅，另外也是考虑到被引用的文件资料，是设计人员最常用的、几乎人人必备的工具书，很容易查阅到。

3.6 电气产品及生产厂家

教材内容一般不涉及产品的生产厂家，但有时为了说明该类型设备如何应用，需要以某种型号举例示范。例如低压智能型保护监控装置，以 LM 系列示例，并不代表对该型号产品的褒贬。

3.7 教材的时效性

由于教材内容涉及许多设计标准和产品性能等信息，而设计标准总是在不断更新，产品性能也在不断改进，涉及的设计手册内容也会不断修订。因此从这种意义上讲，该教材有一定的时效性，加之使用单位或个人会提出一些改进意见，所以本教材需要不断修订。但主要内容和基本原理不会变化。

第二章　供配电系统

1　设计规范

GB 50052—2009《供配电系统设计规范》

SH/T 3060—2013《石油化工企业供电设计规范》

GB 50217—2007《电力工程电缆设计规范》

2　负荷分级

石化企业的用电负荷，根据其所含生产装置的重要性及对供电可靠性、连续性的要求，分为一级企业用电负荷、二级企业用电负荷两级。

2.1　一级企业用电负荷

联合型和大型石油化工企业的用电负荷属于一级企业用电负荷。在这些企业中，重要的或主要的生产装置及确保其正常运行的公用设施的用电负荷为一级企业用电负荷。这些负荷供电中断，将造成重大经济损失，且恢复供电后需要很长时间才能恢复正常生产。

在一级企业用电负荷中，当突然中断供电时，为确保安全停车，避免引起火灾、爆炸中毒、人身伤害，及时抢救、撤离工作人员，为此目的而必须保证供电的负荷，属于一级企业用电负荷中特别重要的负荷。

2.2　二级企业用电负荷

二级企业用电负荷是指企业主要生产装置及其相应公用设施的用电负荷。这些负荷供电中断，将造成较大的经济损失，但不会发生人员伤亡，恢复供电后能较快地恢复正常生产。

在计算企业用电负荷时，要分别计算出一级用电负荷和二级用电负荷及总负荷。一级用电负荷中，可不考虑一级用电负荷中特别重要的负荷。

2.3　用电负荷分级的举例

石化企业中生产装置和公用设施负荷分级举例见表 2－1。

表 2－1　生产装置和公用设施负荷分级举例

用电负荷级别	生产装置名称	重要单元(工段)	备　注
一级生产装置用电负荷	常减压装置		提供炼油化工原料
	催化裂化装置	反应单元(提升管)	
	渣油加氢装置		
	蜡油加氢裂化装置		

续表

用电负荷级别	生产装置名称	重要单元(工段)	备　注
一级生产装置用电负荷	渣油裂解装置		提供化肥装置原料
	连续重整装置		
	重油加氢处理装置		
	乙烯装置	裂解区、压缩区等	
	聚乙烯装置(高压法)	压缩、聚合、挤压	
	聚乙烯装置(非高压法)	压缩、聚合、挤压	
	聚丙烯装置(气相法聚合)	聚合、干燥、挤压	
	聚丙烯装置(液相本体法聚合)	聚合、干燥、挤压	
	聚苯乙烯装置	聚合工段	聚合釜为一级负荷中特别重要负荷
	乙二醇装置	压缩工段	
	氯乙烯装置(乙烯法)	裂解工段	
	氯乙烯装置(电石法)	转化工段	
	直接纺丝装置	蒸汽、冷却水	
	空分装置	氮气和氧气工段	提供其他装置原料
	重要的公用设施	生产用蒸汽、冷却水、工艺用氢气、氧气、保安氮气、仪表用压缩空气等	
二级生产装置用电负荷	气体分馏装置		
	产品精制装置		
	叠合装置		
	甲基叔丁基醚(MTBE)装置		
	焦化装置		
	涤纶抽丝装置		
	间接纺丝装置		
	苯乙烯装置		
	PTA 装置		
	制苯装置		

3　供电电源

3.1　石化企业一般采用外供电为主的供电方式，联合型企业宜采用自发电为主的供电方式。不少企业由于考虑热能的综合利用，设置 1～2 台小型“以汽定电”的发电机组，对节省企业能耗、减少外购电是有积极意义的，但一般不能视为一个供电电源。

3.2　一级企业用电负荷应由双重电源供电，当一电源发生故障时，另一电源不应同时受到损坏。为此，这两个电源应当满足：

3.2.1　两个电源分别取自不同的变电站同级电压母线。一个电源系统故障，另一个不受影响。这是最理想的供电方式，但在实际工程中，有时难满足这样的条件。

3.2.2　两个电源分别取自同一变电站，但运行时电路不相连或连接不紧密的同级电压母线。由于电气距离较远，当一个电源系统发生故障时，另一个电源仍能维持足够高的电压水平并满足企业一、二级用电负荷需要。实际工程中大多数是属于这种电源。

3.2.3　为一级负荷供电的两回电源线路，不宜共杆塔架设。每回线路都能输送企业的全部用电负荷。

3.2.4　大型联合企业如果设置有足够大的自备电站，能满足或基本满足本企业一、二级用电负荷需要，当外电网故障时，设置有快速自动解列装置和低频率自动减载装置，可视为独立电源之一，另外一路电源取自电网。

3.3　二级企业用电负荷宜由两回线路供电，并满足：

3.3.1　这两回线路可以取自同一变电站、同一电压级的不同母线段。当一回线路故障或检修时，另一回线路应能供全部负荷。

3.3.2　当电源系统发生故障时，应保证有一回线路立即重合闸，并维持正常电压水平。

4　厂内供电系统

4.1　工厂受电电压及厂内供电电压

受电电压、厂内供电电压等级与企业总用电负荷大小有关，大致可归纳为：

4.1.1　用电负荷 $P\leqslant$5MW

受电电压10kV，厂区供电电压10kV；用电电压10kV，380/220V。

4.1.2　用电负荷2MW $\leqslant P\leqslant$ 40MW

受电电压35kV；厂区供电电压6(10)kV；用电电压6(10)kV，380/220V。

4.1.3　用电负荷20MW $\leqslant P\leqslant$ 50MW

受电电压66(110)kV；厂区供电电压10(6)kV；用电电压10(6)kV，380/220V。

4.1.4　用电负荷50MW $\leqslant P\leqslant$ 120MW

受电电压110(220)kV；厂区供电电压35(10)kV；用电电压6(10)kV，380/220V。

4.1.5　用电负荷90MW $\leqslant P\leqslant$ 200MW

受电电压220kV；厂区供电电压35(110)kV；用电电压10(6)kV，380/220V。

注：大中型企业的装置变电所低压系统推荐采用660V。

4.1.6　企业电源受电端允许的电压偏差值见SH/T 3060—2013《石油化工企业供电设计规范》表4.1.3-1。

4.2　企业内部供配电电压级数

企业内部供配电电压等级一般分三级：

110(35或66)kV，6(10)kV，0.38/0.22kV。

大型、特大型企业可能分四级：

220(110)kV，35kV，6(10)kV，0.38/0.22kV(0.66/0.38 kV)。

4.3　电气主接线

4.3.1　110kV电压级

一般采用单母线分段接线。但当出线回路数大于6回，或有自备发电机组接入时，宜采用双母线接线。

4.3.2 35kV 电压级

当作为受电电压时，宜采用单母线分段接线，个别情况可采用内桥接线。当作为厂内供电电压时，宜采用双母线接线；当有自备发电机接入该电压母线时，应采用双母线接线。

4.3.3 6～10kV 电压级

作为厂内用电电压，单母线分段接线；作为受电电压，双回路受电，单母线分段接线；单回路受电，单母线接线。

4.3.4 电压 660V 及以下

单母线分段或单母线接线。

4.3.5 发电机组的接入

以汽定电的发电机组接入电网方式要注意两点：一是限制 6(10)kV 母线短路电流，二是尽量做到发、供分开，即尽量不要直接接入用电电压母线上。

4.3.5.1 自备发电机容量在 12MW 及以上时，宜采用发电机－变压器单元接线。25MW 及以上时，应采用发电机－变压器单元接线。优先接入厂内 35kV 供电母线，若厂内无 35kV 电压，则接入 110(35，220)kV 受电电压母线。

4.3.5.2 小型(3～6MW)发电机组可直接接入 6(10)kV 电压母线。

4.3.6 大型电动机组接入

若采用变压器－电动机组供电，应接入厂内 35kV 供电母线，若厂内无 35kV 供电电压，则接入 110(35，220)kV 受电电压母线，此时若因供电部门要收取变压器设备费(贴费)而经济上不合理时，可采用软启动方式将电机接入总变 6(10)kV 母线上。

4.3.7 上下级供电关系

厂内供、配电系统同一电压不宜多于 2 级。尽量避免由一个装置变电所 6(10)kV 母线向另一个装置变电所(10)kV 母线供电的方式。大型装置 35k 变压器容量尽量按装置计算负荷选择；较小装置(单元)可合建变电所，但宜增加一级供电母线(联合装置除外)。

个别小型装置(单元)的低压负荷可由就近的装置(单元)变电所 6(10)kV 供电，在该装置(单元)设 6(10)/0.38kV 变压器。

4.4 系统接地方式

企业内部供电系统接地方式有以下几种：

4.4.1 110kV 和 220kV 系统

变压器中性点经隔离开关直接接地，其接地点实际运行状态一般由供电部门决定。

4.4.2 6kV～35kV 及系统

根据系统接地电容电流的大小不同，接地方式分以下几种：

4.4.2.1 不接地系统

系统较小，预计接地电容电流小于下述规定数值时。

4.4.2.2 经消弧线圈接地系统

下列情况应经消弧线圈接地：

① 35kV 电缆配电系统，单相接地电容电流大于 10A。通常接在同一系统并投入运行的 35kV 电缆平均总长度大于 2km 时，单相接地电容电流就可能达到 10A。

② 10(6)kV 电缆配电系统，单相接地电容电流大于 30A。这是规范规定的数值，实际

上，10(6)kV 系统，为了限制间歇性弧光过电压，并考虑到负荷的增长，一般在设计时系统总接地电容电流达到20A 左右，就要设置接地电容电流补偿装置(即消弧线圈)，以减少接地点的接地电流。

通常接在同一系统并投入运行的10kV 电缆平均总长度大于20km、6kV 电缆平均总长度大于25km 时，单相接地电容电流就可能达到20A。

6(10)kV 接地电容电流计算见第四章“短路电流计算”。

4.4.2.3　中性点经小电阻接地，有些企业6(10)kV 系统采用小电阻接地，当出线发生接地故障后，保护动作迅速切除故障线路。这种接地方式，判断故障线路准确，切除故障迅速，没有弧光过电压；但对供电连续性有一定的影响。接地电阻设备的选择，取决于接地电流的限制水平。

4.4.3　自备发电机中性点接地

4.4.3.1　中性点不接地，此时通常在中性点安装一只避雷器保护中性点过电压。

4.4.3.2　当接在同一系统的6(10)kV 发电机有两台及以上时，按照系统统一规划，可能将其中一台发电机中性点经消弧线圈接地或电阻接地。由于大多数企业自备发电机为“以汽定电”运行以及检修停运，石化企业一般不在自备发电机中性点装设接地补偿装置。

4.5　中性点接地设备的选择与计算

4.5.1　消弧线圈补偿容量选择

系统中性点经消弧线圈接地，可以补偿接地时相应地接地电容电流，使接地点电弧容易熄灭，并抑制弧光接地过电压。推荐选用具有自动调节功能的消弧线圈，这样在接地电容电流发生变化时，可以很方便调节脱谐度使其不超过 ±5%，以便把弧光过电压水平限制在2.6 倍相电压以下。

(1) 脱谐度 γ 按式(2－1)计算：

$$\gamma = \frac{I_c - I_L}{I_c} \tag{2-1}$$

式中　I_L——消弧线圈的电感电流，A；

I_c——电网的接地电容电流，A。

(2) 消弧线圈的补偿容量按式(2－2)计算：

$$Q_x = KI_c U_n / \sqrt{3} \tag{2-2}$$

式中　Q_x——消弧线圈补偿容量，kVA；

K——系数，过补偿取1.35，欠补偿按脱谐度确定；

I_c——电网的接地电容电流，A；

U_n——系统的标称电压，kV。

4.5.2　接地变压器选择

对于系统变压器有中性点引出时，消弧线圈应接在变压器中性点上。系统中没有中性点引出的设备时，应选用专用 Z 型三相接地变压器，其中性点接消弧线圈(或接地电阻)，推荐选用干式无激磁调压接地变压器。

接地变压器的容量 S_{rT} 应与消弧线圈的补偿容量 Q_x 相匹配。

即

$$S_{rT} \geqslant Q_x \tag{2-3}$$

4.5.3 接地电阻器选择

在6(10)kV系统中采用的电阻接地，一般有三种形式，即高电阻、中电阻和低电阻接地。其单相接地故障电流范围分别为：<10A，30~300A，600~1000A。

(1) 接地电阻的额定电压按式(2-4)确定：

$$U_{rR} = \frac{1.05U_n}{\sqrt{3}} \quad (2-4)$$

(2) 接地电阻器的电阻值按式(2-5)计算：

$$R = \frac{U_n}{\sqrt{3}KI_c} \times 10^3 \quad (2-5)$$

式中 U_{rR}——接地电阻器的额定电压，kV；

U_n——系统标称电压，kV；

I_c——系统单相接地电容电流，A；

K——系数，单相接地时电阻电流与电容电流的比值，一般为1.1~1.5。

(3) 接地电阻器的功率按式(2-6)确定：

$$P_R = U_{rR}I_R \quad (2-6)$$

式中 I_R——电阻电流，A，$I_R = KI_c$；

其余符号同前。

4.5.4 计算示例

某石化企业总变电所110/10.5kV主变压器，Yn，d接线，10kV侧无中性点引出，10kV系统全部电缆线路，计算的最大接地电容电流 $I_c = 75A$(30A，应采取补偿措施，计算补偿设备的容量。

4.5.4.1 消弧线圈补偿，即系统经消弧线圈接地

消弧线圈补偿容量按式(2-2)计算，即

$$Q_x = KI_cU_n/\sqrt{3} = 1.35 \times 75 \times 10/\sqrt{3} = 585\ \text{kVA，取630kVA}$$

选用可自动调感抗的消弧线圈。

4.5.4.2 接地变压器选择

由于系统变压器没有中性点引出，需采用专用Z型三相接地变压器，将消弧线圈接于该变压器的中性点。接地变压器的容量与消弧线圈相同，630kVA。

4.5.4.3 接地电阻器选择

若10kV系统采用电阻接地，即将电阻器接于接地变压器的中性点。

电阻器的额定电压：

$$U_{rR} = \frac{1.05U_n}{\sqrt{3}} = \frac{1.05 \times 10}{\sqrt{3}} = \frac{10.5}{\sqrt{3}} = 6.06\ \text{kV，取6.3kV}$$

电阻器的电阻值：

$$R = \frac{U_n}{\sqrt{3}KI_c} \times 10^3 = \frac{10}{\sqrt{3} \times 1.3 \times 75} \times 10^3 = 59.2\ \Omega\text{，取}60\Omega$$

属于中电阻接地范围。

电阻器的额定功率：

$$P_R = U_{rR}I_R = 6.3 \times 1.3 \times 75 = 614.25\ \text{kVA，选用630kVA}$$

实际单相接地故障电流：

最大 $I_{jd}=10.5\times10^3/(\sqrt{3}\times60)=101\ A$

最小 $I_{jd}=10\times10^3/(\sqrt{3}\times60)=96.2\ A$

电阻器实际消耗功率：

$$\text{最大 } P_r=101^2\times60\times10^{-3}=612\ kVA<630kVA$$

5 变电所的设置

5.1 企业内部应设置总变(配)电所

总变电所接入系统的输入电源并向全厂各装置(单元)变电所供电。大型企业的总变电所可能不止一座。总变(配)电所的位置应根据外电源引入方位、线路型式(架空线或电缆)、自备电站位置、装置变电所负荷大小及分布情况综合考虑确定。

5.2 企业内各装置(单元)按以下原则设置装置变电所

5.2.1 主要生产装置(或联合装置)宜设置专用的变(配)电所，由企业总变(配)电所直接供电。

5.2.2 用电负荷较小的生产装置，按照平面位置，可以几套装置合建一个联合变(配)电所(或区域变电所)。

5.2.2.1 当这些装置在生产流程上联系密切(可称其为联合装置)时，可只设一套6(10)kV配电装置，供所有中压负荷，低压负荷宜按配电变压器分组分装置供电；

5.2.2.2 当这些生产装置各自为独立开停时，原则上应各自设置一套6(10)kV配电装置和低压配电系统，分开供电；但当中压电动机负荷较少时(如每套装置不多于2台)，也可只设一套6(10)kV配电装置，供所有中压负荷。低压负荷按配电变压器分组分装置供电。这些配电装置布置在同一建筑物内。

5.3 重要的公用设施应设置专用变(配)电所。这些变(配)电所和在生产上有密切联系的生产装置变(配)电所由总变电所同一母线供电。生产装置专用的、或1~2个生产装置合用的公用设施，也可由相应的装置变(配)电所供电。

5.4 装置变(配)电所应急电源的设置

各生产装置、自备电站等一级负荷中特别重要的负荷应各自设置应急电源供电。彼此相邻、在生产上有密切联系的生产装置，宜统一设置应急电源。应急电源一般布置在相应的装置变(配)电所内。

5.4.1 生产装置一级负荷中特别重要的负荷，正常应由双电源供电，在正常电源失电后，由应急电源供电。

5.4.2 应急电源设备

以下电源设备可作为应急电源：

① 蓄电池；

② UPS电源装置；

③ 快速启动的柴油发电机组或燃气发电机组(启动时间不大于15s)；

④ 供电网络中独立于正常电源的专用馈电线路(有自动投入装置)。

5.4.3 对应急电源系统的要求及典型接线方式

5.4.3.1 一级负荷中特别重要的负荷，正常情况下应由工作电源供电，工作电源全部中断后才由应急电源供电。

5.4.3.2 不得将其他负荷接入应急电源系统。

5.4.3.3 应急电源应设置专用母线段。

5.4.3.4 典型接线图

（1）由UPS电源装置供电的典型接线图(图2－1)

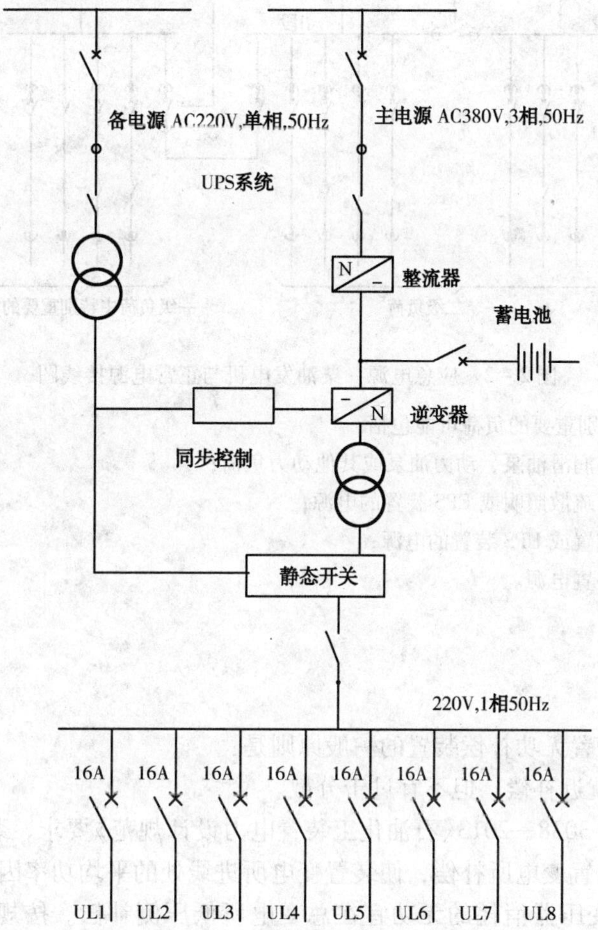

图2－1 UPS电源装置接线图

注：一级负荷中特别重要的负荷可能包括：机柜间负荷、DCS控制系统、微机监控装置等。

较小容量的UPS电源装置，如20kVA及以下，主电源和旁路电源及输出回路电压可为单相220V；40kVA及以上，主电源和旁路电源电压应为三相380V，输出应为三相380V/220V；当容量在20kVA以上，40kVA以下，主电源宜为三相380V，旁路电源及配出回路宜为单相220V。

（2）由快速启动的柴油发电机组供电的应急电源系统典型接线图(图2－2)

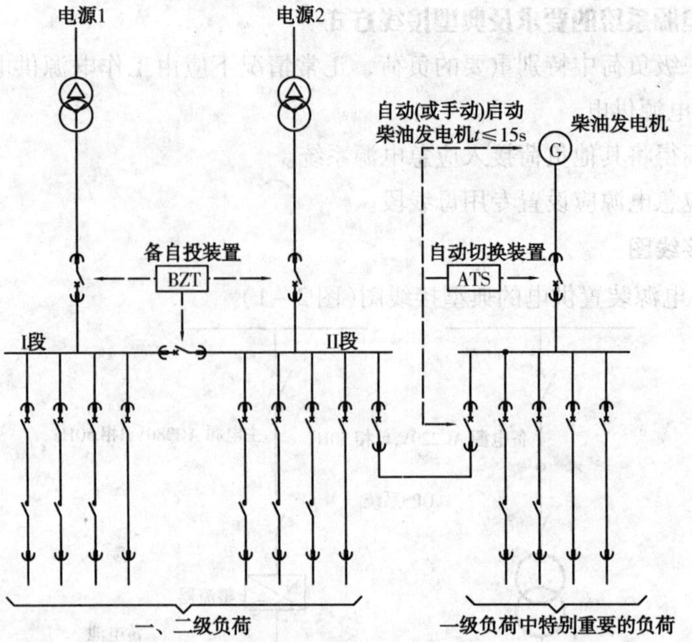

图 2-2 应急电源-柴油发电机与正常电源接线图

注：一级负荷中特别重要的负荷可能包括：

1. 大型机组的润滑油泵、动力油泵或其他动力负荷；
2. 事故照明、疏散照明或 EPS 装置的电源；
3. 直流电源装置或 UPS 装置的电源；
4. 微机监控装置电源。

6 无功补偿

企业配电系统设置无功补偿装置的一般原则是：

① 宜靠近负荷就近补偿，但不宜过于分散。

② 按规范 SH/T 3038—2013《石油化工装置电力设计规范》要求，装置(单元)用电负荷的消耗的无功应在装置变电所补偿，使装置变电所进线处的平均功率因数不低于 0.93。

③ 总变电所主变压器消耗的无功宜在总变电所低压侧补偿。按规范 SH/T 3036—2013《石油化工企业供电设计规范》要求，企业用电负荷的平均功率因数不应低于 0.9，实际运行情况是多数企业都高于此值。

④ 负荷中有同步电动机的生产装置，如加氢、制氢装置，应充分发挥同步电动机无功补偿的作用，原则上不用补偿或仅在低压母线上适当补偿。

⑤ 正常运行的大型异步电动机组，如正常处于异步发电工况，或轻载电动工况，应在电动机专用母线段进行补偿，补偿容量计算见第十章“大型机组供电设计”。

⑥ 有自备发电机的企业，应考虑发电机所发无功对企业功率因数的补偿作用。

⑦ 中性点非直接接地的 6~10kV 系统，宜采用并联电容器成套装置，其接线方式为中性点不接地的星形或双星形。低压电容器成套补偿装置一般采用三角形接线方式。

⑧ 补偿电容器宜采用自动分组投切装置，对于用电负荷变化不大的生产装置分组数不

宜过多，一般分 2 ~ 3 组即可满足母线电压波动的要求。

⑨ 电容补偿装置补偿容量的计算见第三章 5.1.2 节。

7 电动机容量与电压选择

① 中压用电设备电压为 6kV，低压 380V，则电动机电压宜为：

电动机容量	$P \geqslant 160$ kW	6kV
	$P < 160$ kW	380V

如果低压系统有 660V 又有 380V 两种电压，则电动机电压宜为：

电动机容量	$P \geqslant 220$kW	6kV
	55kW $\leqslant P \leqslant$ 250kW	660V
	$P \leqslant$ 55kW	380V

② 中压用电设备电压为 10kV，低压 380V，则电动机电压宜为：

电动机容量	$P \geqslant 200$kW	10kV
	$P < 200$kW	380V

如果低压系统有 660V 又有 380V 两种电压，则电动机电压宜为：

电动机容量	$P \geqslant 250$kW	10kV
	55kW $\leqslant P \leqslant$ 250kW	660V
	$P \leqslant$ 55kW	380V

注：如果采用变频驱动，经过技术经济比较，低压 660V 电动机容量可达到 450kW 以上，低压 380V 电动机可达到 315kW。

8 电能质量——电压偏差与电压波动

8.1 用电设备端电压偏差允许值

8.1.1 电动机端电压

一般情况下　±5%；

极少数远离变电所　+5% ~ −10%。

8.1.2 照明灯具

一般工作场所　±5%；

远离变电所小面积一般场所　+5% ~ −10%；

应急照明、道路照明和检修照明　±5% ~ −10%。

8.2 线路电压损失计算

① 三相平衡负载，如电动机负载按式(2 −7a)或式(2 −7b)计算：

$$\Delta u = \frac{\sqrt{3}Il}{10U_n}(R'\cos\phi + X'\sin\phi) \tag{2-7a}$$

或

$$\Delta u = \frac{Pl}{10U_n^2}(R' + X'\tan\phi) \tag{2-7b}$$

② 单相相电压负载线路，如220V 照明线路按式(2-8)计算：

$$\Delta u = \frac{2\sqrt{3}Il}{10U_n}(R'\cos\phi + X'\sin\phi) \quad (2-8)$$

式中 Δu——线路电压损失,%；

U_n——系统标称电压，kV；

各级电压的标称电压值35kV，10kV，6kV，0.38kV，电压损失的百分数都是对各自的标称电压而言的；

I——负荷电流，A；

l——线路长度，km；

$\cos\phi$——负荷功率因数；

R'、X'——三相线路电阻和电抗，Ω/km。

③ 计算示例

某电动机回路，380V，90kW，$I_n=160A$，轴功率72kW，轴功率下的 $\cos\phi=0.89$ 效率 $\eta=93.9\%$，输入功率 $P=72/0.939=76.7kW$，工作电流130.9A，电缆 $3\times120mm^2$，铜芯，长310m，电缆单位长度电阻 $R'=0.181\Omega/km$，电抗 $X'=0.077\Omega/km$。

按式(2-7a)：

$$\Delta u = \frac{\sqrt{3}\times130.9\times0.31}{10\times0.38}(0.181\times0.89+0.077\times0.456) = 3.63\%$$

或按式(2-7b)：

$$\Delta u = \frac{76.7\times0.31}{10\times0.38^2}(0.181+0.077\times0.512) = 3.63\%$$

8.3 变压器电压损失计算

8.3.1 计算公式

变压器电压损失按式(2-9)计算：

$$\Delta u = \beta(u_a\cos\phi + u_r\sin\phi) \quad (2-9)$$

$$u_a = \frac{100\times P_k}{S_{rt}}$$

$$u_r = \sqrt{u_k^2 - u_a^2}$$

式中 β——变压器的负载率；

$\cos\phi$——负荷的功率因数；

u_k——变压器短路阻抗,%；

u_a——变压器短路阻抗的有功分量,%；

u_r——变压器短路阻抗的无功分量,%；

P_k——变压器短路损耗，kW；

S_{rt}——变压器额定容量，kVA。

8.3.2 计算示例

配电变压器S10型，1000kVA，$u_k=4.5\%$，负载率 $\beta=50\%$，负载 $\cos\phi=0.87$，短路损

耗 $P_k=9.6$ kW。

计算 u_a 和 u_r：

$$u_a = \frac{100 \times P_k}{S_{rt}} = \frac{100 \times 9.6}{1000} = 0.96\%$$

$$u_r = \sqrt{u_k^2 - u_a^2} = \sqrt{4.5^2 - 0.96^2} = 4.396\%$$

当负载率为50%时，电压损失：

$$\Delta u = 0.5(0.96 \times 0.87 + 4.396 \times 0.493) = 1.5\%$$

当负载率为100%时：

$$\Delta u = 1.0 \times (0.96 \times 0.87 + 4.396 \times 0.493) = 3\%$$

常用配电变压器满载时的电压损失见中国电力出版社《工业与民用配电设计手册(第三版)》(以下简称《设计手册》)表6-1。

8.3.3 变压器的电压提升

配电变压器电压比6(10)kV ±5%/0.4 kV 表示额定变比为6(10)/0.4kV 即分接头置于0位、当一次侧电压为标称电压值6(10)kV 时，二次空载电压为400V，相对于二次标称电压380V偏移+5%。即有5%的电压提升。

不同分接头时二次电压提升情况见表2-2。

表2-2 配电变压器空载时二次侧电压

10(6)/0.4kV 分接开关位置	+5%	0	-5%
二次侧空载电压/V	380	400	420
电压提升/%	0	+5	+10

8.3.4 电动机端的电压偏差

考虑变压器电压提升后，电动机端的电压偏差按式(2-10)计算：

$$\Delta u_x = \Delta u_1 + e - \Sigma\Delta u \tag{2-10}$$

式中 Δu_x ——线路末端或电动机端的电压偏差,%；

$\Sigma\Delta u$ ——串联电路中电压损失之和,%；

Δu_1 ——变压器的一次电压提升,%；

e——变压器的二次侧电压提升,%。

上述实例中，如果配电变压器一次侧实际电压为6kV，分接开关置于0位，变压器50%和100%负载率时，90kW 电动机端的电压偏差为：

$\Delta u_x = \Delta u_1 + e - \Sigma\Delta u = 0+5-(3.63+1.5) = -0.13\%$ $(\beta=50\%)$

即：机端电压 $U=380(100\%-0.13\%)=379.5\text{V} \cong U_n$

或 $\Delta u_x = 0+5-(3.63+3.0) = -1.63\%$ $(\beta=100\%)$

机端电压 $U=380(100\%-1.63\%)=373.8\text{V}$

考虑变压器电压提升后，低压线路允许的电压损失见《设计手册》表6-7。

8.4 电动机启动时电压波动计算

8.4.1 母线电压降允许值

① 装置变电所6(10)kV 母线、380V 母线：

经常启动　　　　　≤10%；

不经常启动　　　　≤15%。

② 总变电所或区域变电所6(10)kV母线：

经常启动　　　　≤8%~10%

不经常启动　　　　≤10%~12%。

③ 总变35(110)kV母线　≤5%。

8.4.2 电动机启动方法的选择

① 中压电动机启动方式选择顺序是：全压直接启动—电抗器降压启动—自耦变压器降压启动—变压器-电动机组启动—软启动设备启动。

② 低压电动机启动方式选择顺序是：全压直接启动—自耦变压器降压启动—星三角降压启动(正常Δ接线、线圈两端都引出的电机)—软启动设备启动。

③ 降压启动时机端电压应当满足式(2-11)的要求：

$$u_m \geqslant \sqrt{\frac{1.1M_j}{M_{stm}}} \tag{2-11}$$

式中　u_m——启动时电动机端电压相对值；

M_{stm}——电动机启动转矩相对值；

M_j——被驱动负载静阻力矩相对值。

上述转矩都以电机的额定转矩为基准。

④ 电动机启动电压降计算，详见第九章“大型机组供电设计”。

8.5 电能质量控制

大量非线性用电负荷的应用，将对供电系统造成谐波污染，例如变频设备、软起动设备和某些气体放电灯等，设计中宜采取措施，使系统中谐波电压和在公共连接点注入的谐波电流满足GB/T 14549《电能质量　共用电网谐波》的要求。

9　厂内供电线路

石化企业内部严禁采用架空线路，与外部架空线路的距离至少满足1.5倍杆塔高度。厂区内部供电线路主要指的是由总变电所(或区域变电所、动力中心)至各装置(单元)变电所供电的线路，也包括装置(单元)之间的供电线路。这些线路应全部选用电缆线路。电压等级包括35kV、10kV、6kV和0.38kV，电缆型号、截面及敷设方式的选择一般应遵循以下原则：

① 正常运行以双回路为下级变电所供电的线路，每回线路的截面应按经济电流密度校验；当一回线路因故障停运时，另一回线路的载流量在考虑各种修正系数后，应满足全部所供负荷的要求，并校验最大电压偏移值。

② 以35kV双回路向装置变电所35/6(10)kV变压器供电的线路，正常运行所带负荷应满足经济电流密度要求，当一回线路因故障停运时，另一回线路的载流量在考虑各种修正系数后，应满足一台变压器工作电流的要求，并考虑5%的过负荷系数，校验最大电压偏移值。

③ 以单回路供电的线路，其年最大负荷运行小时数一般都在6000h以下，可按长期允许载流量选择导体截面。

④ 推荐选用铜导体、交联聚乙烯绝缘电力电缆。

⑤ 优先选用三芯(四芯或五芯－对低压电缆线路)电缆，当载流量不能满足要求或三芯电缆需要中间接头时，可选用单芯电缆。

⑥ 当有工艺管桥可利用时，宜采用桥架敷设。也可采用电缆沟沿电缆支架敷设，当电缆根数不多于6根时，可直接埋地敷设。在爆炸危险环境敷设的电缆，详见第十一章“爆炸危险环境电气设计”。

附录1　厂外供电线路的输电容量

1　220kV 钢芯铝绞线架空线路

1.1　架空导线 LGJ 的允许发热载流量及输电容量(见附表1－1)

附表1－1　220kV 架空线 LGJ 允许载流量　　$\theta_n = 70℃$

环境温度			30℃		35℃		40℃	
导线截面/mm²	导线电阻/(Ω/km)	导线电抗/(Ω/km)	载流量/A	输送容量/MVA	载流量/A	输送容量/MVA	载流量/A	输送容量/MVA
LGJ－150			418	159	391	149	360	137
185	0.17	0.440	484	184	453	172	416	158
240	0.132	0.342	574	218	536	204	494	188
300	0.107	0.427	658	250	615	234	566	215
400	0.080	0.417	748	285	706	269	646	246

注：本表(下同)仅按导线允许发热计算输送容量，未考虑供电距离，当供电距离较远时，允许输送容量尚应考虑电压损失。

1.2　按经济电流密度选择(经济电流密度范围 $j = 0.8 \sim 1.2\text{A/mm}^2$)

通常，正常运行方式要求双回路供电的情况下，应按经济电流密度校验导线截面。当一回线路满足全负荷(按允许发热校验)要求时，在多数情况下，也满足前者要求。

2　110kV 送电线路

2.1　110kV 钢芯铝绞线架空线路的允许发热载流量及输电容量(见附表1－2)

附表1－2　110kV 架空线 LGJ 允许载流量　　$\theta_n = 70℃$

环境温度			30℃		35℃		40℃	
导线截面/mm²	导线电阻/(Ω/km)	导线电抗/(Ω/km)	载流量/A	输送容量/MVA	载流量/A	输送容量/MVA	载流量/A	输送容量/MVA
LGJ－150	0.21	0.403	418	79	391	74	360	68
185	0.17	0.395	484	92	453	86	416	79
240	0.13	0.388	574	109	536	102	494	94
300	0.11	0.382	658	125	615	117	566	107
400	0.08	0.373	748	142	706	134	646	123

2.2　110kV 单芯电缆

单芯交联聚乙烯绝缘皱纹铝护套铜导线电缆载流量及输电容量(见附表1－3)

附表 1-3 110kV 单芯电缆载流量及输电容量

导线截面/mm²	空气中敷设40℃				直埋地敷设25℃			
	三角形敷设		平面敷设		三角形敷设		平面敷设	
	载流量/A	输送容量/MVA	载流量/A	输送容量/MVA	载流量/A	输送容量/MVA	载流量/A	输送容量/MVA
240	561	107	615	117	465	88	513	98
300	636	121	703	134	521	99	579	110
400	731	139	814	155	588	112	661	126
500	836	159	943	179	662	126	752	143
630	954	181	1090	207	740	141	853	162

3 63kV 送电线路

3.1 架空线 LGJ 允许发热载流量及输电容量（见附表 1-4）

附表 1-4 63kV 架空线 LGJ 允许载流量 $\theta_n = 70℃$

环境温度			30℃		35℃		40℃	
导线截面/mm²	导线电阻/（Ω/km）	导线电抗/（Ω/km）	载流量/A	输送容量/MVA	载流量/A	输送容量/MVA	载流量/A	输送容量/MVA
LGJ-150	0.21	0.403	418	45.6	391	42.6	360	39.3
185	0.17	0.395	484	52.8	453	49.4	416	45.4
240	0.13	0.388	574	62.6	536	58.4	494	53.9
300	0.11	0.382	658	71.8	615	67.1	566	61.7
400	0.08	0.373	748	81.6	706	77.0	646	70.4
500								

3.2 63kV 单芯电缆

单芯交联聚乙烯绝缘皱纹铝护套铜导体电缆载流量及输电容量见附表 1-5。

附表 1-5 63kV 单芯电缆载流量及输电容量

导线截面/mm²	空气中敷设40℃				直埋地敷设25℃			
	三角形敷设		平面敷设		三角形敷设		平面敷设	
	载流量/A	输送容量/MVA	载流量/A	输送容量/MVA	载流量/A	输送容量/MVA	载流量/A	输送容量/MVA
185	481	52.4	531	57.8	404	44	449	48.9
240	562	61.2	626	68.2	466	50.8	521	56.7
300	638	69.5	715	77.9	522	56.9	588	64.1
400	733	79.9	828	90.2	590	64.3	670	73
500	839	91.4	958	104.4	664	72.3	762	83
630	957	104.3	1107	120.6	742	80.8	864	94.1

注：以上电缆数据摘自江苏宝胜比瑞利电缆有限公司产品样本，单点接地系统。

4 35kV 送电线路

架空线 LGJ 允许发热载流量及输电容量见附表 1-6。

附表 1－6　35kV 架空线 LGJ 允许载流量　$\theta_n = 70℃$

环境温度	30℃		35℃		40℃	
导线截面/mm²	载流量/A	输送容量/MVA	载流量/A	输送容量/MVA	载流量/A	输送容量/MVA
LGJ－150	418	25.3	391	23.7	360	21.8
185	484	29.3	453	27.4	416	25.2
240	574	34.8	536	32.5	494	30
300	658	39.8	615	37.2	566	34.3

附录 2　厂内供电线路的输电容量

1　35kV 电缆线路，交联聚乙烯绝缘，铜芯电力电缆允许载流量(见附表 2－1)

附表 2－1　35kV 电缆载流量及输电容量

导线截面/mm²	空气中敷设 30℃				直埋地敷设 25℃			
	三　芯		单　芯		三　芯		单　芯	
	载流量/A	输送容量/MVA	载流量/A	输送容量/MVA	载流量/A	输送容量/MVA	载流量/A	输送容量/MVA
70	229	13.9	328	19.8	159	9.6	191	11.5
95	277	16.8	400	24.2	189	11.4	217	13.1
120	322	19.5	465	28.2	214	12.9	246	14.9
150	371	22.5	537	32.5	242	14.6	278	16.8
185	424	25.7	615	37.3	272	16.5	313	18.9
240	500	30.3	725	43.9	314	19.0	361	21.9
300	577	34.9	839	50.8	353	21.4	406	24.6
400	651	39.5	1009	61.1	397	24.0	457	27.7

注：单芯电缆为三角形布置，埋地热阻系数 $\rho = 2.5K \cdot m/W$。

2　6(10)kV 交联聚乙烯绝缘，铜芯电力电缆允许载流量(见附表 2－2)

附表 2－2　6(10)kV 电缆允许载流量及输电容量

导线截面/mm²	空气中敷设 30℃				直埋地敷设 25℃			
	三　芯		单　芯		三　芯		单　芯	
	载流量/A	输送容量/MVA	载流量/A	输送容量/MVA	载流量/A	输送容量/MVA	载流量/A	输送容量/MVA
50	202	2.1/3.5	289	3.0/5.0	147	1.5/2.5	176	1.8/3.0
70	255	2.6/4.4	371	3.8/6.4	182	1.9/3.1	218	2.2/3.8
95	310	3.2/5.3	452	4.7/7.8	215	2.2/3.7	258	2.7/4.4
120	355	3.7/6.1	525	5.4/9.1	245	2.5/4.2	294	3.0/5.1
150	406	4.2/7.0	606	6.3/10.5	277	2.8/4.8	332	3.3/5.7
185	462	4.8/8.0	694	7.2/12	310	3.2/5.3	372	3.8/6.4
240	545	5.6/9.4	819	8.5/14.1	360	3.7/6.2	421	4.4/7.3
300	635	6.6/11	947	9.8/16.4	408	4.2/7.0	477	4.9/8.2

注：(1)表中分子/分母分别为 6(10)kV 最大允许输送容量。

(2)单芯电缆为三角形布置，埋地热阻系数 $\rho = 2.5K \cdot m/W$。

(3)按经济电流密度选择电缆时，电缆的经济电流密度可取 $0.9 \sim 1.3A/mm^2$，电价变化范围 0.3～0.5 元/kW·h。

第三章　负荷计算

1　设计规范

SH/T 3116—2000《炼油厂用电负荷设计计算方法》

2　用电负荷的性质

从交流电路的角度，用电负荷可分为感性负载、容性负载、电阻性负载等，这些负载由同一母线供电，如图 3－1 所示，它们具有相同的电压(大小和相位)。但每个回路中电流各不相同(有效值和相位角)。

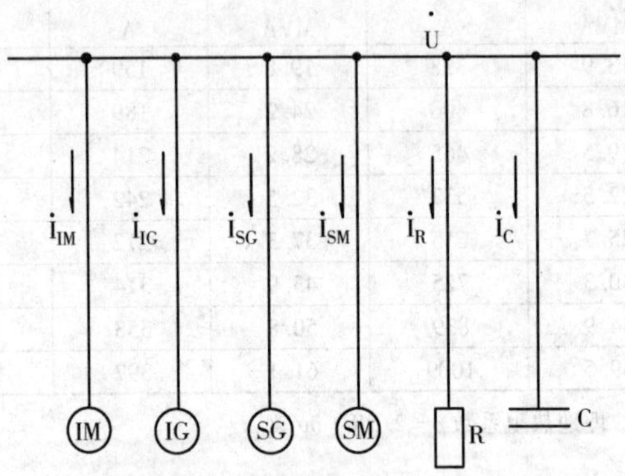

图 3－1　接在同一母线上的不同负载

IM—异步电动机；IG—异步发电机；SG—同步发电机；

R—加热器；C—电容器；SM—同步电动机

2.1　用电负荷的复数表达式

采用代数学的复数表达方式计算上述各种负载的有功功率、无功功率和视在功率会使计算更为简洁明了，如式(3－1)所示。

$$S = P + jQ \tag{3-1}$$

式中　P——有功功率，kW；

Q——无功功率，kvar；

S——视在功率，kVA。

复数的模，即视在功率的大小，如式(3－2)所示。

$$S = \sqrt{P^2 + Q^2} \tag{3-2}$$

2.2　常用负荷的有功、无功功率的正、负取值

根据用电负荷统计的习惯，将企业消耗的电力(有功和无功)取为正值，而企业自身发

出的电力取为负值

各种性质的负荷可用其电压、电流的矢量关系在在直角坐标系中表示，见图3-2。

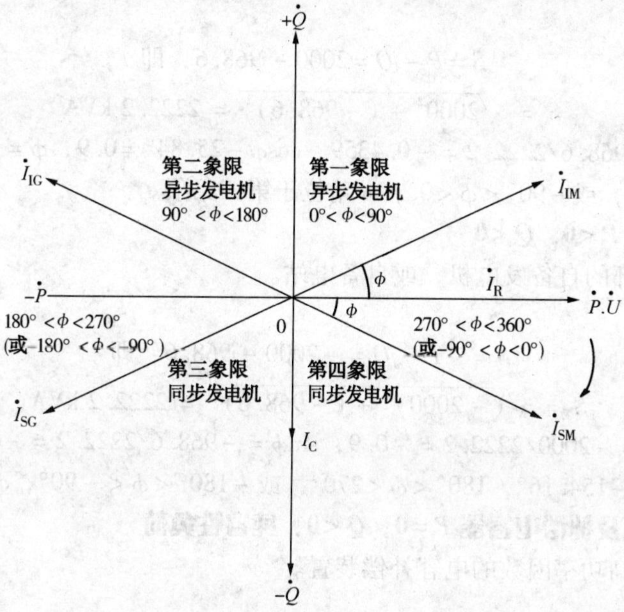

图3-2　不同负载的电流、电压矢量关系

图中横坐标为电压矢量 $\vec{U}$，右为正，左为负。以电压矢量为参考点，电流矢量 $\vec{I}$ 可处于坐标系中任何位置，假设坐标系中的矢量顺时针方向旋转。电流矢量在横坐标(电压)的投影即为有功功率 P，在纵坐标上的投影即为无功功率 Q，见式(3-3)和式(3-4)。

$$P = U \times I \times \cos\phi \tag{3-3}$$

$$Q = U \times I \times \sin\phi \tag{3-4}$$

式中，ϕ 为电压矢量与电流矢量之间的夹角，即功率因数角。

当电流矢量在第一象限，即电流滞后于电压，$0° < \phi < 90°$ 属于感性负荷，如异步电动机。电流矢量在横坐标和纵坐标上的投影都为正值，即有功功率和无功功率都是正值，说明既消耗有功也消耗无功。以下就石化企业常见负荷的有功、无功和视在功率分析如下。

2.2.1　异步电动机 $P>0$，$Q>0$，感性负荷，电流相位滞后于电压，$0°<\phi<90°$

例如，当 $P=2000\text{kW}$，$Q=968.6\ \text{kvar}$，复数表达式为：

$S=2000+j968.6$，即

$$S = \sqrt{2000^2 + 968.6^2} = 2222.2\ \text{kVA}$$

$\cos\phi = P/S = 2000/2222.2 = 0.9$，$\phi = 25.84°$，$0<\phi<90°$，$\phi$ 角位于第一象限。

这是企业内最大的用电负荷。

2.2.2　异步发电机 $P<0$，$Q<0$，感性负荷，电流滞后于电压，但 $90°<\phi<180°$

例如，催化裂化装置能量回收机组中的异步电机，它发出有功功率、吸收电网的无功功率。复数表达式为：

$$S = -P + jQ = -2000 + j968.6，即$$

$$S = \sqrt{(-2000)^2 + 968.6^2} = 2222.2\ \text{kVA}$$

$\cos\phi = P/S = -2000/2222.2 = -0.9$，$\phi = 154.16°$，$90° < \phi < 180°$，$\phi$ 角位于第二象限。

2.2.3 同步电动机 $P>0$，$Q<0$，容性负荷，电流相位超前于电压，但 $270°<\phi<360°$

它消耗电网的有功功率，发出无功功率。

复数表达式为：

$$S=P-jQ=2000-j968.6\text{，即}$$

$$S=\sqrt{2000^2+(-968.6)^2}=2222.2\ \text{kVA}$$

$\sin\phi=Q/S=-968.6/2222.2=-0.4359$，$\cos\phi-25.84°=0.9$，$\phi=-25.84°=334.16°$

$270°<\phi<360°$，或 $-90°<\phi<0°$，ϕ 角位于第四象限。

2.2.4 同步发电机 $P<0$，$Q<0$

例如，企业内部的自备发电机，或自备电站。

复数表达式为：

$$S=-P-jQ=-2000-j968.6\text{，即}$$

$$S=\sqrt{(-2000)^2+(-968.6)^2}=2222.2\ \text{kVA}$$

$$\cos\phi=-2000/2222.2=-0.9\text{，}\sin\phi=-968.6/2222.2=-0.4359$$

$\phi=205.84°=-154.16°$，$180°<\phi<270°$，或 $-180°<\phi<-90°$，ϕ 角位于第三象限。

2.2.5 同步调相机及补偿电容器 $P=0$，$Q<0$，纯容性负荷

例如，用于提高功率因数的电容补偿装置。

复数表达式为：

$$S=0-jQ=0-j968.6\text{，即}$$

$$S=\sqrt{0+(-968.6)^2}=968.6\ \text{kVA}$$

$$\cos\phi=0/968.6=0\text{，}\sin\phi=-968.6/968.6=-1.0$$

$$\phi=-90°=270°$$

2.2.6 并联电抗器 $P=0$，$Q>0$，纯感性负荷

电力部门有这种应用，企业内部少见。空载运行的感应电动机也可近似视为纯感性负荷。

复数表达式为：

$S=0+jQ=0+j968.6$，即

$$S=\sqrt{0^2+968.6^2}=968.6\text{kVA}$$

$$\cos\phi=0/968.6=0\text{，}\sin\phi=968.6/968.6=1.0\text{，}\phi=90°$$

2.2.7 电阻加热器 $P>0$，$Q=0$，纯电阻负荷

例如，各种用途的电加热器，可视为纯电阻负荷，仅消耗有功功率，不消耗无功功率。

复数表达式为：

$$S=P+j0=2000+j0\text{，即}$$

$$S=\sqrt{2000^2+0^2}=2000\text{kVA}$$

$$\cos\phi=2000/2000=1.0\text{，}\sin\phi=0\text{，}\phi=0°$$

3 石化企业负荷计算方法

3.1 轴功率法逐台计算

生产装置（含主要公用工程单元）的机、泵负荷应按轴功率逐台进行计算。

3.2　需要系数计算法

机修、仪修、电修、化验室、中心控制室、变电所、机柜间、办公室等按需要系数法计算。

3.3　按配电系统从下而上计算

即从单台用电设备负荷计算到装置(单元)负荷计算，再到装置变电所负荷计算，再到区域变电所负荷计算、全厂总变电所负荷计算，最后到电源进线处。

4　生产装置(单元)用电负荷计算

除备用机泵外，对连续运行、短时运行或间断性反复周期运行的负荷，采用轴功率法逐台进行计算。上述三种类型负荷的定义见规范 SH/T 3116—2000《炼油厂用电负荷设计计算方法》第 2.0.7 条至 2.0.9 条。

计算正常用电负荷，不应包括以下用电设备：备用机泵、消防水泵、电动阀、插座、检修动力箱等。

4.1　连续运行的用电设备负荷计算

计算公式见 SH/T 3116—2000 式(3.0.3－4)～式(3.0.3－9)，计算举例如下：

某 500×10t/a 常减压装置，常二线泵，年运行 8000h，配套电机 YB2－280M－2W，90kW，380V，轴功率 51.8kW，负载率 100%、75%、50% 的效率和 $\cos\phi$ 分别为 η = 93.9%、93.9%、93%，$\cos\phi = 0.91$、0.87、0.82(从产品样本中查得)。

电机负载率 $K_t = 51.8/90 = 0.575$

计算在 $K_t = 0.575$ 时的效率 η 和 $\cos\phi$，由于 $0.5 < K_t \leqslant 0.75$

运行负载率时的效率：

$$\eta = (0.939 - 0.93) \times \frac{(0.575 - 0.5)}{0.25} + 0.93 = 0.9327 = 93.27\%$$

运行负载率时的功率因数：

$$\cos\phi = (0.87 - 0.82) \times \frac{(0.575 - 0.5)}{0.25} + 0.82 = 0.835,\ \tan\phi = 0.659$$

所以，有功消耗　$P_1 = 51.8/0.9327 = 55.54\ \text{kW}$

无功消耗 $Q_1 = 55.54 \times 0.659 = 36.6\ \text{kvar}$

视在功率 $S_1 = \sqrt{P_1^2 + Q_1^2} = \sqrt{55.54^2 + 36.6^2} = 66.52\ \text{kVA}$

年用电量 $W_1 = 55.54 \times 8000 = 444320\ \text{kWh} = 44.432 \times 10^4\ \text{kWh}$

同样，计算出该装置连续运行的其他机泵 P_2，P_3…，Q_2，Q_3…，

显然，计算运行负载率下的效率 η 和 $\cos\phi$ 有些繁琐，通常可按以下数据简化：

当 $K_t \geqslant 0.75$，取 $\eta = \eta_n$；$0.75 > K_t > 0.5$　取 $\eta = 0.98\eta_n$

当 $K_t \geqslant 0.80$，取 $\cos\phi = \cos\phi_n$；$0.80 > K_t > 0.5$　取 $\eta = 0.95\cos\phi_n$

式中，K_t——电动机负载率；

η，η_n——分别为运行负载率时和额定负荷时的效率；

$\cos\phi$，$\cos\phi_n$——分别为运行负载率时和额定负荷时的功率因数

装置连续运行负荷按有功、无功分别汇总，见式(3-5)：

$$P_{m1} = \sum_{n=1}^{n} P_n \qquad Q_{m1} = \sum_{n=1}^{n} Q_n \tag{3-5}$$

式中 P_{m1}，Q_{m1}——连续运行负荷总有功功率(kW)和无功功率(kvar)；

P_n，Q_n——第 n 台连续运行负荷的有功功率(kW)和无功功率(kvar)。

4.2 断续及反复短时运行的用电设备计算负荷

根据轴功率用上述同样的方法逐台计算出 P_d、Q_d，对于电加热器，用额定功率，对于起重机按25%暂载率计算；然后按有功、无功分别汇总，见式(3-6)：

$$P_{d1} = \sum_{d=1}^{n} P_d \text{ , } Q_{d1} = \sum_{d=1}^{n} Q_d \tag{3-6}$$

式中 P_{d1}，Q_{d1}——断续负荷总有功功率(kW)和无功功率(kvar)；

P_d，Q_d——第 n 台断续负荷的有功功率(kW)和无功功率(kvar)。

4.3 装置(单元)的最大计算负荷

将装置(单元)连续负荷和间断负荷按有功、无功分别相加，计算出总的有功功率、无功功率和视在功率，见式(3-7)~式(3-9)：

$$P_m = K_c\sum_{n=1}^{n} P_n + K_d\sum_{d=1}^{n} P_d = (0.95-1.0)\sum_{n=1}^{n} P_n + 0.25\sum_{d=1}^{n} P_d \quad \text{kW} \tag{3-7}$$

$$Q_m = K_c\sum_{n=1}^{n} Q_n + K_d\sum_{d=1}^{n} Q_d = (0.95-1.0)\sum_{n=1}^{n} Q_n + 0.25\sum_{d=1}^{n} Q_d \quad \text{kvar} \tag{3-8}$$

$$S_m = \sqrt{P_m^2 + Q_m^2} \quad \text{kVA} \tag{3-9}$$

式中 K_c——考虑电动机同时系数及馈电线路损耗后的综合系数，连续运行电动机台数 n 较多时取低值，较少时取高值，通常可参考以下取值：$n<20$，$K_c=1.0$；$20<n\leqslant40$，$K_c=0.97$；$n>40$，$K_c=0.95$

K_d——短时运行及间断运行电动机负荷系数，取 $K_d=0.25$。

5 装置变、配电所负荷计算

5.1 配电变压器容量选择

5.1.1 低压总负荷计算

按照上述公式(3-7)~式(3-9)分别计算出装置(单元)低压总有功负荷、无功负荷和视在功率，例如：

某装置380V，总的计算负荷：$P_m=1072$ kW，$Q_m=630$ kvar。

$$S_m = \sqrt{1072^2+630^2} = 1243.4\text{ kVA}, \qquad \cos\phi_1 = 0.862 \text{（补偿前）}$$

5.1.2 电容补偿容量计算

将某负荷 P 的功率因数从 $\cos\phi_1$ 提高到 $\cos\phi_2$，需要补偿的无功功率 Q_c 按式(3-10)计算：

$$Q_c = P \times (\tan\phi_1 - \tan\phi_2) \tag{3-10}$$

对上式中，将现有功率因数 $\cos\phi_1 = 0.862(\tan\phi_1 = 0.588)$ 补偿到 $\cos\phi_2 = 0.95(\tan\phi_2 = 0.328)$，则补偿容量 Q_c 为：

$$Q_c = 1072 \times (\tan\phi_1 - \tan\phi_2) = 1072 \times (0.588 - 0.328) = 278.7\ \text{kvar}$$

取 $Q_c = 300$ kvar。

补偿后 $S = \sqrt{1072^2 + (630-300)^2} = 1121.6$ kVA　$\cos\phi_2 = 0.956$

5.1.3 变压器容量选择

选 S10M 型 2×1250 kVA 变压器，变压器负载率为：

$K_t = 1121.6/2 \times 1250 = 0.45 = 45\%$

5.2 变压器损耗计算

变压器损耗计算公式见附录 1，配电变压器在不同负载率的有功、无功损耗见附录 1 中的附表 1－1～附表 1－6。

对于本例，查附表 1－2，$K_t = 45\%$ 得：

$$\Delta P_t = 2 \times 3.9 = 7.8\ \text{kW}$$

$$\Delta Q_t = 2 \times 18.89 = 37.8\ \text{kvar}$$

5.3 变压器高压侧总负荷

$$P_{t1} = 1072 + 7.8 = 1079.8\ \text{kW}$$

$$Q_{t1} = 330 + 37.8 = 367.8\ \text{kvar}$$

5.4 高压电动机的计算负荷

计算方法同 4.1，得：

$$P_G = \sum_{n=1}^{n} P_{Gn},\ Q_G = \sum_{n=1}^{n} Q_{Gn} \tag{3-11}$$

式中　P_G，Q_G——连续运行高压电机的总有功功率(kW)和无功功率(kvar)；

P_{Gn}，Q_{Gn}——第 n 台连续运行高压电机有功功率(kW)和无功功率(kvar)。

5.5 低压总负荷(考虑变压器损耗后)计算，见 5.3，得：

$$P_t = \sum_{n=1}^{n} P_{tn},\ Q_t = \sum_{n=1}^{n} Q_{tn} \tag{3-12}$$

式中　P_t，Q_t——低压总负荷的有功功率(kW)和无功功率(kvar)；

P_{tn}，Q_{tn}——第 n 台变压器负荷的有功功率(kW)和无功功率(kvar)。

5.6 6(10)kV 电容补偿(如果有的话)

如果需要在 6(10)kV 系统补偿无功，按式(3－10)计算出补偿容量 Q_c

5.7 装置 6(10)kV 配电所进线总负荷

考虑了高压电动机负荷、低压电动机负荷及配电变压器损耗以及高、低压无功补偿后，按式(3－13)～式(3－15)计算出6～10kV配电所进线处总的有功负荷、无功负荷和视在负荷：

$$P_L = P_G + P_t \tag{3-13}$$

$$Q_L = Q_G + Q_t - Q_c \tag{3-14}$$

$$S_L = \sqrt{P_L^2 + Q_L^2} \tag{3-15}$$

式中 P_L，Q_L——6(10)kV变配电所总负荷的有功功率(kW)和无功功率(kvar)；

S_L——6(10)kV变配电所总负荷的视在功率，kVA；

Q_c——6(10)kV配电所电容补偿容量，kvar。

5.8 装置(单元)年电能消耗

5.8.1 计算公式

应分别计算每年工作小时数不同各组用电设备的年耗电量，然后将它们相加，如式(3－16)所示：

$$W_u = K_b \sum_{i=1}^{n} P_i T_i + \sum_{j=1}^{n} \Delta W_{tj} + \sum_{k=1}^{n} \Delta W_{retk} \tag{3-16}$$

式中 W_u——装置(单元)年电能消耗，kWh；

P_i——年工作小时数为T_i的用电设备计算负荷，kW；

T_i——用电设备年工作小时数，h；

K_b——不平衡系数，取0.80～0.95，年工作小时数较大时取较小值；

$\sum_{j=1}^{n} \Delta W_{tj}$——装置(单元)所有变压器年有功电能损耗之和，kWh；

$\sum_{k=1}^{n} \Delta W_{retk}$——装置(单元)所有电抗器年有功电能损耗之和，kWh。

其中，变压器(双线圈)年有功电能损耗ΔW_t按式(3－17)计算：

$$\Delta W_t = \Delta P_n T + \Delta P_r \left(\frac{S_{lm}}{S_r}\right)^2 \tau \tag{3-17}$$

式中 ΔP_n——变压器空载时有功损耗，kW；

ΔP_r——变压器额定负载时有功损耗，kW；

T——变压器接入供电系统的小时数，h；

S_{lm}——变压器二次侧计算负荷，kVA；

S_r——变压器额定容量，kVA；

τ——最大负荷年损耗小时数，见表3－1。

表3－1 最大负荷年利用小时数(T_m)与最大负荷年损耗小时数(τ)的关系

T_m/h \ τ/h \ $\cos\phi$	0.80	0.85	0.90	0.95	1.00
1000	1150	750	650	400	250
1500	1300	950	800	600	450
2000	1500	1200	1000	800	700
2500	1700	1500	1250	1100	950

续表

τ/h \ cosφ T_m/h	0.80	0.85	0.90	0.95	1.00
3000	2000	1800	1600	1400	1250
3500	3350	2150	2000	1800	1600
4000	2750	2500	2400	2200	2000
4500	3150	3000	2900	2700	2500
5000	3600	3500	3400	3200	3000
5500	4100	4000	3950	3750	3600
6000	4650	4600	4500	4350	4200
6500	5250	5200	5100	5000	4850
7000	5950	5900	5800	5700	5600
7500	6650	6600	6550	6500	6400
8000	7400		7350		

对工艺生产装置，一般取 $T_m=8000$ h，$\cos\phi=0.85\sim0.90$，$\tau=7380\sim7350$h。

5.8.2 计算实例

【例】某工艺装置高、低压计算负荷的有功功率分别为：

$$P_G=\sum_{n=1}^{n}P_{Gn}=2100\ \text{kW}$$

$$P_m=K_c\sum_{n=1}^{n}P_n+K_d\sum_{d=1}^{n}P_d=1072\ \text{kW}$$

考虑无功补偿后，低压负荷的视在功率为 1121.6kVA，年运行小时数 8000h，计算该装置年电能消耗。

【解】选用 2 台 1250kVA、S10M 变压器，有关数据如下：

变压器正常负载率为 45%；

空载损耗　$\Delta P_n=1.58$ kW；

额定负载时有功损耗 $\Delta P_r=11.46$ kW；

该装置年运行小时数 $T=8000$ h；

取不平衡系数 $K_b=0.85$。

变压器年电能损耗按式(3－17)：

$$\Delta W_t=\Delta P_nT+\Delta P_r\left(\frac{S_{lm}}{S_r}\right)^2\tau=2\times1.58\times8000+11.46\times0.45^2\times7350=59393\ \text{kWh}$$

查表 3－1，最大负荷年损耗小时数 $\tau=7350$ h。

所以，装置年电能消耗为：

$$W_u=K_b\sum_{i=1}^{n}P_iT_i+\sum_{j=1}^{n}\Delta W_{tj}=0.85\times(2100+1072)\times8000+59393=2162.9\times10^4\ \text{kWh}。$$

将装置年电能消耗计算结果汇入“装置(单元)负荷表”中，见 8.2 节。

6　机修、仪修、电修、化验室、办公室等建筑物负荷计算

采用需要系数法计算，参考 SH/T 3116—2000 第 3.0.4 条计算。照明负荷也可按第五章

5.3 节计算，本章从略。

将计算结果按单元汇总到6(10)/0.4kV 变电所，再汇总到6(10)kV 配电所(或直接汇入总变电所)

7 总变电所（或区域变电所）负荷计算

7.1 6~10kV 侧总负荷

将由总变电所配出的每一路负荷按式(3-18)~式(3-20)汇总：

$$P = K_c \sum_{n=1}^{n} P_{Ln} \tag{3-18}$$

$$Q = K_c \sum_{n=1}^{n} Q_{Ln} \tag{3-19}$$

$$S = \sqrt{P^2 + Q^2} \tag{3-20}$$

式中 K_c——系数，$K_c = 1.01 \sim 1.02$，是考虑了线路损耗；

P_{Ln}，Q_{Ln}——第 n 个6(10)kV 变配电所总负荷的有功(kW)和无功功率(kvar)；

S——总变电所6(10)kV 侧总负荷的视在功率，kVA。

如果总变电所有无功补偿，则无功计算中要减去补偿容量。

7.2 总变电所一次侧进线总负荷

同样，先根据式(3-20)求得的 S 计算出主变压器负载率，再计算主变压器有功、无功损耗，将二次侧总负荷加上变压器损耗即为总变电所一次侧进线总负荷。

7.3 全厂电能消耗计算

全厂电能消耗按式(3-21)计算：

$$W_{to} = \sum_{i=1}^{n} W_{ui} + \sum_{j=1}^{n} \Delta W_{tj} + \sum_{k=1}^{n} \Delta W_{retk} \tag{3-21}$$

式中 W_{to}——全厂电能消耗，kWh；

$\sum_{i=1}^{n} W_{ui}$——全厂各装置(单元)电能消耗之和，kWh；

$\sum_{j=1}^{n} \Delta W_{tj}$——全厂总变主变压器电能消耗之和，kWh；

$\sum_{k=1}^{n} \Delta W_{retk}$——全厂总变电抗器电能消耗之和，kWh。

上述计算比较繁琐，通常可用式(3-22)简化公式计算：

$$W_{to} = 1.02 \sum_{i=1}^{n} W_{ui} \tag{3-22}$$

即取全厂各装置(单元)电能消耗之和的1.02倍。将计算结果汇入“全厂用电负荷表”中，见8.4节。

8 负荷计算与负荷汇总表

工程设计中，常将上述第4~7节每一步计算出的结果按不同的表格形式统计出来，并作为设计成品文件。

8.1 装置(单元)用电负荷明细表

工艺主体专业(包括炼化工艺、热工工艺、储运工艺、机械、供排水等)向电气专业提出用电委托，电气设计人员将这些委托资料汇集、整理、计算形成《装置(单元)用电负荷明细表》，该表按委托专业逐台列出该装置(单元)全部用电负荷的明细，表中的数据是全厂负荷计算的原始依据，是负荷计算的基础，内容应包括：

① 用电负荷数据：负荷名称、编号、安装台数、使用台数、轴功率(即在设计条件消耗的功率)、负荷性质(连续或间断)及年运行小时数；

② 电动机数据：型号、额定功率、额定效率和功率因数；

③ 计算结果数据：每台运行机泵(包括间断运行和短时运行)电动机消耗的有功功率和无功功率，即按上述第4.1节提供的计算方法计算出的结果。

计算过程中，需要查阅电机的详细资料或特性曲线。

8.2 装置(单元)负荷表

该表是将《装置(单元)用电负荷明细表》计算的结果，利用上述第4.3节提供的计算方法计算出装置用电负荷，并按负荷的类型分电压统计。包括：

① 6(10)kV 动力负荷的设备容量、操作容量，计算负荷(有功功率、无功功率和视在功率)以及年用电量。

② 低压380/220V分动力、照明及其他类的设备容量、操作容量，计算负荷(有功功率、无功功率和视在功率)以及年用电量。

上述各项数据的合计并考虑适当的同时系数后，即为该装置(单元)的用电负荷。

8.3 变配电所负荷表

① 装置负荷表中的数据，分高压、低压列入(对于联合装置变电所，要将所供电的各个装置负荷表中的数据，分高压、低压列入)；

② 变压器损耗，见5.2；

③ 无功补偿，见式(3-10)。

上述各项数据合计并考虑适当的同时系数后，即为该变配电所的负荷。

8.4 全厂用电负荷表

一般分为两种形式的全厂用电负荷表

8.4.1 按装置(单元)统计负荷

即《全厂装置(单元)负荷统计表》，将各装置(单元)负荷逐一列出，考虑适当的同时系数后，即为全厂用电负荷。

8.4.2 按变配电所统计负荷

即《全厂变配电所负荷统计表》，将各装置变电所的负荷逐一列出，考虑适当的同时系数后，即为全厂用电负荷。

计算全厂用电负荷时，同时系数可取0.9～0.95，装置较多的大型石化企业取较小值。如果企业内部有自备发电机，可在全厂用电负荷表中考虑平均发电功率，得出全厂电量需求平衡及外购电量。

附录　变压器有功、无功损耗计算

1　计算内容及计算公式

计算配电变压器在不同负荷率下的有功和无功损耗。变压器负荷率是指变压器二次侧所供负荷(kVA)与变压器额定容量(kVA)之比。

1.1　有功损耗，计算公式

$$\Delta P = \Delta P_0 + \Delta P_K\left(\frac{S}{S_n}\right)^2 \quad kW$$

式中　ΔP_0——变压器空载有功损耗，kW；

ΔP_K——变压器短路有功损耗，kW；

S_n——变压器额定容量，kVA；

S——变压器二次侧计算负荷，kVA。

1.2　无功损耗，计算公式

$$\Delta Q = \Delta Q_0 + \Delta Q_K\left(\frac{S}{S_n}\right)^2 \quad kvar$$

式中

$$\Delta Q_0 = \frac{I_0\% \times S_n}{100};$$

$$\Delta Q_K = \frac{u_K\% \times S_n}{100};$$

ΔQ_0——变压器空载无功损耗，kvar；

ΔQ_K——变压器短路无功损耗，kvar；

$I_0\%$——变压器空载电流百分数；

$u_K\%$——变压器短路电压百分数。

ΔP_K、ΔP_0、$I_0\%$、$u_K\%$数据可从变压器样本或铭牌上查取。

2　配电变压器在不同负荷率下的有功和无功损耗计算结果表

附表3-1～附表3-6列出了变压器负荷率为41%～52%有功和无功损耗计算结果，对附表中的数据说明如下：

① 同型号、同容量的变压器，各个制造厂的数据有些出入。一般说来，短路损耗(有功、无功)相差甚微，空载损耗相差较大一点，但作为负荷统计取表列数据误差不大。设计中，如已知变压器具体型号可按实际数据计算。

② 同容量S9型与S10型相比，后者有功损耗较小，但无功损耗相同或较大。

附表 3－1　配电变压器（S9M 系列）有功和无功损耗计算结果表

kW（kvar）

序号	变压器型号及容量/kVA	短路阻抗 u_K%	空载损耗 ΔP_0/kW	负载损耗 ΔP_K/kW	空载电流/%	变压器负载率/%																								备注
						41		42		43		44		45		46		47		48		49		50		51		52		
						ΔP	ΔQ	ΔP	ΔQ	ΔP	ΔQ	ΔP	ΔQ	ΔP	ΔQ	ΔP	ΔQ	ΔP	ΔQ	ΔP	ΔQ	ΔP	ΔQ	ΔP	ΔQ	ΔP	ΔQ	ΔP	ΔQ	
1	S9－M315/10		0.67	3.65	1.1	1.284	5.583	1.314	5.688	1.345	5.795	1.377	5.904	1.409	6.017	1.442	6.131	1.476	6.248	1.511	6.368	1.546	6.490	1.583	6.615	1.619	6.742	1.657	6.872	
2	S9－M400/10	4.0%	0.80	4.30	1.0	1.523	6.690	1.558	6.822	1.595	6.958	1.632	7.098	1.671	7.24	1.710	7.386	1.750	7.534	1.791	7.686	1.832	7.842	1.875	8.0	1.918	8.162	1.963	8.326	
3	S9－M500/10		0.96	5.10	1.0	1.817	8.362	1.860	8.528	1.903	8.698	1.947	8.872	1.993	9.05	2.039	9.232	2.086	9.418	2.135	9.608	2.185	9.802	2.235	10.0	2.287	10.20	2.339	10.41	
4	S9－M630/10		1.20	6.20	0.90	2.242	10.44	2.294	10.67	2.346	10.91	2.40	11.16	2.456	11.41	2.512	11.67	2.570	11.93	2.628	12.20	2.689	12.48	2.750	12.76	2.813	13.04	2.876	13.34	
5	S9－M800/10		1.40	7.50	0.80	2.661	12.45	2.723	12.75	2.787	13.06	2.852	13.37	2.919	13.69	2.987	14.02	3.057	1435	3.128	14.69	3.201	15.04	3.275	15.40	3.351	15.76	3.428	16.13	
6	S9－M1000/10	4.5%	1.70	10.3	0.70	3.431	14.56	3.517	14.94	3.604	15.32	3.694	15.71	3.786	16.11	3.879	16.52	3.975	16.94	4.073	17.37	4.173	17.80	4.275	18.25	4.379	18.70	4.485	19.17	
7	S9－M1250/10		1.95	12.80	0.60	4.10	16.96	4.210	17.42	4.317	17.90	4.428	18.39	4.542	18.89	4.658	19.40	4.778	19.93	4.899	20.46	5.023	21.00	5.150	21.56	5.279	22.13	5.411	22.71	
8	S9－M1600/10		2.40	14.5	0.60	4.837	21.70	4.958	22.30	5.081	22.91	5.207	23.54	5.336	24.18	5.468	24.84	5.603	25.50	5.741	26.19	5.881	26.89	6.025	27.60	6.171	28.33	6.321	29.07	
9	S9－M2000/10	5.5%	2.84	17.82	0.60	5.836	30.49	5.983	31.40	6.135	32.34	6.290	33.30	6.449	34.28	6.611	35.28	6.776	36.30	6.946	37.34	7.119	38.41	7.295	39.50	7.475	40.61	7.659	41.74	

附表 3－2　配电变压器（S10M 系列）有功和无功损耗计算结果表

kW（kvar）

序号	变压器型号及容量/kVA	短路阻抗 u_K%	空载损耗 ΔP_0/kW	负载损耗 ΔP_K/kW	空载电流/%	变压器负载率/%																								备注
						41		42		43		44		45		46		47		48		49		50		51		52		
						ΔP	ΔQ	ΔP	ΔQ	ΔP	ΔQ	ΔP	ΔQ	ΔP	ΔQ	ΔP	ΔQ	ΔP	ΔQ	ΔP	ΔQ	ΔP	ΔQ	ΔP	ΔQ	ΔP	ΔQ	ΔP	ΔQ	
1	S10－M315/10		0.60	3.65	1.1	1.214	5.583	1.244	5.688	1.275	5.795	1.307	5.904	1.339	6.017	1.372	6.131	1.406	6.248	1.441	6.368	1.476	6.490	1.513	6.615	1.549	6.742	1.587	6.872	
2	S10－M400/10	4.0%	0.66	4.30	1.0	1.383	6.690	1.418	5.822	1.455	6.958	1.492	7.098	1.531	7.24	1.570	7.386	1.610	7.534	1.651	7.686	1.692	7.842	1.735	8.0	1.778	8.162	1.823	8.326	
3	S10－M500/10		0.79	5.10	1.0	1.647	8.362	1.690	8.528	1.733	8.698	1.777	8.872	1.823	9.05	1.869	9.232	1.917	9.418	1.965	9.608	2.015	9.802	2.065	10.0	2.117	10.20	2.169	10.41	
4	S10－M630/10		0.95	6.20	0.90	1.992	10.44	2.044	10.67	2.096	10.91	2.150	11.16	2.206	11.41	2.262	11.67	2.320	11.93	2.378	12.20	2.439	12.48	2.50	12.76	2.563	13.04	2.626	13.34	
5	S10－M800/10		1.15	7.50	0.80	2.410	12.45	2.473	12.75	2.537	13.06	2.602	13.37	2.669	13.69	2.737	14.02	2.807	1435	2.878	14.69	2.951	15.04	3.025	15.40	3.101	15.76	3.178	16.13	
6	S10－M1000/10	4.5%	1.40	9.60	0.70	3.014	14.56	3.093	14.94	3.175	15.32	3.259	15.71	3.344	16.11	3.431	16.52	3.521	16.94	3.612	17.37	3.705	17.80	3.80	18.25	3.897	18.70	3.996	19.17	
7	S10－M1250/10		1.58	11.46	0.60	3.506	16.96	3.602	17.42	3.699	17.90	3.799	18.39	3.90	18.89	4.00	19.40	4.112	19.93	4.220	20.46	4.332	21.00	4.445	21.56	4.561	22.13	4.679	22.71	
8	S10－M1600/10		1.94	13.72	0.60	4.246	21.70	4.360	22.30	4.477	22.91	4.596	23.54	4.718	24.18	4.843	24.84	4.971	25.50	5.10	26.19	5.234	26.89	5.370	27.60	5.508	28.33	5.650	29.07	
9	S10－M2000/10	5.5%	2.40	16.50	0.60	5.174	30.49	5.310	31.40	5.451	32.34	5.594	33.30	5.741	34.28	5.891	35.28	6.045	36.30	6.202	37.34	6.362	38.41	6.525	39.50	6.692	40.61	6.862	41.74	

附表 3－3　干式变压器（SCB9 系列）有功和无功损耗计算结果表

kW（kvar）

序号	变压器型号及容量/kVA	短路阻抗 u_K%	空载损耗 ΔP_0/kW	负载损耗 ΔP_K/kW	空载电流/%	变压器负载率/% 41		42		43		44		45		46		47		48		49		50		51		52		备注
						ΔP	ΔQ	ΔP	ΔQ	ΔP	ΔQ	ΔP	ΔQ	ΔP	ΔQ	ΔP	ΔQ	ΔP	ΔQ	ΔP	ΔQ	ΔP	ΔQ	ΔP	ΔQ	ΔP	ΔQ	ΔP	ΔQ	
1	SCB9－315/10	4.0%	0.86	3.12	0.80	1.384	4.638	1.410	4.743	1.437	4.850	1.464	4.959	1.492	5.072	1.520	5.186	1.549	5.303	1.579	5.423	1.609	5.545	1.640	5.670	1.672	5.797	1.704	5.927	
2	SCB9－400/10		1.0	3.68		1.619	5.890	1.649	6.022	1.680	6.158	1.712	6.298	1.745	6.440	1.779	6.586	1.813	6.734	1.848	6.886	1.884	7.042	1.920	7.20	1.957	7.362	1.995	7.526	
3	SCB9－500/10		1.18	4.27	0.70	1.898	6.862	1.933	7.028	1.970	7.198	2.01	7.372	2.045	7.550	2.084	7.732	2.123	7.918	2.164	8.108	2.205	8.302	2.248	8.50	2.290	8.702	2.335	8.908	
4	SCB9－630/10		1.41	5.52		2.338	8.646	2.384	8.855	2.431	9.069	2.479	9.289	2.528	9.513	2.578	9.742	2.629	9.977	2.682	10.22	2.735	10.46	2.790	10.71	2.845	10.96	2.903	11.22	
5	SCB9－800/10	6.0%	1.36	5.60	0.70	2.301	10.76	2.348	11.08	2.395	11.40	2.444	11.73	2.494	12.06	2.545	12.41	2.597	12.76	2.650	13.12	2.705	13.49	2.760	13.86	2.816	14.24	2.874	14.63	
6	SCB9－1000/10		1.52	6.58	0.60	2.626	12.87	2.681	13.27	2.737	13.68	2.794	14.09	2.852	14.52	2.912	14.957	2.974	15.40	3.036	15.86	3.10	16.32	3.165	16.80	3.231	17.28	3.299	17.78	
7	SCB9－1250/10		1.72	7.62	0.50	1.30	15.09	3.064	15.58	3.129	16.09	3.195	16.62	3.263	17.15	3.332	17.70	3.403	18.25	3.476	18.82	3.550	19.41	3.625	20.0	3.701	20.60	3.780	21.22	
8	SCB9－1600/10		2.01	9.06		3.533	18.86	3.608	19.48	3.685	20.12	3.764	20.77	3.845	21.44	3.927	22.12	4.011	22.82	4.097	23.53	4.186	24.26	4.275	25.0	4.366	25.76	4.460	26.53	
9	SCB9－2000/10		2.54	10.90	0.40	4.372	22.54	4.463	23.33	4.555	24.15	4.650	24.99	4.747	25.84	4.846	26.71	4.948	27.61	5.051	28.52	5.157	29.45	5.265	30.40	5.374	31.37	5.487	32.36	
10	SCB9－2000/10		3.20	13.40		5.453	28.17	5.564	29.17	5.678	30.19	5.794	31.23	5.914	32.30	6.035	33.39	6.160	34.51	6.287	35.65	6.417	36.81	6.550	38.0	6.684	39.21	6.823	40.45	

附表 3－4　干式变压器（SCB10 系列）有功和无功损耗计算结果表

kW（kvar）

序号	变压器型号及容量/kVA	短路阻抗 u_K%	空载损耗 ΔP_0/kW	负载损耗 ΔP_K/kW	空载电流/%	变压器负载率/% 41		42		43		44		45		46		47		48		49		50		51		52		备注
						ΔP	ΔQ	ΔP	ΔQ	ΔP	ΔQ	ΔP	ΔQ	ΔP	ΔQ	ΔP	ΔQ	ΔP	ΔQ	ΔP	ΔQ	ΔP	ΔQ	ΔP	ΔQ	ΔP	ΔQ	ΔP	ΔQ	
1	SCB10－315/10	4.0%	0.82	3.02	0.70	1.328	4.318	1.353	4.423	1.378	4.53	1.405	4.639	1.432	4.752	1.459	4.866	1.487	4.983	1.516	5.103	1.545	5.225	1.575	5.35	1.606	5.477	1.637	5.607	
2	SCB10－400/10		0.97	3.48		1.555	5.490	1.584	5.622	1.613	5.758	1.644	5.898	1.675	6.04	1.706	6.186	1.739	6.334	1.772	6.486	1.806	6.642	1.840	6.80	1.875	6.962	1.911	7.126	
3	SCB10－500/10		1.10	4.26	0.60	1.816	6.362	1.851	6.528	1.888	6.698	1.925	6.872	1.963	7.05	2.00	7.232	2.041	7.418	2.082	7.608	2.123	7.802	2.165	8.0	2.208	8.20	2.252	8.410	
4	SCB10－630/10		1.19	5.12		2.051	8.016	2.093	8.225	2.137	8.439	2.181	8.659	2.227	8.883	2.273	9.112	2.321	9.347	2.370	9.586	2.419	9.83	2.470	10.08	2.522	10.33	2.574	10.59	
5	SCB10－800/10	6.0%	1.14	5.20	0.60	2.014	10.134	2.057	10.448	2.101	10.77	2.147	11.10	2.193	11.43	2.240	11.78	2.289	12.13	2.338	12.49	2.389	12.86	2.440	13.23	2.493	13.61	2.546	14.0	
6	SCB10－1000/10		1.34	6.02	0.50	2.352	12.069	2.402	12.467	2.453	12.88	2.505	13.29	2.559	13.72	2.614	14.16	2.670	14.60	2.727	15.06	2.785	15.52	2.845	16.0	2.906	16.48	2.968	16.98	
7	SCB10－1250/10		1.54	7.09	0.40	2.732	14.08	2.791	14.58	2.851	15.09	2.913	15.62	2.976	16.15	3.040	16.70	3.106	17.25	3.174	17.82	3.242	18.41	3.313	19.0	3.384	19.61	3.457	20.22	
8	SCB10－1600/10		1.83	8.46	0.40	3.252	17.61	3.322	18.23	3.394	18.87	3.468	19.52	3.543	20.19	3.620	20.87	3.70	21.57	3.779	22.28	3.861	23.0	3.945	23.75	4.030	24.51	4.118	25.28	
9	SCB10－2000/10		2.15	10.24	0.30	3.871	20.94	3.956	21.73	4.043	22.55	4.132	23.38	4.224	24.24	4.317	25.11	4.412	26.0	4.509	26.92	4.609	27.85	4.710	28.80	4.813	29.77	4.919	30.76	
10	SCB10－2000/10		2.91	12.60	0.30	5.03	26.17	5.133	27.17	5.240	28.19	5.349	29.23	5.462	30.30	5.576	31.39	5.693	32.51	5.813	33.65	5.935	34.81	6.060	36.0	6.187	37.21	6.317	38.45	

注：本表是无载调压变压器的数据。

附表 3－5　35kV（S9 系列）变压器有功和无功损耗计算结果表

kW（kvar）

序号	变压器型号及容量/kVA	短路阻抗 u_K%	空载损耗 ΔP_0/kW	负载损耗 ΔP_K/kW	空载电流/%	变压器负载率/% 41		42		43		44		45		46		47		48		49		50		51		52		备注
						ΔP	ΔQ	ΔP	ΔQ	ΔP	ΔQ	ΔP	ΔQ	ΔP	ΔQ	ΔP	ΔQ	ΔP	ΔQ	ΔP	ΔQ	ΔP	ΔQ	ΔP	ΔQ	ΔP	ΔQ	ΔP	ΔQ	
1	S9－5000/35	7.0%	5.49	33.03	0.6	11.04	88.84	11.32	91.74	11.60	94.72	11.88	97.8	12.18	100.9	12.48	104.1	12.79	107.3	13.10	110.6	13.42	114	13.75	117.5	14.08	121	14.42	124.6	
2	S9－6300/35	7.5%	6.57	36.9	0.6	12.77	117.2	13.08	121.1	13.39	125.2	13.71	129.3	14.04	133.5	14.38	137.8	14.72	142.2	15.07	146.7	15.43	151.2	15.80	155.9	16.17	160.7	16.55	165.6	
3	S9－8000/35	7.5%	9.0	40.5	0.55	15.81	144.9	16.14	149.8	16.49	154.9	16.84	160.2	17.20	165.5	17.57	171	17.95	176.5	18.33	182.2	18.72	188.1	19.13	194	19.53	200.0	19.95	206.2	
4	S9－10000/35	7.5%	10.62	47.7	0.55	18.64	181.1	19.03	187.3	19.44	193.7	19.85	200.2	20.28	206.9	20.71	213.7	21.16	220.7	21.61	227.8	22.07	235.1	22.55	242.5	23.03	250.1	23.52	257.8	
5	S9－12500/35	8.0%	12.6	56.7	0.50	22.13	230.6	22.60	238.9	23.08	247.4	23.58	256.1	24.08	265.0	24.60	274.1	25.13	283.4	25.66	292.9	25.21	302.6	26.78	312.5	27.35	322.6	27.93	332.9	
6	S9－16000/35		15.3	69.3	0.50	26.95	295.2	27.52	305.8	28.11	316.7	28.72	327.8	29.33	339.2	29.96	350.8	30.61	362.7	31.27	374.9	31.94	387.3	32.63	400	33.32	412.9	34.04	426.1	
7	S9－20000/35		18.1	83.7	0.50	32.17	369	32.86	382.2	33.58	395.8	34.30	409.8	35.05	424	35.81	438.6	36.59	453.4	37.38	468.6	38.20	484.2	39.03	500	39.87	516.2	40.73	532.6	
8	S9－25000/35		21.51	99.0	0.40	38.15	436.2	38.97	452.8	39.82	469.8	40.68	487.2	41.56	505	42.46	523.2	43.38	541.8	44.32	560.8	45.28	580.2	46.26	600	47.26	620.2	48.28	640.8	
9	S9－31500/35		25.6	118.8	0.40	45.57	549.6	46.56	570.5	47.57	591.9	48.60	613.9	49.66	636.3	50.74	659.2	51.84	682.7	52.97	706.6	54.12	731	55.3	756	56.50	781.5	57.72	807.4	

附表 3－6　35kV（S10 系列）有功和无功损耗计算结果表

kW（kvar）

序号	变压器型号及容量/kVA	短路阻抗 u_K%	空载损耗 ΔP_0/kW	负载损耗 ΔP_K/kW	空载电流/%	变压器负载率/% 41		42		43		44		45		46		47		48		49		50		51		52		备注
						ΔP	ΔQ	ΔP	ΔQ	ΔP	ΔQ	ΔP	ΔQ	ΔP	ΔQ	ΔP	ΔQ	ΔP	ΔQ	ΔP	ΔQ	ΔP	ΔQ	ΔP	ΔQ	ΔP	ΔQ	ΔP	ΔQ	
1	S10－5000/35	7.0%	4.88	31.2	0.6	10.12	88.84	10.38	91.74	10.65	94.72	10.92	97.8	11.20	100.9	11.48	104.1	11.77	107.3	12.07	110.6	12.37	114	12.68	117.5	13.0	121	13.32	124.6	
2	S10－6300/35	7.5%	5.84	34.85	0.6	11.70	117.2	11.99	121.1	12.28	125.2	12.59	129.3	12.90	133.5	13.21	137.8	13.54	142.2	13.87	146.7	14.21	151.2	14.55	155.9	14.90	160.7	15.26	165.6	
3	S10－8000/35		8.0	38.25	0.55	14.43	144.9	14.75	149.8	15.07	154.9	15.40	160.2	15.75	165.5	16.09	171	16.45	176.5	16.81	182.2	17.18	188.1	17.56	194	17.95	200.0	18.34	206.2	
4	S10－10000/35		9.44	45.05	0.55	17.01	181.1	17.39	187.3	17.77	193.7	18.16	200.2	18.56	206.9	18.97	213.7	19.39	220.7	19.82	227.8	20.26	235.1	20.70	242.5	21.16	250.1	21.62	257.8	
5	S10－12500/35	8.0%	11.20	53.55	0.50	20.20	230.6	20.65	238.9	21.10	247.4	21.57	256.1	22.04	265.0	22.53	274.1	23.03	283.4	23.54	292.9	24.06	302.6	24.59	312.5	25.13	322.6	25.68	332.9	
6	S10－16000/35		13.60	65.45	0.50	24.6	295.2	25.15	305.8	25.70	316.7	26.27	327.8	26.85	339.2	27.45	350.8	28.06	362.7	28.68	374.9	29.31	387.3	29.96	400	30.62	412.9	31.30	426.1	
7	S10－20000/35		16.08	79.00	0.50	29.36	369	30.02	382.2	30.69	395.8	31.37	409.8	31.09	424	32.80	438.6	33.53	453.4	34.28	468.6	35.05	484.2	35.83	500	36.63	516.2	37.44	532.6	
8	S10－25000/35		19.10	93.5	0.40	34.82	436.2	35.59	452.8	36.39	469.8	37.20	487.2	38.03	505	38.88	523.2	39.75	541.8	40.64	560.8	41.55	580.2	42.48	600	43.42	620.2	44.38	640.8	
9	S10－31500/35		22.8	112	0.40	41.63	549.6	42.55	570.5	43.51	591.9	44.48	613.9	45.48	636.3	46.50	659.2	47.54	682.7	48.60	706.6	49.69	731	50.80	756	51.93	781.5	53.08	807.4	

注：本表是无载调压变压器的数据。

第四章　短路电流计算

1　设计规范

GB/T 15544—1955《三相交流系统短路电流计算》(等效采用 IEC909)

DL/T 5222—2005《导体和电器选择设计技术规定》附录 F(规范性附录)《短路电流实用计算》

本章参考 DL/T 5222—2005 附录 F 编写

2　短路电流计算内容

石化企业内部配电系统的短路电流通常由以下几部分组成。

2.1　由供电系统提供的三相短路电流周期分量

包括 I'', I_t, I_∞, i_p。

对供电系统末端的变电所，$I''=I_t=I_\infty$

2.2　工厂自备发电机提供的三相短路电流周期分量；

包括 I'', I_t, I_∞, i_p。

2.3　工厂内同步电动机提供的反馈电流；

包括 I'', I_t, I_∞, i_p。

2.4　工厂内异步电动机提供的反馈电流；

包括 I'', i_{pm}。

2.5　系统提供的单相接地电流

通常，110(220)kV 直接接地系统的单相短路电流由供电部门计算。

这里是指企业内部 35kV、6kV 或 10kV 系统的单相接地电容电流计算。

以上字符含义：

I''——超瞬变短路电流有效值，即 0s 的短路电流周期分量有效值；

I_t——短路后 t 秒的短路电流周期分量有效值；

I_∞——稳态短路电流有效值；

i_p——冲击短路电流，或短路电流峰值；

i_{pm}——异步电动机提供的短路电流峰值。

3 短路电流的用途

3.1 用于电气设备的选择与校验

包括设备的分断能力、动稳定、热稳定、关合电流。

3.2 用于导体的动、热稳定校验计算

包括母线的动、热稳定，电缆的热稳定；以上动稳定和热稳定校验应分别采用最大运行方式下三相短路电流周期分量有效值和冲击短路电流值(含非周期分量)。

3.3 用于继电保护的整定计算与灵敏度校验

3.3.1 当要按躲过某一短路电流值整定时，应取最大运行方式下三相短路电流值，但不计异步电动机反馈电流。

3.3.2 校验电流保护的灵敏度时，应采用最小运行方式下的两相短路电流且不计及电动机的反馈电流。

3.4 用于电动机全压直接起动容量的估算

由母线短路容量(按实际运行可能出现的最小方式下)，估算出接于该母线可以直接起动电动机的最大容量。

4 短路电流计算方法

4.1 运行方式的确定

通常需要计算最大运行方式和最小运行方式下的短路电流，各有不同的用途，见上述3。影响运行方式的主要因素，一是电网中投入运行的发电机总容量，二是输电线路的电气距离。企业内部电气系统的最大、最小方式分别为以下运行条件。

4.1.1 最大运行方式

① 供电系统为最大方式；即企业总变电所受电母线短路电流(或短路容量)为最大值(考虑3~5年的发展)。通常由供电部门提供此数据；

② 企业内部自备发电机可能的最大运行台数(或容量)；

③ 由主变压器容量决定的最大运行负荷(一台变压器带全部负荷)；

④ 正常两台主变压器分列运行的变电所，不考虑并联运行状况。

综上所述，企业内部最大运行方式一般为：系统最大方式、总变电所一台主变压器运行带全部负荷、自备发电机可能的最大运行台数(或容量)。

4.1.2 最小运行方式

① 供电系统为实际可能的最小方式；即企业总变电所受电母线短路电流(或短路容量)为可能出现的最小值。通常由供电部门提供此数据。

② 企业内部自备发电机最少运行台数(或容量)，或不运行；

③ 两台主变压器(对低压系统为配电变压器)分列运行;

④ 不计异步电动机的反馈电流;同步电动机运行台数(或容量)最少。

综上所述,企业内部最小运行方式一般为:系统最小方式、主变压器分列运行、自备发电机运行台数(或容量)最少(如果只运行一台发电机,则无发电机的母线段为最小),不考虑异步电动机反馈电流。

按照《短路电流实用计算》中提供的计算方法,结合工厂配电系统的实际情况,计算时,具体归纳如下几点:

4.2 供电系统提供的短路电流

对于企业变电所,因处于系统末端,可视为无限大电源供给的短路电流,短路过程中短路电流不衰减。

4.3 工厂自备同步发电机提供的短路电流

应视为有限电源供给的短路电流,短路电流随时间而变化,工程设计中常采用运算曲线法计算短路过程某一时刻的短路电流值。运算曲线参见《设计手册》第4-4节图4-4~图4-8,或运算曲线数字表4-15、表4-16。

4.4 高压系统[(6或10kV)及以上]短路电流计算,各元件的电阻忽略不计(电缆线路除外);1000V及以下低压网络的短路电流计算,应计及元件的电阻;

4.5 高压系统短路电流宜采用标幺值计算;低压系统短路电流宜采用有名值计算;

4.6 同步电动机(或同步调相机),应将其视为附加电源,短路电流的计算方法与同步发电机相同。

4.7 异步发电机(即异步电动机的发电工况)提供的反馈电流,按异步电动机反馈电流计算;

4.8 异步电动机对短路电流的影响,只考虑在电机附近短路时,对短路峰值电流起作用;不考虑已相隔一个变压器的电动机的影响。

4.9 计算冲击电流(短路全电流峰值)时冲击系数 K_p(峰值系数)的取值

① 6~(10)kV系统短路,系统提供短路电流 $K_p=1.8$。

② 接在6~(10)kV母线上的发电机和大型同步电动机,该母线短路时 $K_p=1.9$,短路发生在升压变压器高压侧母线上时,$K_p=1.85$。

③ 高压6(10)kV异步电动机:

电动机容量≥2000kW,$K_p=1.6\sim1.75$;

电动机容量<2000kW,$K_p=1.5\sim1.6$;

电动机容量越大,K_p 取值越大。

④ 低压系统和低压电动机冲击系数 $K_p=1.3$

5 6(10)kV及以上系统短路电流计算

5.1 短路电流源组成及计算特点

① 供电系统提供的短路电流,通常是短路电流的主要部分。由于企业变电所属于电力

系统最末端变电所，短路电流不随时间衰减。

② 系统(主变压器一次侧)短路容量大小对6(10)kV侧短路电流有较大影响；企业内部6(10)kV电缆线路长短对短路电流有一定影响，但影响较小。

③ 企业自备发电机提供的短路电流，大多数为单机容量较小、以汽定电机组，由于离短路点较近，应按汽轮发电机衰减曲线计算；值得注意的是，采用EDSA(美国EDSA公司开发的电力引之设计分析软件包)程序计算的结果与按《设计手册》计算结果有一定的出入。

④ 企业用电负荷中的同步电动机，应按附加电源处理，即应按同步发电机的运算曲线计算短路电流。

⑤ 企业用电负荷中的异步电动机，主要指6(10)kV电动机的反馈电流，该反馈电流衰减很快，通常对设备的分断能力不构成威胁，但对设备的动稳定和关合电流影响较大。380V电动机的反馈电流对6(10)kV及以上系统的影响一般可以忽略。

但采用EDSA程序计算时，仍然可看出其影响。

对于大型异步电动机因为其堵转电流倍数较小、短路冲击系数较大，一般应单独计算；对于其他中小型异步电动机，由于逐台计算过于繁琐，可将其视为一台较大容量的等值电动机计算。

异步电动机反馈电流的计算详见附录1《异步电动机反馈电流计算》。

⑥ 回路电阻可忽略不计(电缆线路除外)。

⑦ 一般采用标幺值法计算。

5.2 运行方式的选取

5.2.1 用于电气设备的选择与校验

应当选取有可能出现、能提供最大短路电流的运行方式，且计及电动机的反馈电流，并留有适当发展余地(如负荷增长)，但不考虑两台主变压器因倒闸操作或自动快切短暂并列的运行方式，见DL/T 5222—2005《导体和电器选择设计技术规定》第5.0.4条。

5.2.2 用于继电保护整定计算

应当选用有可能出现、能提供最大短路电流的运行方式，但不计及异步电动机的反馈电流。

5.2.3 用于继电保护灵敏度校验

应当选用可能的最小运行方式，不计电动机的反馈电流。详见以下示例。

5.3 计算公式

5.3.1 供电系统提供的短路电流

(1) 三相短路电流

因为远离系统中的发电机，可认为短路过程中短路电流交流分量不发生衰减，即$I''=I_t=I_\infty$，用标幺值计算，见式(4-1)~式(4-3)。

$$I''_* = S''_* = 1/X_* \tag{4-1}$$

$$I'' = I''_* I_j = I_j/X_* \tag{4-2}$$

$$S = S_* S_j = I_* S_j = S_j/X_* \tag{4-3}$$

$$i_p = \sqrt{2} \times K_p \times I''$$

式中 I''_*——三相短路电流交流分量有效值的标幺值；

S''_*——短路容量标幺值；

X_*——短路电路总阻抗标幺值；

I''——超瞬变短路电流，kA；

S——短路容量，MVA；

I_j——基准电流，kA；

S_j——基准容量，MVA；

i_p——冲击短路电流，kA；

K_p——短路冲击系数；取值见第4.9节。

（2）两相短路电流

按式(4－4)计算：

$$I''_2 = \sqrt{3} \times I''_*/2 = 0.866I''_* \quad (4-4)$$

式中 I''_2——两相短路电流交流分量有效值。

（3）单相接地电容电流

6kV电缆线路，按式(4－5)计算：

$$I_c = \frac{95 + 2.84S}{2200 + 6S} \times U_n l \quad \text{A} \quad (4-5)$$

10kV 电缆线路，按式(4－6)计算：

$$I_c = \frac{95 + 1.44S}{2200 + 0.23S} \times U_n l \quad \text{A} \quad (4-6)$$

式中 S——电缆标称截面，mm^2；

U_n——线路额定电压，kV；

l——线路长度，km。

电缆线路的接地电容电流也可从《设计手册》表4－20查得。

5.3.2 基准值选取

常用基准值见表4－1。

表4－1 常用基准值(基准容量 S_j =100MVA)

系统标称电压 U_n/kV	0.38	3	6	10	35	110
基准电压 U_j/kV	0.40	3.15	6.30	10.5	37	115
基准电流 I_j/kA	144.3	18.32	9.16	5.50	1.56	0.50

5.3.3 阻抗换算

包括不同基准容量下阻抗的转换、标幺值和有名值之间的转换，详见《设计手册》表4－2中的公式。

5.4 计算示例

计算某炼厂总变电所10kV母线短路电流。

5.4.1 基础数据

5.4.1.1 炼厂110kV变电所母线短路阻抗

最大方式0.0561j；最小方式0.1191j($S_j=100$MVA)换算成110kV母线短路容量：最大1782.5MVA；最小839.6MVA。

5.4.1.2 主变压器

40MVA，额定变比110/10.5kV，Yn，d11接线，阻抗10.3%，有载调压，共两台，正常分列运行。

阻抗标幺值$X_t=0.103\times100/40=0.2575$。

5.4.1.3 余热发电机

一台，QFW-15-2A，15MW，10.5kV，$\cos\phi=0.80$，$I_n=1031$A，Y接，$X''_d=0.1702$，$X'_d=0.2487$，$X_d=2.174$，$X_2=0.1726$，$X_0=0.081$，$S=18.75$MVA。

发电机接入总变电所10kV母线Ⅱ段。

5.4.1.4 同步电动机

全厂共5台，正常运行3台，接入二联合变电所10kV母线，参数如下：

① 新氢压缩机2台，运行1台。

1800kW，10kV，$\cos\phi=0.90$，$I_n=124.2$A，300r/min。

$X''_d=0.1798$，$X'_d=0.3104$，$X_d=1.10$，$X/R=40.25$。

② 重整氢增压机3台，运行2台。

2150kW，10kV，$\cos\phi=0.90$，$I_n=142.7$A，300r/min。

$X''_d=0.168$，$X'_d=0.247$，$X_d=1.0846$，$X/R=45.60$。

5.4.1.5 大型异步电动机

① 主风机15500kW电动机，10kV，$I=1035.8$A，$\cos\phi=0.90$，$\eta=96\%$，$K_s=4.0$接入总变电所10kV母线Ⅰ段，正常运行平均发电$P=-2300$kW；另外一台9000kW备用主风机不计入短路计算。

② 聚丙烯造粒机，3410kW，$\cos\phi=0.88$，$\eta=96\%$，$I_n=233$A，$K_s=3.68$。

③ 其他10kV中、小型异步电动机等值容量：

全厂总计算负荷按36000kVA（正常主变平均负载率45%）；

同步电动机计算负荷$S=(2150\times2+1800)\times0.75/(0.9\times0.96)=5295$kVA；

造粒机计算负荷$S=3410\times0.80/(0.89\times0.96)=3193$kVA；

其余中、小型异步电机总计算负荷$S=36000-(5295+3193)=27512$kVA。

据统计10kV负荷约占70%计，则：

其余10kV计算负荷$P_{js}=27512\times0.70=19258$kVA；

运行的10kV电动机额定容量$P_n=19258\times0.89/0.75=22853$ kW。

注：异步电动机平均负载率按75%，功率因数0.89

5.4.2 三相短路电流计算

5.4.2.1 确定运行方式

用于电气设备选择与校验的最大方式，对于本例具体为：

① 系统为最大方式，110kV侧短路容量$S_{max}=1782.5$MVA(正序阻抗0.0561j)；

② 一台主变压器运行；

③ 15MW发电机运行；

④ 全厂满负荷运行（反馈电流为最大）。

5.4.2.2 计算总变电所10kV母线短路电流

（1）系统提供的短路电流

$I'' = I_{0.10} = I_{\infty} = 5.5/(0.0561 + 0.2575) = 5.5/0.3136 = 17.538\ kA$

$i_p = \sqrt{2} \times 1.8 \times 17.538 = 44.64\ kA$

（2）发电机提供的短路电流

按汽轮发电机运算曲线求得。

发电机出线电缆为3(3×240)铜芯交联聚乙烯电缆，长260m，则：

$X_L = (0.079 \times 0.26 \times 18.75)/(100 \times 3) = 0.00128$，计算电抗 $X_c = 0.1702 + 0.00128 = 0.1715$

查汽轮发电机运算曲线，得发电机短路电流，见表4-2。

表4-2 发电机提供的短路电流

t/s	0	0.01	0.06	0.10	0.15	0.20	0.50	1.0	1.5	∞
I_*	6.336	6.165	5.350	4.888	4.523	4.152	3.370	2.993	2.679	0.465
I/kA	6.532	6.356	5.516	5.040	4.663	4.281	3.474	3.086	2.762	0.48

$$i_p = \sqrt{2} \times 1.9 \times 6.532 = 17.55\ kA$$

（3）同步电动机提供的短路电流

按汽轮发电机运算曲线求得。

a. 新氢压缩机1800kW，运行一台，电缆3(3×185mm²)，765m；3×150mm²，200m。

额定容量 $S = \sqrt{3} \times 124.2 \times 10 = 2151kVA = 2.151MVA$。

线路阻抗 $X_L = (0.082 \times 0.765/3 + 0.084 \times 0.2) \times 2.151/100 = 0.00081$。

计算电抗 $X_c = 0.1798 + 0.00081 = 0.1806$，查汽轮发电机运算，得新氢压缩机同步电动机提供的短路电流，详见表4-3。

表4-3 新氢压缩机同步电动机短路电流

t/s	0	0.01	0.06	0.10	0.15	0.20	0.50	1.0	1.5	∞
I_*	5.86	5.652	5.11	4.694	4.346	4.016	3.288	2.944	2.659	0.90
I/kA	0.728	0.702	0.635	0.583	0.540	0.499	0.408	0.372	0.330	0.112

$$i_p = \sqrt{2} \times 1.9 \times 0.728 = 1.96kA$$

b. 重整氢增压机，2150kW，运行两台，电缆3(3×185mm²)，765m；3×150mm²，200m。

额定容量 $S = \sqrt{3} \times 142.7 \times 10 = 2471.6kVA = 2.471MVA$，额定电流 = 142.7A。

线路阻抗 $X_L = (0.082 \times 0.765/3 + 0.084 \times 0.2) \times 2.471/100 = 0.00093$。

计算电抗 $X_c = 0.168 + 0.00093 = 0.1689$，查汽轮发电机运算曲线，得重整氢增压机同步电机提供的短路电流，见表4-4。

表 4-4 重整氢增压机同步电机短路电流

t/s	0	0.01	0.06	0.10	0.15	0.20	0.50	1.0	1.5	∞
I_*	6.261	6.07	5.42	4.95	4.577	4.20	3.373	3.01	2.686	0.909
I/kA	1.787	1.734	1.547	1.412	1.304	1.197	0.961	0.858	0.765	0.258

$i_p=\sqrt{2}\times1.9\times1.787=4.801\text{kA}$ （上述有名值已换算成 2 台电机的数值）

（4）大型异步电动机

a. 主风机 15500kW 电动机提供的反馈电流：

基础数据：15500 kW，$I=1035.8\text{A}$，$\cos\phi=0.90$，$\eta=96\%$，$K_s=4.0$。

$I''=4\times1.0358=4.143\ \text{kA}$

$i_p=\sqrt{2}\times1.70\times4.143=9.96\text{kA}$（大型异步电动机冲击系数取 1.7）

b. 造粒机 3410kW 提供的反馈电流：

基础数据：3410kW，$\cos\phi=0.89$，$\eta=96\%$，$I_n=233\text{A}$，$K_s=3.68$。

$I''=3.68\times0.233=0.86\ \text{kA}$

$i_p=\sqrt{2}\times1.70\times0.86=2.07\ \text{kA}$

（5）其他中小型 10kV 电动机提供的反馈电流

运行的 10kV 电动机额定容量 $P_n=19258\times0.89/0.75=22852.8\ \text{kW}$

运行的 10kV 电动机额定电流 $I_n=22852.8/(\sqrt{3}\times0.89\times0.96\times10)=1544.3\text{A}$。

短路电流 $I''=6.5\times1.5443=10.04\ \text{kA}$。

冲击电流 $i_p=0.9\times\sqrt{2}\times1.50\times10.04=19.17\ \text{kA}$。

（6）总变 10kV 母线短路电流汇总

$I''=17.538+6.532+2.515+4.143+0.86+10.04=41.63\ \text{kA}$

$I_{0.1}=17.538+5.04+1.995+1.43+0.25+4.10=30.35\text{kA}<40\ \text{kA}$

$i_p=44.64+17.55+6.761+9.96+2.07+19.17=100.15\text{kA}\approx100\ \text{kA}$

注：上式中电流 $I_{0.1}$ 后 3 项为异步电动机的反馈电流，是用 EDSA 程序计算求得。也可忽略不计。

结论：总变电所 10kV 开关柜选用 40kA 断路器可以满足要求。

5.4.2.3 不计 10kV 异步电机反馈电流，计算总变 10kV 母线短路

计算炼厂总变 10kV 母线短路电流，运行方式同 5.4.2.1，但不计 10kV 异步电机反馈电流，计算结果用于继电保护整定计算。

计算结果：

$I''=17.538+6.532+2.515=26.585\ \text{kA}$

$I_{0.1}=17.538+5.04+1.995=24.57\ \text{kA}$

$i_p=44.64+17.55+6.761=68.95\ \text{kA}$

5.4.2.4 最小运行方式短路计算

（1）计算条件

a. 系统为最小方式，110kV 侧短路容量 $S_{min}=839.6\text{MVA}$（阻抗 $0.1191j$）；

b. 两台主变分列运行；

c. 15MW 发电机不运行；

d. 不计 3 台同步电动机的短路电流；

e. 不计 10kV 异步电机反馈电流。

计算结果用于继电保护灵敏度校验。

（2）基础数据

110kV 系统短路容量 $S_{min}=839.6$MVA（阻抗 0.1191j）；主变压器 40MVA，110/10.5kV，阻抗 10.3%。

（3）计算结果

仅为系统提供的短路电流：

$I''=I_{0.1}=I_{\infty}=5.5/(0.1191+0.2575)=5.5/0.3766=14.60$ kA

$i_p=\sqrt{2}\times1.8\times14.6=37.16$ kA

5.4.3 10kV 系统单相接地电容电流计算

接地电容电流最大方式为：一台主变运行，全厂满负荷运行，总变至下级装置变电所两回线路供电。即一个电源系统 10kV 电缆线路投用最多的运行方式。

按最大方式统计得出 10kV 投用电缆的长度、截面，并按式(4－6)计算出全厂最大电容电流，见表 4－5。

表 4－5 10kV 电缆长度、截面及电容电流统计表

截面/mm²	70	95	120	150	185	240	小计	合计
长度/km	1.58	5.98	0.28	3.33	12.77	16.39	40.33	
电容电流/A	1.396	6.24	0.33	4.63	20.58	32.02	65.2	
	变电所附加 16%						10.43	75.63

由于总电容电流已达到 75A＞30A，应设置补偿装置。由于主变压器二次侧为 Δ 接线，没有中性点引出，需采用接地变压器加消弧线圈的补偿方式。采用过补偿运行，剩余电流（感性电流）约 5A。

6 低压配电系统短路电流计算

按照有关规范，炼化企业低压系统的接地，应采用 TN－S 系统，其短路电流计算也仅限于该系统。

6.1 计算内容和目的

6.1.1 配电变压器二次侧母线最大三相短路电流

用于①低压配电盘上电气设备选择与校验；②变压器一次侧电流速断保护的整定。

6.1.2 配电变压器二次侧母线最小两相及单相短路电流

用于①变压器一次侧过电流保护灵敏度校验；②变压器二次侧空气断路器短延时速断保护灵敏度校验。

6.1.3 低压配电线路末端三相及两相短路电流

前者用于下一级配电设备的选择与校验，后者用于本回路断路器保护灵敏度校验。

6.1.4 低压电动机的反馈电流

用于低压配电设备的选择与校验

6.2 计算方法及特点

如前所述，计算 1000V 以下配电系统的短路电流，有以下特点：

① 应计及各元件的电阻，特别是电缆的电阻；

② 宜采用有名值计算，并将不同电压级元件阻抗折算到低压 0.4kV；

③ 高压侧 6(10)kV 的短路容量，对低压系统短路电流的影响较小，只有在线路很短、截面较大时有一定的影响，在电缆线路较长、截面较小时，其影响可忽略不计。

④ 与中压系统相比，短路电流大小随电缆长度增加衰减较快。

6.3 计算公式

6.3.1 三相短路

配电系统提供的三相短路电流按式(4-7)计算：

$$I'' = I_k = \frac{CU_n}{\sqrt{3} \times Z} \quad \text{kA} \tag{4-7}$$

式中 $Z = \sqrt{R^2 + X^2} = \sqrt{(R_S + R_T + R_b + R_L)^2 + (X_S + X_T + X_b + X_L)^2}$；

C——电压系数，最大方式取 $C = 1.05$，最小方式取 $C = 1.0$；

U_n——额定电压，380V 或 660V；

R_S，R_T，R_b，R_L——分别为系统、变压器、低压母线及配电电缆的正序电阻，mΩ；

X_S，X_T，X_B，X_L——分别为系统、变压器、低压母线及配电电缆的正序电抗，mΩ。

6.3.2 两相短路

配电系统提供的两相短路电流按式(4-8)计算：

$$I_{(2)} = \frac{\sqrt{3}}{2} I_k = 0.866\, I_k \tag{4-8}$$

式中 I_k——三相短路电流，kA。

6.3.3 单相接地

单相接地故障电流按式(4-9)计算：

$$I''_{(1)} = \frac{CU_n}{\sqrt{3} \times Z_{\phi\rho}} \tag{4-9}$$

式中

$Z_{\phi\rho} = \sqrt{R_{\phi\rho}^2 + X_{\phi\rho}^2} = \sqrt{(R_{S\phi\rho} + R_{T\phi\rho} + R_{b\phi\rho} + R_{L\phi\rho})^2 + (X_{S\phi\rho} + X_{T\phi\rho} + X_{b\phi\rho} + X_{L\phi\rho})^2}$；

$Z_{\phi\rho}$——计算电路中总的相保阻抗，mΩ；

$R_{S\phi\rho}$，$R_{T\phi\rho}$，$R_{b\phi\rho}$，$R_{L\phi\rho}$——系统、变压器、低压母线及配电电缆的相保电阻，mΩ；

$X_{S\phi\rho}$，$X_{T\phi\rho}$，$X_{b\phi\rho}$，$X_{L\phi\rho}$——系统、变压器、低压母线及配电电缆的相保电抗，mΩ。

应当指出的是，由于相保阻抗很难准确计算，特别是接地系统中接地干线(PE 线)使用的型钢如镀锌扁钢，因其阻抗与通过的电流大小、敷设方式、与相线的距离等因数有关。

所以本教材忽略接地干线采用型钢的末端单相接地故障电流的计算，只考虑三相和两相短路及电缆中所含保护导体的单相短路（L－N）电流计算（对电动机回路为L－PE）。

6.4 各元件阻抗计算

6.4.1 供电系统阻抗

以6（10）kV系统短路容量100MVA为例，折算到低压0.4kV的阻抗有名值按式（4－10）计算

$$Z_S = \frac{U_n}{\sqrt{3} \times I_j} = \frac{400}{\sqrt{3} \times 144.3} = 1.6\text{m}\Omega \quad (4-10)$$

式中 U_n——低压侧额定电压，V；

I_j——基准电流，kA；

$$I_j = \frac{100}{\sqrt{3} \times 0.4} = 144.3\ \text{kA}$$

其中，$X_S = 0.995 \times 1.6 = 1.592\text{m}\Omega$，$R_S = 1.6 \times 0.1 = 0.16\text{m}\Omega$

6（10）kV系统不同短路容量的相阻抗及相保阻抗值见表4－6。

表4－6 6（10）kV系统阻抗 mΩ

短路容量/MVA	75	100	150	200	250
Z_S	2.133	1.60	1.067	0.80	0.64
R_S	0.213	0.16	0.107	0.08	0.064
X_S	2.123	1.592	1.061	0.796	0.637
$R_{S\phi\rho}$	0.142	0.107	0.071	0.053	0.043
$X_{S\phi\rho}$	1.415	1.061	0.707	0.531	0.425

6.4.2 配电变压器阻抗计算

配电变压器的电阻、电抗和阻抗有名值分别按式（4－11）~式（4－13）计算。

电阻 $$R_T = \frac{\Delta P}{3 \times I_{2n}^2}\ \text{m}\Omega \quad (4-11)$$

电抗 $$X_T = \sqrt{Z_T^2 - R_T^2}\ \text{m}\Omega \quad (4-12)$$

阻抗 $$Z_T = \frac{u_k\%}{100} \times \frac{U_n^2}{S_T} \times 10^3\ \text{m}\Omega \quad (4-13)$$

式中 ΔP——变压器短路损耗，kW；

I_{2n}——变压器二次侧额定电流，kA；

U_n——变压器二次侧额定电压，kV；

S_T——变压器额定容量，MVA。

常用配电变压器相阻抗及相保阻抗见表4－7。

6.4.3 变压器二次侧母线阻抗

按变压器容量选择的铜母线（长度按5m计）相阻抗及相保阻抗见表4－8。

6.4.4 电缆阻抗

1000V铜导体全塑电缆的相阻抗及相保阻抗见表4－9。

表 4-7　全密闭变压器阻抗(D，yn 接线)

mΩ

容量/kVA	阻抗/%	短路损耗 ΔP_k/kW	电阻			电抗			电阻			电抗		
			正负序 R_T	零序 R_{T0}	相保 $R_{T\phi p}$	正负序 X_T	零序 X_{T0}	相保 $X_{T\phi p}$	正负序 R_T	零序 R_{T0}	相保 $R_{T\phi p}$	正负序 X_T	零序 X_{T0}	相保 $X_{T\phi p}$
315	4	3.65	5.885	5.885	5.885	19.446	19.446	19.446	5.563	5.563	5.563	19.540	19.540	19.540
400	4	4.30	4.30	4.30	4.30	15.411	15.411	15.411	4.10	4.10	4.10	15.466	15.466	15.466
500	4	5.10	3.264	3.264	3.264	12.377	12.377	12.377	3.072	3.072	3.072	12.426	12.426	12.426
630	4.5	6.20	2.499	2.499	2.499	11.151	11.151	11.151	2.419	2.419	2.419	9.866	9.866	9.866
800	4.5	7.50	1.875	1.875	1.875	8.802	8.802	8.802	1.725	1.725	1.725	11.875	11.875	11.875
1000	4.5	9.60	1.536	1.536	1.536	7.03	7.03	7.03	1.408	1.408	1.408	9.496	9.496	9.496
1250	4.5	11.46	1.174	1.174	1.174	5.639	5.639	5.639	1.075	1.075	1.075	7.604	7.604	7.604
1600	4.5	13.72	0.857	0.857	0.857	4.417	4.417	4.417	0.738	0.738	0.738	5.954	5.954	5.954
1600	5.5	13.72	0.857	0.857	0.857	5.433	5.433	5.433	0.584	0.584	0.584	5.570	5.570	5.570
2000	5.5	16.50	0.660	0.660	0.660	4.350	4.350	4.350						
2000	6.5	16.50	0.660	0.660	0.660	5.158	5.158	5.158						

注：变压器型号按 S10－M，各制造厂短路损耗数据可能略有出入。

表 4-8　铜母线阻抗

mΩ

变压器规格/kVA	最大工作电流/A	母线规格 TMY－(相导体＋保护导体)	相间距离 D/mm	电阻				电抗			
				mΩ/m		mΩ/5m		mΩ/m		mΩ/5m	
				R'_1	$R'_{\phi p}$	R_{1m}	$R_{\phi p}$	X'_1	$X'_{\phi p}$	X_{1m}	$X_{\phi p}$
315	479	3(50×5)＋1(40×4)	250	0.074	0.148	0.369	0.737	0.199	0.423	0.995	2.115
400	608	3(63×6.3)＋1(40×5)	250	0.074	0.148	0.369	0.737	0.199	0.423	0.995	2.115
500	760	3(80×6.3)＋1(50×5)	250	0.047	0.094	0.235	0.471	0.188	0.40	0.944	2.0
630	957	3(80×8)＋1(63×6.3)	250	0.031	0.104	0.155	0.52	0.17	0.394	0.85	1.97
800	1216	3(100×8)＋1(80×6.3)	350	0.031	0.078	0.155	0.39	0.175	0.412	0.875	2.06
1000	1520	3(125×10)＋1(80×8)	350	0.025	0.056	0.124	0.279	0.180	0.381	0.90	1.905
1250	1900	3{2(100×8)}＋1(100×8)	350	0.016	0.047	0.08	0.235	0.175	0.381	0.875	1.90
1600	2432	3{2(100×10)}＋1(100×10)	350	0.013	0.05	0.063	0.25	0.181	0.38	0.905	1.90
2000	3040	3{2(125×10)}＋1(125×10)	350	0.013	0.04	0.063	0.20	0.181	0.38	0.905	1.90

注：母线相间距离 D 取值：当变压器容量 $S \geq 800$kVA，$D=350$mm，$S<800$kVA，$D=250$mm。

表 4 - 9　电缆阻抗表

mΩ/m

电缆截面/mm²			4	6	10	16	25	35	50	70	95	120	150	185	240	2(70)	2(95)	2(120)	2(150)	2(185)	2(240)
相电阻	导体温度	20	4. 30	2. 867	1. 745	1. 097	0. 702	0. 501	0. 351	0. 251	0. 185	0. 146	0. 117	0. 095	0. 073	0. 126	0. 093	0. 073	0. 059	0. 048	0. 037
		60	4. 988	3. 325	2. 035	1. 272	0. 814	0. 581	0. 407	0. 291	0. 214	0. 169	0. 136	0. 110	0. 085	0. 146	0. 107	0. 085	0. 068	0. 055	0. 043
		80	5. 332	3. 554	2. 175	1. 359	0. 87	0. 621	0. 435	0. 311	0. 229	0. 181	0. 145	0. 118	0. 091	0. 156	0. 115	0. 091	0. 073	0. 059	0. 046
相保电阻	$S_p=0.5S$						2. 699	2. 397	1. 580	1. 128	0. 804	0. 596	0. 552	0. 42	0. 329	0. 565	0. 403	0. 328	0. 277	0. 211	0. 165
	$S_p=S$		12. 90	8. 601	5. 235	3. 291	2. 106	1. 503	1. 053	0. 753	0. 555	0. 438	0. 351	0. 285	0. 219	0. 377	0. 278	0. 219	0. 176	0. 144	0. 110
相电抗 $X_1=X_2$			0. 100	0. 100	0. 094	0. 087	0. 082	0. 080	0. 079	0. 079	0. 079	0. 076	0. 076	0. 076	0. 076	0. 040	0. 040	0. 038	0. 038	0. 038	0. 038
相保电抗	$S_p=0.5S$		0. 234	0. 211	0. 224	0. 201	0. 192	0. 191	0. 187	0. 178	0. 178	0. 161	0. 161	0. 161	0. 161	0. 089	0. 089	0. 081	0. 081	0. 080	0. 080
	$S_p=S$		0. 20	0. 20	0. 188	0. 174	0. 164	0. 16	0. 158	0. 156	0. 158	0. 152	0. 152	0. 152	0. 152	0. 078	0. 079	0. 076	0. 076	0. 076	0. 076

注：(1) 上述数据摘自《设计手册》，电抗值摘自第 158 页；20 C 时电阻值摘自第 158 页，60℃和 80℃时的电阻值分别摘自第 553 页表 9 - 80 和 551 页表 9 - 78 全部按铜导体。

(2)相保电阻数据取 20℃相线电阻和零线电阻之和的 1.5 倍。

(3)电缆导体实际线芯温度对聚乙烯电缆取 60℃，对交联聚乙烯电缆取 80℃，见《设计手册》第 540 页。

(4)铜导体 20℃时电阻率 $\rho_{20}=0.0172\Omega\cdot mm^2/m$，铝导体为 $\rho_{20}=0.0282\Omega\cdot mm^2/m$，不同温度时按下式修正：

$$\rho=\rho_{20}[1+\alpha(\theta-20)]$$

式中，温度系数 $\alpha=0.004$，θ 为导体实际工作温度。

(5)表中 2(70) ~2(240)表示 2 根相同截面的电缆并联使用。

6.5 计算示例

6.5.1 示例1

一台 $S_{10}-1000/10$，6/0.4kV，$u_k=4.5\%$，D，yn 接线变压器，一次侧系统短路容量为100MVA，低压配电线路为交联聚乙烯绝缘电缆 $3\times50mm^2$，铜芯，长度为100m，计算变压器低压侧母线三相、两相及单相短路电流以及线路末端三相、两相短路电流。

6.5.1.1 阻抗换算

(1) 系统阻抗(查表4-6)

电阻 $R_S=0.16m\Omega$，电抗 $X_S=1.592m\Omega$。

(2) 变压器阻抗(查表4-7)

电阻 $R_T=1.536m\Omega$，电抗 $X_T=7.03m\Omega$。

(3) 5m 母线阻抗(查表4-8)

电阻 $R_b=0.124m\Omega$，电抗 $X_b=0.90m\Omega$。

低压母线长度大于5m 时，应按实际长度计算。

(4) 电缆阻抗(查表4-9)(100m)

电阻 $R_L=0.435\times100=43.5\quad m\Omega\quad(\theta=80℃)$，电抗 $X_L=0.079\times100=7.9m\Omega$。

6.5.1.2 配电盘母线短路

(1) 回路总阻抗

回路总电阻 $R_\Sigma=0.16+1.536+0.124=1.82m\Omega$

回路总电抗 $X_\Sigma=1.592+7.03+0.90=9.522m\Omega$

回路总阻抗 $Z_\Sigma=\sqrt{1.82^2+9.522^2}=9.695m\Omega$

(2) 系统提供的短路电流计算

最大三相短路 $I''=I_k=\dfrac{1.05\times380}{\sqrt{3}\times9.695}=23.76\ kA$

最小两相短路 $I_{k2}=\dfrac{\sqrt{3}}{2}\times\dfrac{23.76}{1.05}=19.60\ kA$

最大方式电压系数 $C=1.05$，最小方式 $C=1.0$。

单相短路

总的相保电阻 $R_{\phi\rho}=0.107+1.536+0.279=1.922m\Omega$

总的相保电抗 $X_{\phi\rho}=1.061+7.03+1.905=9.996m\Omega$

总的相保阻抗 $Z_{\phi\rho}=\sqrt{1.922^2+9.996^2}=10.18m\Omega$

所以 $I_{k1}=\dfrac{1.0\times380}{\sqrt{3}\times10.18}=21.55\quad kA$

(3) 电动机反馈电流计算

当短路点附近连接的电动机额定电流之和大于短路电流的1%时，应考虑电动机反馈电流的影响，低压电动机反馈电流的计算详见附录1。

6.5.1.3 线路末端三相及两相短路(线路长100m)

(1) 回路总阻抗

回路总电阻 $R_\Sigma=0.16+1.648+0.124+43.5=45.432m\Omega$

回路总电抗 $X_{\Sigma}=1.592+7.009+0.90+7.9=17.40\text{m}\Omega$

回路总阻抗 $Z_{\Sigma}=\sqrt{45.432^2+17.4^2}=48.65\quad\text{m}\Omega$

（2）短路电流计算

三相短路 $I_k=\dfrac{1.05\times380}{\sqrt{3}\times48.65}=4.73\text{ kA}$

两相短路 $I_{k2}=0.866\times4.73/1.05=3.9\text{ kA}$

同理，计算出其他不同截面、不同长度的电缆线路末端三相及两相短路电流，详见附录2附表2－1。

说明：三相短路取最大方式，电压系数1.05，两相短路取电压系数1.0。计算低压线路末端短路电流，不再考虑电动机的反馈电流。

6.5.2 示例2

一台YB315L1－2，160kW电动机由一台$S_9-800/10$，10/0.4kV，D，yn接线变压器供电，电动机配电线路为交联聚乙烯绝缘电缆2（$3\times120\text{mm}^2$），铜芯，长度为250m。计算电机端两相短路电流，并计算电机正常运行时机端电压及起动时母线电压和机端电压。

6.5.2.1 基础数据

（1）电动机数据

$P=160\text{kW}$，$U=380\text{V}$，$I=292\text{A}$，$K_S=7$，$\cos\phi=0.89$，$\eta=93.5\%$。

（2）变压器数据

$S_T=800\text{kVA}$，$u_K=4.5\%$，$\Delta P=7.5\text{kW}$，$U_{2n}=400\text{V}$。

（3）电缆数据

$R_0=0.181\text{m}\Omega/\text{m}$，$X_0=0.076\text{m}\Omega/\text{m}$。

（4）电动机塑壳断路器瞬动电流整定值

4400A＝4.4kA。

6.5.2.2 阻抗换算

（1）系统阻抗（查表4－5）

$R_S=0.16\quad\text{m}\Omega$，$X_S=0.995\times1.6=1.592\text{m}\Omega$。

（2）变压器阻抗（查表4－6）

$R_T=1.875\text{m}\Omega$，$X_T=8.802\text{m}\Omega$。

（3）5m母线阻抗（查表4－7）

$R_b=0.155\text{m}\Omega$，$X_b=0.875\text{m}\Omega$。

低压母线长度大于5m时，应按实际长度计算。

（4）电缆阻抗（查表4－8）

$R_L=0.181\times250/2=22.625\text{m}\Omega$，$X_L=0.076\times250/2=9.5\text{m}\Omega$。

（5）电动机阻抗

a. 正常运行 $Z_M=\dfrac{380\times10^3}{\sqrt{3}\times292}=751.4\text{m}\Omega$

$R_M=0.89\times751.4=668.7\text{m}\Omega$（$\cos\phi=0.89$）

$X_M=0.456\times751.4=342.6\text{m}\Omega$（$\text{Sin}\phi=0.456$）

b. 启动时 $Z_M = \dfrac{380 \times 10^3}{\sqrt{3} \times 292 \times 7} = 107.3\text{m}\Omega$

$R_M = 0.13 \times 107.3 = 13.95\text{m}\Omega$（启动时 $\cos\phi_s = 0.13$）

$X_M = 0.9915 \times 107.3 = 106.39\ \text{m}\Omega$（$\sin\phi_s = 0.9915$）

6.5.2.3　配电盘母线三相、两相短路电流

回路总电阻　$R_\Sigma = 0.16 + 1.875 + 0.155 = 2.19\text{m}\Omega$

回路总电抗　$X_\Sigma = 1.592 + 8.802 + 0.875 = 11.269\text{m}\Omega$

回路总阻抗　$Z_\Sigma = \sqrt{2.19^2 + 11.269^2} = 11.48\ \ \text{m}\Omega$

最大三相短路　$I'' = I_k = \dfrac{1.05 \times 380 \times 10^3}{\sqrt{3} \times 11.48} = 20067\ \text{A} = 20.067\text{kA}$

最小两相短路　$I_{k2} = \dfrac{\sqrt{3}}{2} \times \dfrac{20.067}{1.05} = 17.38\ \text{kA}$

6.5.2.4　线路末端短路(250m)

回路总电阻　$R_\Sigma = 0.16 + 1.875 + 0.155 + 22.625 = 24.815\text{m}\Omega$

回路总电抗　$X_\Sigma = 1.592 + 8.802 + 0.875 + 9.5 = 20.769\text{m}\Omega$

回路总阻抗　$Z_\Sigma = \sqrt{24.815^2 + 20.769^2} = 32.36\text{m}\Omega$

最大三相短路　$I'' = I_k = \dfrac{1.05 \times 380 \times 10^3}{\sqrt{3} \times 32.36} = 7119\ \text{A} = 7.119\text{kA}$

最小两相短路　$I_{k2} = \dfrac{\sqrt{3}}{2} \times \dfrac{7.119}{1.05} = 5.87\ \text{kA}$

断路器瞬动保护灵敏度 $K_L = 5.87 \div 4.4 = 1.33 > 1.3$，满足规范要求。

注：当短路发生在其中一根电缆上，距离为100m处，计算短路电流。

两根电缆并联阻抗计算：

$R_1 = 0.181 \times 100 = 18.1\text{m}\Omega$，$X_1 = 0.076 \times 100 = 7.6\text{m}\Omega$

$Z_1 = 18.1 + j7.6 = 19.63\angle 22.777°$

$R_2 = 0.181 \times (250 + 150) = 72.4\ \text{m}\Omega$，$X_2 = 0.076 \times (250 + 150) = 30.4\text{m}\Omega$

$Z_2 = 72.4 + j30.4 = 78.5234\angle 22.777°$

$Z_1 // Z_2 = \dfrac{(18.1 + j7.6) \times (72.4 + j30.4)}{(18.1 + j7.6) + (72.4 + j30.4)} = \dfrac{(19.63\angle 22.777) \times 78.5234\angle 22.777}{(18.1 + 72.4) + j(7.6 + 30.4)}$

$= 15.704\angle 22.777° = 14.48 + j6.08$

所以，$R_\Sigma = 0.16 + 1.875 + 0.155 + 14.48 = 16.67\text{m}\Omega$

$X_\Sigma = 1.592 + 8.802 + 0.975 + 6.08 = 17.449\text{m}\Omega$

$Z_\Sigma = \sqrt{16.67^2 + 17.449^2} = 24.132\text{m}\Omega$

最大三相短路，$I_k = \dfrac{1.05 \times 380 \times 10^3}{\sqrt{3} \times 24.132} = 9545\ \text{A} = 9.545\text{kA} > 7.119\text{kA}$（末端短路）

最小两相短路，$I_{k2} = 0.866 \times 9.091 = 7.87\ \text{kA} > 5.87\text{kA}$

结论：在小于全长的一根电缆上发生短路，其短路电流总是大于末端短路电流。

6.5.2.5　计算电动机正常电压偏移和启动电压波动

(1) 正常电压偏移

回路总电阻　$R_\Sigma = 0.16 + 1.875 + 0.155 + 22.625 + 668.7 = 693.5\text{m}\Omega$

回路总电抗　$X_\Sigma = 1.592 + 8.802 + 0.875 + 9.5 + 342.6 = 363.369\text{m}\Omega$

回路总阻抗　$Z_{\Sigma} = \sqrt{693.5^2 + 363.369^2} = 782.93\text{m}\Omega$

线路和电动机总阻抗

$$Z_{B} = \sqrt{(22.625 + 668.7)^2 + (9.5 + 342.6)^2} = 776.28\text{m}\Omega$$

所以，$U_{BS} = Z_B / Z_{\Sigma} = 776.28/782.93 = 0.991 = 99.1\% U_n$。

正常机端电压 $U_{ms} = U_{bs} \times \dfrac{Z_M}{Z_B} = 99.1\% \times 751.4/776.28 = 95.92\% \ U_n$。

正常满载时电压偏移 $\Delta = 95.92\% - 100\% = -4.08\%$，小于 -5%，满足要求。

(2) 启动时电压波动

回路总电阻　$R_{\Sigma} = 0.16 + 1.875 + 0.155 + 22.625 + 13.95 = 38.765\text{m}\Omega$

回路总电抗　$X_{\Sigma} = 1.592 + 8.802 + 0.875 + 9.5 + 106.39 = 127.159\text{m}\Omega$

回路总阻抗　$Z_{\Sigma} = \sqrt{38.765^2 + 127.159^2} = 132.94\text{m}\Omega$

线路和电动机总阻抗

$$Z_{B} = \sqrt{(22.625 + 13.95)^2 + (9.5 + 106.39)^2} = 121.52\text{m}\Omega$$

所以，母线电压 $U_{BS} = Z_B / Z_{\Sigma} U_n = 121.52/132.94 U_n = 0.913 U_n = 91.4\% U_n > 85\% U_n$，满足要求。

机端电压 $U_{MS} = 91.4\% U_n \times 107.3/121.52 = 80.7\% U_n$。

附录1　异步电动机反馈电流的计算

1　中压[6-(10)kV]电动机反馈电流计算

1.1　中小型异步电动机

以额定容量1000kW的电动机为例，配电电缆铜导体长250m，计算母线短路时该电机提供的反馈电流。

1.1.1　6kV电动机

电机参数：YB2系列，2985r/min，$\cos\phi = 0.88$，$\eta = 95.9$，$I = 114\text{A}$，$K_s = 7.0$；或1488r/min，$\cos\phi = 0.86$. $\eta = 95.9$，$I = 116.7\text{A}$，$K_s = 6.5$。

取平均值 $\cos\phi = 0.87$，$\eta = 95.9$，$I = 115.4\text{A}$，$K_s = 6.75$。

6kV电动机短路阻抗有名值：

$$Z_m \cong X_m = \frac{1}{6.75} \times \frac{6000}{\sqrt{3} \times 115.4} = 4.447\Omega$$

电缆($3 \times 70\text{mm}^2$)250m 阻抗有名值：$R = 0.321 \times 0.25 = 0.08\Omega$，$X = 0.093 \times 0.25 = 0.023\Omega$。

$\therefore$　　$Z = 0.08 + j(4.447 + 0.023) = 0.08 + j4.47$

即　　$Z = \sqrt{0.08^2 + 4.47^2} = 4.471\Omega$

短路电流 $I'' = \dfrac{6000}{\sqrt{3} \times 4.471} = 774.8\text{ A}$

当忽略电缆阻抗时，$I'' = 115.4 \times 6.75 = 778.95\text{A} \cong 774.8\text{A}$

冲击电流峰值 $i_p=\sqrt{2}1.55\times774.8=1698A=1.698kA$（取平均冲击系数1.55）

也就是说，如果运行电机额定容量之和为10000kW＝10MW，提供的冲击电流约为17kA。

1.1.2 10kV电动机

电动机参数：YB2系列，1000kW，2985r/min，$\cos\phi=0.88$. $\eta=95.1$，$I=69A$，$K_s=7.0$；或1488r/min，$\cos\phi=0.87$，$\eta=95.1$，$I=69.8A$，$K_s=6.5$。

取平均值 $\cos\phi=0.875$，$\eta=95.1$，$I=69.4A$，$K_s=6.75$。

10kV电动机短路阻抗有名值：

$$Z_m\cong X_m=\frac{1}{6.75}\times\frac{10000}{\sqrt{3}\times69.4}=12.325\,\Omega$$

电缆（$3\times50mm^2$），长250m阻抗有名值：$R=0.449\times0.25=0.112\Omega$，$X=0.107\times0.25=0.0268\Omega$。

$\therefore Z=0.112+j(12.325+0.0268)=0.112+j12.3518$

即 $Z=\sqrt{0.112^2+12.3518^2}=12.3523\,\Omega$

短路电流 $I''=\dfrac{10000}{\sqrt{3}\times12.3523}=467.4\ A$

当忽略电缆阻抗时，$I''=69.4\times6.75=468.5\ A\cong467.4A$

冲击电流峰值 $i_p=\sqrt{2}\times1.55\times467.4=1024A=1.024kA$（取平均冲击系数1.55）

也就是说，若运行电机额定容量之和为10000kW＝10MW，提供的冲击电流为10.24kA。

1.2 大型异步电动机

大型异步电动机，一般是单独订货，某些参数与中、小型电机不同，如启动电流倍数、电流冲击系数等，反馈电流宜分别计算。

以直接接在总变或区域变6(10)kV母线上的大型电机为例，例如：一台5500kW电动机，10kV，1485r/min，$\cos\phi=0.895$. $\eta=97\%$，$I=365.8A$，$K_s=4.2$，忽略配电电缆阻抗（因距离短）。

$I''=4.2\times365.8=1536A=1.536kA$

$i_p=\sqrt{2}\times1.75\times1.536=3.8kA$

冲击系数取1.75，见《设计手册》图4－15。

其他大型电动机的反馈电流计算结果见附表4－1。

附表4－1 大型异步电动机反馈电流表

额定容量/kW	额定电压/V	额定电流/A	$\cos\phi_n$	η/%	堵转电流倍数	冲击系数 K_{pm}	反馈电流/kA	
							I''	i_p
2500	6000	276.7	0.90	96.6	5.2	1.70	1.439	3.459
3200	6000	356	0.901	96	5.33	1.70	1.897	4.56
	10000	218.4	0.876	96.7	4.0	1.70	0.874	2.162
4500	6000	504.2	0.89	96.5	4.5	1.75	2.269	5.614

续表

额定容量/kW	额定电压/V	额定电流/A	$\cos\phi_n$	η/%	堵转电流倍数	冲击系数 K_{pm}	反馈电流/kA	
							I''	i_p
5500	6000	606.2	0.90	97	4.28	1.75	2.594	6.42
5500	10000	365.8	0.895	97	4.2	1.75	1.536	3.80
6300	6000	703	0.889	97	4.03	1.75	2.833	7.01
7500	6000	837.7	0.89	96.8	4.05	1.75	3.393	8.395
8000	6000	878.7	0.905	96.8	4.03	1.75	3.541	8.762
9000	6000	983	0.91	96.8	4.05	1.75	3.981	9.851
12000		785	0.914	96.6	4.09	1.75	3.21	7.943
14000	10000	915	0.913	96.8	4.11	1.75	3.76	9.26
	6000	1545	0.90	96.8	3.74	1.75	5.78	14.28
15500	10000	1036	0.90	96	4.0	1.75	4.144	10.25
18000	10000	1179	0.91	96.9	3.8	1.75	4.48	11.08
			0.91	96.9	4.1	1.75	4.83	11.95
20000	10000	1310	0.91	96.9	4.0	1.75	5.24	12.96

注：(1)由于异步电动机反馈电流周期分量衰减时间常数大多数 $T''_f < 0.1s$，大型电机的 $T''_f < 0.15s$，因此 I'' 对于断路器的分断能力影响很小。

(2)对于用变压器－电动机组供电的6(10)kV大型异步电动机，计算方法同上。由于该系统的反馈电流对其他相关联的系统影响较弱，只有采用EDSA程序计算时才体现其影响。

2 低压电动机反馈电流计算

由于配电变压器二次侧母线所接运行的电动机额定电流之和，一般都大于二次侧短路电流的1%，因此必须考虑电动机的反馈电流对中央配电盘上低压设备选型的影响。

2.1 单台电动机反馈电流计算

例如，一台 $YB_2-280S-2W$，$P=90kW$，$U=380V$，$I_n=160A$，$K_S=7.5$，$\cos\phi=0.91$，$\eta=94.9$(电动机，配电电缆1根 $3\times120mm^2$ 铜芯交联聚乙烯电缆，长230m，计算其对母线短路的反馈电流。

2.1.1 电动机端头短路时反馈电流及启动阻抗计算

(1) 反馈电流计算

$I''=K_s\times I_n=7.5\times160=1200A=1.2kA$

$i_{pm}=\sqrt{2}\times1.3\times1200=2206A=2.206kA$

(2) 电动机起动(堵转)阻抗

$$X_s\approx Z_s=\frac{U_n}{\sqrt{3}\times I_s}=\frac{380}{\sqrt{3}\times160\times7.5}=0.1828\Omega=182.8\ m\Omega$$

2.1.2 母线短路时反馈电流计算

(1) 电缆阻抗计算，查表4－9，得：

电阻 $R_L=0.181\times230=41.63m\Omega$

电抗 $X_L = 0.076 \times 230 = 17.48\text{m}\Omega$

(2) 反馈电流计算

回路总电阻 $R_\Sigma = 41.63\text{m}\Omega$

回路总电抗 $X_\Sigma = 182.8 + 17.48 = 200.28\text{m}\Omega$

回路总阻抗 $Z_\Sigma = \sqrt{41.63^2 + 200.28^2} = 204.56\text{m}\Omega$

于是，反馈电流 $I'' = \dfrac{380}{\sqrt{3} \times 204.56} = 1.07\text{kA}$

$i_{pm} = \sqrt{2} \times 1.3 \times 1.07 = 1.97\text{kA}$

可见，电缆线路对反馈电流限制作用不大，这是因为短路时，电动机主要呈现的是电抗，而电缆对电流的限制作用主要是电阻，对总阻抗影响不大。

2.2　电动机群对变压器二次侧母线短路提供的反馈电流

2.2.1　计算条件

取装置变电所一台变压器运行带全部负荷时的情况进行计算，此时运行的电动机台数最多，容量最大。应逐台计算对短路点提供的反馈电流。由于这种计算过于繁琐，通常采用简化计算且只考虑容量(kVA)较大的电动机。

2.2.2　简化计算

以一台1000kVA变压器为例，满负荷运行 $S = 1000\text{kVA}$，平均 $\cos\phi = 0.85$。

二次侧有功负荷 $P = 1000 \times 0.85 = 850\text{kW}$

其中，电动机负荷：

$$P_m = 850 - 850 \times 0.2 = 680\text{kW}$$

(照明负荷、电加热器、小容量电动机约占总负荷的20%)

运行电动机的额定容量：

$$P_n = (680 \div 0.75) = 906.7\text{kW}$$

按照2.1.2的计算，考虑配电线路后，电动机群提供的反馈电流为：

$$I'' = 906.7 \times 1.07/90 = 10.78\text{kA}$$

$$i_{pm} = \sqrt{2} \times 1.3 \times 10.78 = 19.82\text{kA}$$

以上式中，系数0.75是电动机的平均负荷率(轴功率按额定容量的75%计算)。

2.2.3　低压母线短路总的冲击短路电流

以一台1000kVA变压器为例，一次侧系统短路容量为200MVA，二次侧母线最大三相短路电流为26kA，所以冲击短路电流：

$$i_p = i_{ps} + i_{pm} = \sqrt{2} \times 1.3 \times (26 + 10.78) = 67.8\text{ kA}$$

附录2 低压配电线路短路电流计算结果表(附表4-2、附表4-3)

附表4-2 低压电缆线路短路电流计算结果表

kA

序号	电缆长度/m	40			50			75			100			150			175		
	芯数截面/mm²	L-L-L	L-L	L-N	L-L-L	L-L	L-N	L-L-L	L-L	L-N	L-L-L	L-L	L-N	L-L-L	L-L	L-N	L-L-L	L-L	L-N
1	4×4	1. 067	0. 924	0. 444	0. 855	0. 741	0. 355	0. 572	0. 495	0. 237	0. 430	0. 372	0. 178	0. 287	0. 248	0. 119	0. 246	0. 213	0. 102
2	4×6	1. 589	1. 376	0. 664	1. 276	1. 105	0. 532	0. 855	0. 740	0. 355	0. 643	0. 557	0. 267	0. 429	0. 372	0. 178	0. 368	0. 319	0. 153
3	4×10	2. 558	2. 215	1. 084	2. 061	1. 785	0. 870	1. 386	1. 201	0. 582	1. 044	0. 904	0. 437	0. 699	0. 605	0. 292	0. 600	0. 519	0. 250
4	4×16	3. 981	3. 448	1. 707	3. 228	2. 796	1. 372	2. 189	1. 895	0. 920	1. 654	1. 433	0. 692	1. 111	0. 962	0. 463	0. 954	0. 826	0. 397
5	4×25	5. 913	5. 121	2. 618	4. 850	4. 200	2. 113	3. 334	2. 887	1. 424	2. 536	2. 197	1. 073	1. 714	1. 484	0. 719	1. 474	1. 277	0. 617
6	3×25+1×16	5. 913	5. 121	2. 065	4. 850	4. 200	1. 662	3. 334	2. 887	1. 117	2. 536	2. 197	0. 841	1. 714	1. 484	0. 563	1. 474	1. 277	0. 483
7	3×35+1×16	7. 761	6. 721	2. 312	6. 453	5. 588	1. 863	4. 516	3. 911	1. 254	3. 465	3. 000	0. 945	2. 359	2. 043	0. 632	2. 034	1. 761	0. 543
8	3×50+1×25	9. 950	8. 617	3. 406	8. 443	7. 312	2. 761	6. 077	5. 263	1. 871	4. 727	4. 094	1. 415	3. 263	2. 825	0. 950	2. 823	2. 445	0. 816
9	3×70+1×35	12. 02	10. 410	4. 586	10. 439	9. 040	3. 746	7. 780	6. 738	2. 564	6. 167	5. 341	1. 947	4. 339	3. 757	1. 313	3. 775	3. 269	1. 129
10	3×95+1×50	13. 70	11. 870	6. 016	12. 163	10. 533	4. 972	9. 400	8. 140	3. 456	7. 613	6. 592	2. 644	5. 482	4. 748	1. 797	4. 803	4. 160	1. 548
11	3×120+1×70	14. 77	12. 786	7. 506	13. 299	11. 517	6. 287	10. 563	9. 147	4. 451	8. 709	7. 542	3. 437	6. 405	5. 547	2. 357	5. 649	4. 892	2. 036
12	3×150+1×70	15. 60	13. 512	7. 885	14. 223	12. 317	6. 631	11. 567	10. 017	4. 722	9. 695	8. 396	3. 657	7. 280	6. 305	2. 515	6. 464	5. 598	2. 175
13	3×185+1×95	16. 19	14. 022	9. 206	14. 892	12. 897	7. 864	12. 336	10. 683	5. 731	10. 483	9. 078	4. 494	8. 019	6. 944	3. 132	7. 166	6. 205	2. 718
14	3×240+1×120	16. 75	14. 505	10. 283	15. 535	13. 453	8. 909	13. 104	11. 348	6. 641	11. 297	9. 783	5. 276	8. 820	7. 638	3. 729	7. 939	6. 876	3. 250
15	2(3×95)										12. 97	11. 930		9. 84	8. 520		8. 760	7. 580	
16	2(3×120)										14. 340	12. 420		11. 17	9. 670		10. 030	8. 690	
17	2(3×150)										15. 486	13. 411		12. 347	10. 692		11. 186	9. 687	
18	2(3×185)										16. 333	14. 144		13. 272	11. 494		12. 113	10. 490	
19	2(3×240)										17. 159	14. 860		14. 216	12. 311		13. 076	11. 324	

续表

序号	电缆长度/m	200			220			240			260			280			300		
	芯数截面/mm^2	L－L－L	L－L	L－N	L－L－L	L－L	L－N	L－L－L	L－L	L－N	L－L－L	L－L	L－N	L－L－L	L－L	L－N	L－L－L	L－L	L－N
1	4×4	0.215	0.186	0.089	0.196	0.169	0.081	0.179	0.155	0.074	0.166	0.143	0.069	0.154	0.133	0.064	0.144	0.124	0.059
2	4×6	0.322	0.279	0.133	0.293	0.254	0.121	0.269	0.233	0.111	0.248	0.215	0.103	0.231	0.200	0.095	0.215	0.186	0.089
3	4×10	0.525	0.455	0.219	0.478	0.414	0.199	0.438	0.379	0.183	0.405	0.350	0.169	0.376	0.325	0.157	0.351	0.304	0.146
4	4×16	0.836	0.724	0.348	0.761	0.659	0.316	0.698	0.604	0.290	0.645	0.558	0.268	0.599	0.519	0.249	0.559	0.484	0.232
5	4×25	1.293	1.120	0.541	1.178	1.020	0.492	1.081	0.936	0.451	0.999	0.865	0.417	0.929	0.804	0.387	0.867	0.751	0.361
6	3×25+1×16	1.293	1.120	0.423	1.178	1.020	0.385	1.081	0.936	0.353	0.999	0.865	0.326	0.929	0.804	0.302	0.867	0.751	0.282
7	3×35+1×16	1.787	1.548	0.475	1.629	1.411	0.432	1.497	1.296	0.397	1.384	1.199	0.366	1.287	1.115	0.340	1.203	1.042	0.318
8	3×50+1×25	2.487	2.154	0.715	2.271	1.967	0.651	2.089	1.809	0.597	1.935	1.675	0.552	1.801	1.560	0.512	1.685	1.459	0.479
9	3×70+1×35	3.339	2.892	0.991	3.057	2.647	0.902	2.818	2.441	0.828	2.614	2.264	0.765	2.437	2.111	0.711	2.283	1.977	0.664
10	3×95+1×50	4.272	3.699	1.360	3.924	3.398	1.240	3.627	3.141	1.139	3.373	2.921	1.053	3.151	2.729	0.979	2.956	2.560	0.915
11	3×120+1×70	5.050	4.373	1.792	4.653	4.030	1.635	4.314	3.736	1.503	4.021	3.482	1.391	3.764	3.260	1.295	3.538	3.064	1.211
12	3×150+1×70	5.809	5.031	1.915	5.373	4.653	1.748	4.996	4.327	1.608	4.668	4.043	1.489	4.380	3.793	1.386	4.126	3.573	1.296
13	3×185+1×95	6.473	5.606	2.400	6.007	5.202	2.195	5.603	4.852	2.022	5.249	4.545	1.874	4.936	4.275	1.746	4.658	4.034	1.635
14	3×240+1×120	7.216	6.249	2.879	6.724	5.823	2.639	6.294	5.451	2.435	5.915	5.123	2.260	5.579	4.832	2.109	5.279	4.571	1.976
15	2(3×95)	7.880	6.830		7.295	6.320		6.790	5.880		6.346	5.496		5.957	5.159		5.611	4.860	
16	2(3×120)	9.100	7.880		8.460	7.330		7.910	6.850		7.420	6.43		6.990	6.050		6.60	5.720	
17	2(3×150)	10.216	8.850		9.549	8.270		8.961	7.760		8.440	7.31		7.975	6.906		7.556	6.543	
18	2(3×185)	11.133	9.641		10.450	9.050		9.845	8.526		9.304	8.057		8.818	7.636		8.380	7.256	
19	2(3×240)	12.098	10.477		11.412	9.883		10.798	9.351		10.244	8.871		9.743	8.438		9.288	8.043	

续表

序号	电缆长度/m	320			340			360			380			400			420		
	芯数截面/mm^2	L-L-L	L-L	L-N	L-L-L	L-L	L-N	L-L-L	L-L	L-N	L-L-L	L-L	L-N	L-L-L	L-L	L-N	L-L-L	L-L	L-N
1	4×4	0. 135	0. 117	0. 056	0. 127	0. 110	0. 052	0. 120	0. 104	0. 049	0. 113	0. 098	0. 047	0. 108	0. 093	0. 045	0. 103	0. 089	0. 042
2	4×6	0. 202	0. 175	0. 083	0. 190	0. 164	0. 079	0. 179	0. 155	0. 074	0. 170	0. 147	0. 070	0. 161	0. 140	0. 067	0. 154	0. 133	0. 064
3	4×10	0. 329	0. 285	0. 137	0. 310	0. 268	0. 129	0. 293	0. 253	0. 122	0. 277	0. 240	0. 115	0. 263	0. 228	0. 110	0. 251	0. 217	0. 104
4	4×16	0. 525	0. 454	0. 218	0. 494	0. 428	0. 205	0. 467	0. 404	0. 193	0. 442	0. 383	0. 183	0. 420	0. 364	0. 174	0. 400	0. 347	0. 166
5	4×25	0. 814	0. 705	0. 339	0. 766	0. 664	0. 319	0. 724	0. 627	0. 301	0. 687	0. 595	0. 286	0. 653	0. 565	0. 271	0. 622	0. 538	0. 258
6	3×25+1×16	0. 814	0. 705	0. 265	0. 766	0. 664	0. 249	0. 724	0. 627	0. 235	0. 687	0. 595	0. 223	0. 653	0. 565	0. 212	0. 622	0. 538	0. 202
7	3×35+1×16	1. 129	0. 978	0. 298	1. 064	0. 921	0. 280	1. 006	0. 871	0. 265	0. 953	0. 826	0. 251	0. 906	0. 785	0. 238	0. 864	0. 748	0. 227
8	3×50+1×25	1. 582	1. 370	0. 449	1. 492	1. 292	0. 423	1. 411	1. 222	0. 399	1. 338	1. 159	0. 378	1. 273	1. 102	0. 360	1. 214	1. 051	0. 343
9	3×70+1×35	2. 147	1. 859	0. 623	2. 026	1. 754	0. 587	1. 918	1. 661	0. 555	1. 821	1. 577	0. 526	1. 733	1. 501	0. 500	1. 653	1. 432	0. 476
10	3×95+1×50	2. 784	2. 411	0. 859	2. 631	2. 279	0. 809	2. 494	2. 160	0. 765	2. 370	2. 053	0. 725	2. 258	1. 956	0. 689	2. 156	1. 867	0. 657
11	3×120+1×70	3. 338	2. 890	1. 137	3. 159	2. 735	1. 071	2. 998	2. 596	1. 013	2. 852	2. 470	0. 961	2. 720	2. 356	0. 914	2. 600	2. 251	0. 871
12	3×150+1×70	3. 899	3. 376	1. 217	3. 695	3. 200	1. 147	3. 512	3. 041	1. 085	3. 345	2. 897	1. 029	3. 194	2. 766	0. 979	3. 056	2. 646	0. 933
13	3×185+1×95	4. 410	3. 819	1. 537	4. 187	3. 626	1. 450	3. 985	3. 451	1. 372	3. 801	3. 292	1. 302	3. 634	3. 147	1. 239	3. 480	3. 014	1. 182
14	3×240+1×120	5. 009	4. 337	1. 860	4. 765	4. 126	1. 756	4. 543	3. 934	1. 663	4. 341	3. 759	1. 579	4. 156	3. 599	1. 504	3. 986	3. 452	1. 435
15	2(3×95)	5. 304	4. 593		5. 028	4. 354		4. 780	4. 140		4. 553	3. 943		4. 347	3. 764		4. 159	3. 602	
16	2(3×120)	6. 250	5. 420		5. 940	5. 150		5. 660	4. 900		5. 400	4. 68		5. 170	4. 470		4. 950	4. 290	
17	2(3×150)	7. 178	6. 216		6. 836	5. 920		6. 525	5. 650		6. 240	5. 40		5. 978	5. 177		5. 738	4. 970	
18	2(3×185)	7. 980	6. 910		7. 617	6. 596		7. 285	6. 309		6. 980	6. 045		6. 700	5. 802		6. 440	5. 578	
19	2(3×240)	8. 872	7. 683		8. 492	7. 354		8. 142	7. 051		7. 820	6. 772		7. 532	6. 523		7. 244	6. 274	

附表 4-3　阻抗数据表

mΩ/m

阻抗数据＼电缆截面		系统及变压器阻抗	电缆芯数及截面/mm²												
			4×4	4×6	4×10	4×16	4×25	3×25+1×16	3×35+1×16	3×50+1×25	3×70+1×35	3×95+1×50	3×120+1×70	3×150+1×70	3×185+1×95	3×240+1×120
1	R_{ϕ}	1.932	5.332	3.554	2.175	1.359	0.87	0.87	0.621	0.435	0.311	0.229	0.181	0.145	0.118	0.091
2	X_{ϕ}	9.511	0.10	0.10	0.094	0.087	0.082	0.082	0.080	0.079	0.078	0.077	0.077	0.076	0.076	0.076
3	$R_{\phi\rho}$	2.034	12.9	8.601	5.235	3.291	2.106	2.699	2.397	1.580	1.128	0.804	0.596	0.552	0.420	0.329
4	$X_{\phi\rho}$	9.975	0.20	0.20	0.188	0.174	0.164	0.192	0.191	0.187	0.178	0.178	0.161	0.161	0.161	0.161

说明：(1) 系统(6～10kV)短路容量按 100MVA；变压器容量按 1000kVA，当为其它数值时，对距离短、电缆截面大的情况，计算结果有一定误差，当电缆长度在 75m 及以上时，误差可以忽略。

(2) 校验低压配电线路(照明箱、动力箱、下级配电盘等)上下级保护的配合及断路器分断能力，取三相短路 L-L-L 数据；

(3) 校验电动机回路断路器瞬动保护灵敏度，取最小方式下两相短路 L-L；

(4) 表中数据按电压系数 $C=1.05U_n=400V$ 计算；最小方式的短路电流可将上述数据乘以 0.95。

(5) 电缆为交联聚乙烯绝缘铜导体，电阻取 80°C 的电阻值；相保电阻取 20°C 时相线与 N 线电阻之和的 1.5 倍。见阻抗数据表。

(6) 表中 L-N 短路电流是 4 芯(或 5 芯)电缆线路中相导体对中性导体(N 线)之间的短路电流，对于电动机回路，就是接地故障电流。因为电动机的 4 芯电缆第 4 芯只能用作保护导体，而不是中性导体。

第五章 照明设计

1 设计规范和技术规定

GB 50034—2004《建筑照明设计标准》

SH/T 3027—2003《石油化工企业照度设计标准》

SH 3038—2000《石油化工企业生产装置电力设计技术规范》

CJJ 45—2006《城市道路照明设计标准》

GB 50058—2013《爆炸危险环境电力装置设计规范》(报批稿)

2 光源选择

选择电光源的基本原则是：节能、环保、高效、长寿命，并满足显色性、眩光值、启动时间等要求。最近几年开发并走向市场的新型光源、如各种型式的节能灯，特别是 LED 灯和无极灯(电磁感应灯)在石化企业得到越来越广泛地应用。

2.1 LED 灯发光原理

LED 是英文 Light emitting diode 即发光二极管的缩写。其核心部分是由 P 型半导体和 N 型半导体组成的晶片，在它们之间有一个过渡层，称为 P－N 结。在 P－N 结上加正向电压电流从阳极流向阴极时，半导体晶体就会发出从紫外线到红外线不同颜色的光线，光的强弱与电流有关。采用不同晶片材质，或将几种材质的晶片封装在一起就可得到用于照明的白色光源。例如，利用蓝色单晶片加上黄色 YAG 荧光粉。这种白色 LED 二极管发光效率可达 30lm/W 或更高。一套工厂用 LED 灯是由几十个甚至几百个发光二极管组成的。

LED 灯的优点是：低压供电、发光效率高、寿命长、附件简单、结构紧凑、可控性好。

2.2 无极灯发光原理

无极灯由高频发生器、耦合器和灯泡三部分组成。它是通过高频发 生器的电磁场以感应的方式耦合到灯内，使灯泡内的气体雪崩电离，形成等离子体。等离子受激原子返回基态时辐射出紫外线。灯泡内壁的荧光粉受到紫外线激发产生可见光。

无极灯的优点是：长寿命($\geqslant 6\times10^4$h)、高显色性($\geqslant 80$)、光效高且衰减慢(系列光效$\geqslant$65lm/W)、无极灯泡体不含液态汞，无有害频闪，低眩光，可立即启动。与 LED 灯相比，无极灯还有光效衰减慢的优点。

除了 LED 灯和无极灯外，石化企业常用光源还有：普通节能灯、荧光灯、金属卤化物灯、高压汞灯、高压钠灯等。白炽灯由于能耗大、寿命短，已经很少使用或不用。

2.3 应用场所

2.3.1 无极灯、LED 灯

户内大型厂房的底层、库房、泵房、维修间等，户外管桥下、塔上平台、构架平台等。

2.3.2 荧光灯

户内中心控制室、仪表间、变配电所、泵房、办公室等；户外管架下、塔上平台、构架平台等；发光效率较高(T8、T5 细灯管及电子镇流器)、寿命较长，光色好。

2.3.3 金属卤化物灯

户外管架下(悬挂高度 6m 以上)、塔上平台、构架平台、道路及堆场等；户内用于高大厂房照明。发光效率较高、寿命较长。

2.3.4 高压钠灯

户内高大厂房，如压缩机房、主风机厂房、汽轮机房的运转层等；户外管架下(悬挂高度 5m 以上)、塔上平台、构架平台、道路及堆场等。发光效率高、寿命较长。

2.3.5 高压汞灯

应用场所同高压钠灯，由于发光效率较低、启动较慢，应用受到限制。

3 灯具选型

选用灯具应注意以下几点：配光特性、眩光控制、经济性——初始投资与长期运行费用、与环境特征相适应(爆炸危险环境，多尘、潮湿环境，腐蚀环境等)。

3.1 建筑物内使用的灯具

3.1.1 生产厂房

(1) 非防爆场所

如主风机厂房、空压机房、汽轮机房等。

① 运转层——深照型金属卤化物灯；辅以墙(柱)上安装的配照型弯杆灯(无极灯、LED 灯或其他节能灯具)。

② 底层——广照型或配照型节能灯、防水防尘型节能灯、荧光灯。

(2) 防爆场所

如氢气压缩机厂房等。

① 运转层——防爆深照型金属卤化物灯；辅以墙(柱)上安装的防爆型弯杆灯(无极灯、LED 灯或其他节能灯具)。

② 底层——广照型或配照型防爆无极灯、LED 灯或防爆荧光灯。

(3) 油泵房

防爆荧光灯、广照型或配照型防爆无极灯。

3.1.2 其他辅助建筑物

办公楼、中心控制室、配电室、机柜间、化验室及部分生活辅助用房，应优先选用以节能荧光灯为主的建筑类灯具，如以 T5、T8 细管荧光灯为光源的各种类型荧光灯具。

3.2 户外使用的灯具

3.2.1 装置区

① 塔上、构架上——漫射型(无反射罩)防爆无极灯、LED 灯、高压钠灯及荧光灯，立杆安装(护栏式)或吊杆安装。

② 机泵的管架下——漫射型(无反射罩)防爆无极灯、LED 灯及荧光灯；吊杆安装或柱上弯杆灯。

3.2.2 罐区

① 一般照明——节能光源的投光灯，安装在有一定高度的水泥电杆上或专门的投光灯塔上。

常用光源有金属卤化物灯或高压钠灯。通常工业电视的摄像头也安装在此塔上，投光灯一般为非防爆型。

② 罐体局部照明——防爆无极灯、LED 灯或荧光灯，靠罐体平台、楼梯的栏杆立杆安装。

3.2.3 厂区道路照明

一般为非防爆金属卤化物灯或高压钠灯或 LED 灯，个别情况需用防爆型(如处于 2 区或附加 2 区，灯杆下部的接线盒要用防爆型)。

3.2.4 厂前区或其他需要照明的广场

可选成套高杆灯或投光灯(金属卤化物灯、高压钠灯)。

3.2.5 烟囱、火炬或炼油塔

需要按规定装设航空障碍灯，前者可选非防爆型，后二者应选用防爆型。

4 灯具布置

4.1 一般原则

① 满足照度要求且使照度均匀。

② 尽量限制眩光。

③ 灯具布置水平间距 L 与计算高度 h 之比(距高比 L/h)应恰当。水平间距按式(5-1)计算。

$$L = \sqrt{L_1 L_2} \tag{5-1}$$

式中 L_1，L_2——分别为双排或多排布置时，纵向和横向水平间距，m。

$$h = h_1 - h_a$$

式中 h_1——灯具安装高度 m；

h_a——计算工作面高度，m。

常用灯具的 L/h 参考值见表 5-1。

表 5-1　常用灯具的 L/h 参考值

照明器型式	多列布置时 L/h		单列布置时 L/h	
	允许范围	推荐值	允许范围	推荐值
磨砂罩节能灯	1.6~2.5	2.0	1.6~2.0	1.8
搪瓷伞罩节能灯	1.3~2.2	1.8	1.3~1.8	1.6
筒式荧光灯	1.3~1.8	1.6	1.2~1.6	1.5
格栅荧光灯	1.0~1.4	1.2	1.0~1.4	1.2
深照型灯	1.5~1.8	1.5	1.3~1.6	1.4
广照、配照型灯	1.8~3.0	2.2	2.0~2.5	1.9
隔爆、增安型灯	1.5~2.5	1.8	1.5~2.2	1.6

④ 为了取得最佳的视觉效果、减少眩光，对各种灯具的按照高度要求见表 5-2。

表 5-2　常用灯具最低悬挂高度

光源种类		灯泡容量/W	最低悬挂高度/m	备注
普通节能灯	搪瓷反射器	24 及以下	2.5	
		40~55	3.0	
	乳白玻璃漫射罩	24 及以下	2.2	
		40~55	2.5	
荧光灯	无反射器筒式	36 及以下	2.2	
	搪瓷反射器	30~85	2.5	
高压汞灯	搪瓷反射器	250 及以下	5.0	
	铝抛光反射器	400 及以下	6.0	
高压钠灯	搪瓷反射器	250	6.0	
	铝抛光反射器	400	7.0	
金属卤化物灯	搪瓷反射器	400	6.0	
	铝抛光反射器	1000	12~14	

4.2　典型布置举例

4.2.1　办公室灯具布置

见图 5-1。

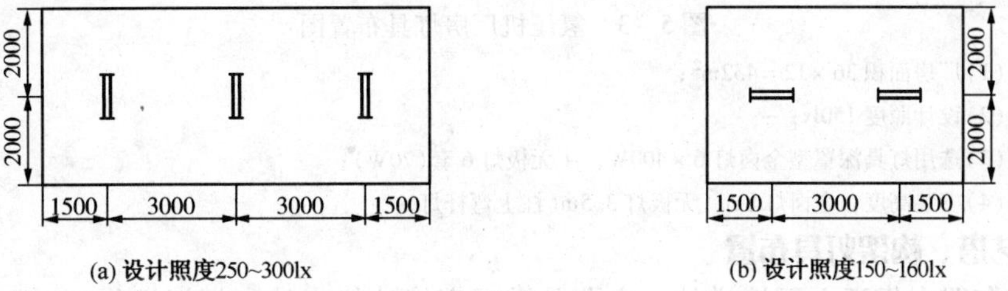

(a) 设计照度250~300lx　　(b) 设计照度150~160lx

图 5-1　办公室灯具布置图

注：选用灯具 T8 细管荧光灯 2×36W，安装高度 2.5m。

4.2.2 设计室采用荧光灯具布置

见图 5-2。

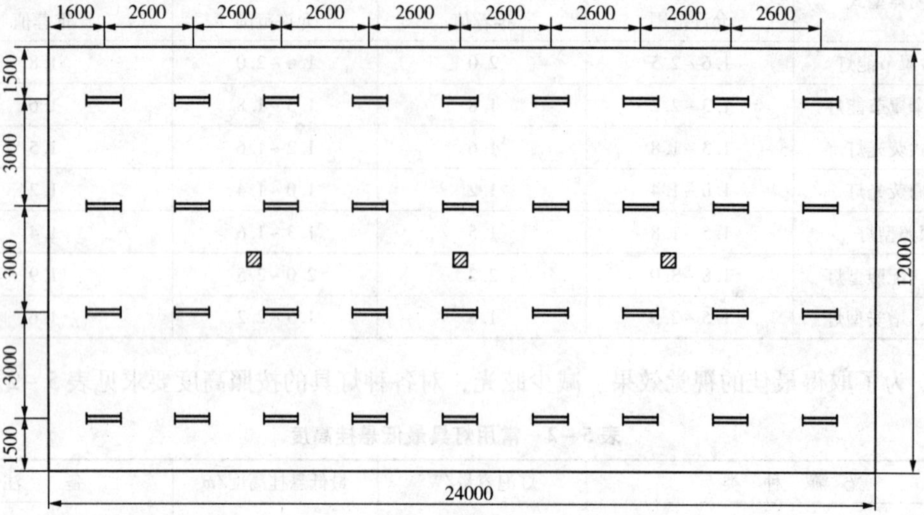

图 5-2 设计室荧光灯具布置图

注：(1) 房间面积 $24 \times 12 = 288m^2$；

(2) 设计照度 450lx(0.75m 水平面)；

(3) 选用灯具 T5 细管节能荧光灯 36×(2×49)W；

(4) 安装高度吸顶安装(房间高 3.4m)。

4.2.3 工业厂房灯具布置

见图 5-3。

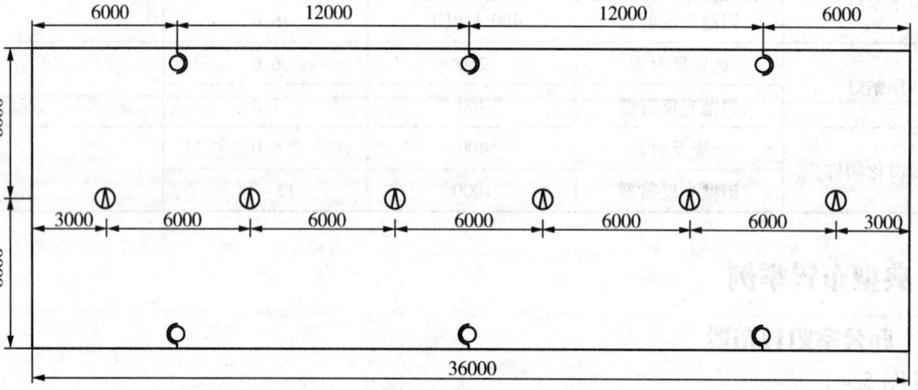

图 5-3 氢压机厂房灯具布置图

注：(1) 厂房面积 $36 \times 12 = 432m^2$；

(2) 设计照度 150lx；

(3) 选用灯具深罩型金卤灯 6×400W，+无极灯 6 套(70W)；

(4) 安装高度，金卤灯 8m，无极灯 3.5m(柱上弯杆灯)。

4.2.4 工艺塔、构架灯具布置

灯具宜布置在靠近上下楼梯处、人孔及需观察就地仪表处、阀门操作处(或按工艺委托要求)，上下层及相邻塔上的灯具尽量对齐，注意视觉效果的观赏性。

4.2.5 关于航空障碍灯

处于飞机航线或机场附近的高耸建、构筑物应按当地航空管理部门的要求装设障碍标志

灯。炼油厂的烟囱、火炬、工艺塔、凉水塔等有可能需要安装障碍灯。航空障碍灯应采用光控装置，按室外光照强度自动开停。其供电电源当能取得应急电源时，应由应急电源系统供电；无应急电源时，应由两路电源供电的照明盘(有自动切换)专用回路供电，或选用自带太阳能电池供电。

5 照度标准及照度计算

5.1 照度标准

照度标准应执行 SH/T 3027—2003《石油化工企业照度设计标准》，并应参照 GB 50034—2004《建筑照明设计标准》。上述两个标准的照度标准值及石化企业各视觉场所推荐的照度值见表 5 - 8。

5.2 照度计算的几种方法及应用场合

5.2.1 有关照明计算的几个物理量(术语)

5.2.1.1 光强 I

光源在给定方向上立体角 ω 传播的光通量 ϕ 与该立体角之比，即

$$I=\phi/\omega$$

式中 I——光强，单位为坎德拉，符号为 cd。

5.2.1.2 光通量 ϕ

为导出单位，单位为流明。具有均匀光强 1cd 的点光源在单位立体角($\omega=1$ 球面度)内发出的光通量为 1 流明，符号为 lm。

5.2.1.3 照度 E

被照单位面积上入射的光通量，按式(5 - 2)计算：

$$E=\mathrm{d}\phi/\mathrm{d}A \tag{5-2}$$

式中 E——照度，单位为勒克斯，符号为 lx；

A——面积，m^2。

5.2.1.4 利用系数

工作面上接受的光通量与光源发射的额定光通量之比。

5.2.1.5 照明功率密度

单位面积上照明安装功率(包括光源、镇流器等)，W/m^2。

5.2.1.6 室形指数

表示房间几何形状的数值，符号为 RI，按式(5 - 3)计算：

$$RI=\frac{L\cdot W}{h(L+W)} \tag{5-3}$$

式中 L——房间长度，m；

W——房间宽度，m；

h——灯具在工作面以上的高度，m。

5.2.1.7 室空间比

北美地区采用的表示房间几何形状的数值，符号为 RCR，按式(5 - 4)计算

$$RCR = \frac{5 \times h(L + W)}{L \cdot W} \tag{5-4}$$

显然，$RI = 5/RCR$。

5.2.2 单位容量法

单位容量法是根据要求的设计照度，先查表求得每平方米面积需要安装的电功率(W/m^2)，然后根据房间面积求得房间所需照明总容量。

5.2.2.1 计算公式

房间所需照明总容量按式(5-5)计算：

$$P = P_0AE$$

或 $$P = P_0AEC_1C_2C_3 \tag{5-5}$$

房间所需灯具数量 $N = P/P_d$

式中 P_0——不同照度下单位面积所需的照明容量，W/m^2，其值查表5-3；

A——房间面积，m^2；

E——设计照度(平均照度)，lx；

P_d——每套灯具的额定容量，W；

C_1——房间内反射比不同的修正系数，见表5-4；

C_2——当光源不是40W普通荧光灯时的调整系数，见表5-5；

C_3——灯具效率 η 不是70%时的修正系数，$\eta = 60\%$，$C_3 = 1.22$；$\eta = 50\%$，$C_3 = 1.47$。

表5-3 单位容量 P_0 计算表 W/m^2

室形指数 RI	直接型配光灯具		半直接型配光灯具	均匀漫射型配光灯具	半间接型配光灯具	间接型配光灯具
	$S \leqslant 0.9h$	$S \leqslant 1.3h$				
0.6	0.0897	0.0833	0.0897	0.0897	0.1292	0.1454
0.8	0.0729	0.0548	0.0729	0.0707	0.1055	0.1163
1.0	0.0648	0.0569	0.0614	0.0598	0.0894	0.1012
1.25	0.0569	0.0496	0.0556	0.0519	0.0808	0.0829
1.5	0.0519	0.0458	0.0507	0.0476	0.0732	0.0808
2.0	0.0467	0.0409	0.0449	0.0417	0.0668	0.0732
2.5	0.0440	0.0383	0.0417	0.0383	0.0603	0.0646
3.0	0.0424	0.0365	0.0395	0.0365	0.0560	0.0614
3.5	0.041	0.0354	0.0383	0.0351	0.0528	0.0582
4.0	0.0395	0.0343	0.0370	0.0338	0.0506	0.0560
4.5	0.0392	0.0336	0.0362	0.0331	0.0495	0.0544
5.0	0.0389	0.0329	0.0354	0.0324	0.0485	0.0528

注：(1)本表是在各类常用灯具效率与利用系数关系的基础上，按以下条件编制的：

①室内顶棚反射比 ρ_c 为70%，墙面反射比 ρ_w 为50%，地面反射比 ρ_f 为20%；

②平均照度 E 为1lm，灯具维护指数 K 为0.7；

③荧光灯的光效为60lm/W(220V，40W)，或白炽灯220V，100W，光效12.5lm/W；

④灯具效率不小于70%，当有遮光格栅时不小于55%；

⑤灯具配光分类符合国际照明委员会的规定，见表5-6。

(2)表中 S 为灯距，h 为计算高度。

表 5－4　反射比不同时的修正系数 C_1

	顶棚 ρ_c	0.7	0.6	0.4
	墙 面 ρ_w	0.4	0.4	0.3
	地板 ρ_f	0.2	0.2	0.2
C_1		1.0	1.08	1.27

表 5－5　光源不是 40W 普通荧光灯时的调整系数 C_2

光源类型及额定功率/W	紧凑型荧光灯(220V)				紧凑型节能荧光灯(220V)				
	10	13	18	26	18	24	36	40	55
C_2	1.071	0.929	0.964	0.929	0.9	0.8	0.745	0.686	0.688
额定光通量/lm	560	840	1120	1680	1200	1800	2900	3500	4800
光源类型及额定功率/W	T5 荧光灯(220V)				T5 荧光灯(220V)				
	14	21	28	35	24	39	49	54	80
C_2	0.764	0.72	0.70	0.677	0.873	0.793	0.717	0.762	0.820
额定光通量/lm	1100	1750	2400	3100	1650	2950	4100	4250	5850
光源类型及额定功率/W	T8 荧光灯(220V)				荧光高压汞灯(220V)				
	18	30	36	58	50	80	125	250	400
C_2	0.857	0.783	0.675	0.696	1.695	1.333	1.210	1.181	1.091
额定光通量/lm	1260	2300	3200	5000	1770	3600	6200	12700	22000
光源类型及额定功率/W	金属卤化物灯(220V)								
	35	70	150	250	400	1000	2000		
C_2	0.636	0.700	0.709	0.750	0.750	0.750	0.600		
额定光通量/lm	3300	6000	12700	20000	32000	80000	200000		
光源类型及额定功率/W	高压钠灯(220V)								
	50	70	150	250	400	600	1000		
C_2	0.857	0.750	0.621	0.556	0.500	0.450	0.462		
额定光通量/lm	3500	5600	14500	27000	48000	80000	130000		
光源类型及额定功率/W	LED 灯				无极灯				
	30	50	70	100	40	50	85	135	165
C_2	0.619	0.589	0.655	0.645	0.612	0.578	0.568	0.688	0.693
额定光通量/lm	3200	5300	6400	8200	4200	5600	8100	10900	13000

表 5－6　常用灯具配光分类

灯具配光分类	直接型		半直接型	均匀漫射型	半间接型	间接型
	$S \leq 0.9h$	$S \leq 1.3h$				
所属灯具举例	嵌入式遮光格栅荧光灯，圆格栅吸顶灯，广照型防水防尘灯，防潮吸顶灯	控照式荧光灯，搪瓷深照灯，镜面深照灯，深照型防振灯 配照型工厂灯	简式荧光灯 纱罩单吊灯 塑料碗罩灯 塑料伞罩灯 扁圆吸顶灯 方形吸顶灯	平口橄榄罩吊灯 束腰单吊灯 圆球单吊灯 枫叶罩单吊灯 各种彩灯	伞形罩单吊灯	

注：(1) 表中分类从直接型到间接型，灯具的“上射光通量”由小变大，“下射光通量”由大变小。

(2) S、h 含义同表 5－3。

5.2.2.2 计算举例

【例1】某车间办公室，面积 $A=6\times4=24m^2$，房间高度 3.4m，已知反射比 $\rho_c=70\%$，$\rho_w=50\%$，$\rho_f=20\%$，维护系数 $K=0.8$，工作面上（地面上 0.75m）设计照度不低于 300lx（150lx），拟选用双管 T8－2×36W 节能简式荧光灯，安装高度2.5m，链吊式。灯具布置平面图见图5－1，计算光源数量、实际照度及功率。

【解】此灯具属于半直接型配光，室形指数为：

$$RI=\frac{6\times4}{1.75\times(6+4)}=1.37$$

从表5－3 中查得 $P_0=0.0532$，从表5－4 查得 $C_1=1.0$，从表5－5 查得 $C_2=0.675$，$C_3=1.0$。

（1）照度标准按300lx（国家标准）计算

按式（5－5）计算需要的照明总功率 $P=0.0532\times24\times300\times1.0\times0.675=258$ W。

灯具数量 $N=258/(36\times2)=3.58$，取 $N=3$，实际照度为250lx。

照明电源提供的总功率 $P_s=36\times2\times3+6\times5=246$W（节能电感镇流器耗功约5W）

照明功率密度值 246/24＝10.52 W/m^2。

注：如果采用电子镇流器，则回路总输入功率不会大于216W

（2）照度标准按150lx（石化行业标准）计算

需要的照明总功率 $P=0.0532\times24\times150\times1.0\times0.675=129.3$ W。

灯具数量 $N=129.3/(36\times2)=1.8$，取 $N=2$，实际照度约为167 lx。

照明电源提供的总功率 $P_s=36\times2\times2+4\times5=164$W（节能电感镇流器耗功约5W）。

照明功率密度值 164/24＝6.83 W/m^2。

注：如果采用电子镇流器，则回路总输入功率不会大于144 W。

【例2】某设计室面积 $A=24\times12=288m^2$，房间高度 3.4m，已知 $\rho_c=70\%$，$\rho_w=50\%$，$\rho_f=20\%$，$K=0.7$ 工作面上（地面上 0.75m）设计照度不低于 450lx，拟选用双管 T5－2×49W 节能简式荧光灯，吸顶安装。灯具布置见图5－2，4排布置，每排9套，计算实际照度及功率。

【解】此灯具属于半直接型配光，室形指数为：

$$RI=\frac{24\times12}{2.65\times(24+12)}=3.0$$

从表5－3 中查得 $P_0=0.0395$，从表5－4 查得 $C_1=1.0$，从表5－5 查得 $C_2=0.717$，$C_3=1.0$。

按式（5－5）计算需要的照明总功率 $P=0.0395\times288\times450\times1.0\times0.717=3670.5$ W。

灯具数量 $N=3670.5/(49\times2)=37.4$，取 $N=36$，实际估算照度为434lx。

照明电源提供的总功率 $P_s=36\times49\times2+72\times5=3888$W（节能电感镇流器功率约5W）。

照明功率密度值 $(36\times49\times2+72\times5)/288=13.5$W/m^2。

【例3】某氢压缩机厂房采用隔爆型深照型金属卤化物灯，灯具400W、220V 安装高度距主设备运转层8m，厂房跨距12m，长36m，反射比 $\rho_c=60\%$，$\rho_w=40\%$，$\rho_f=20\%$，$K=0.7$，设计平均照度150lx，灯具布置平面图见图5－3，求灯具安装套数和容量。

【解】由房间面积 $A=12\times36=432m^2$，灯具属于直接型配光，$S<1.3h$

室形指数为 $RI=\dfrac{36\times12}{8\times(36+12)}=1.125$

从表5-3中查得 $P_0=0.0532$，从表5-4查得 $C_1=1.08$，从表5-5查得 $C_2=0.75$，$C_3=1.0$。

按式(5-5)计算需要的总功率 $P=0.0532\times432\times150\times1.08\times0.75=2792.4$ W。

灯具数量 $N=2792.4/400=6.98$，取 $N=6$，此时平均照度约为130lx。

另外，在厂房两侧柱子上共装设6套(每侧3套)隔爆型无极灯，220V，70W，安装高度距地面3.5m。使总的平均照度不低于150lx。

照明电源提供的总功率 $P_s=6\times(1.07\times400)+6\times70=2988$W(金卤灯镇流器耗功约7%)。

照明功率密度值 $2988/432=6.92\ W/m^2$。

5.2.3 利用系数法

适用于户内灯具均匀布置、墙面和顶棚反射系数较高的一般照明。也适用于灯具均匀布置的室外照明。

5.2.3.1 计算公式

平均照度按式(5-6)计算：

$$E_{av}=\frac{N\phi UK}{A}\quad lx \tag{5-6}$$

式中 ϕ——光源的光通量，lm；

A——工作面面积，m^2；

K——灯具维护系数，对于办公室类环境 $U=0.8$，生产厂房类环境，$U=0.7$；

U——灯具的利用系数

N——光源数量。

该计算方法的最大困难是灯具的利用系数无法取得，生产厂家的产品样本上一般不提供此数据。为简化计算，按照经验数据，室内照明可取 $U\times K=0.45\sim0.55$(墙面和顶棚反射系数较高时取较大值)；户外照明(如管架下机泵区)取 $U\times K=0.25\sim0.35$

5.2.3.2 计算举例

【例1】上述车间办公室(见5.2.2.2)，采用T8荧光灯，1×36W，用利用系数法计算照度。

【解】需要灯具数量 $N=\dfrac{EA}{\phi UK}=\dfrac{300\times24}{3200\times0.48}=4.69$

取5套单管或3套双管荧光灯2×36W，但5套灯具不好布置。

当采用2(2×36W)，其平均照度为：

$$E_{av}=\frac{N\phi UK}{A}=\frac{2\times5400\times0.48}{24}=216\ lx>150\ lx$$

满足石化行业标准SH/T 3027—2003的要求。(取 $U\times K=0.48$)。

当采用3(2×36W)，其平均照度为：

$E_{av}=\dfrac{N\phi UK}{A}=\dfrac{3\times5400\times0.48}{24}=324\ lx$，满足国家标准。

【例2】某油泵房面积 $A=36\times 7=252m^2$，工作面上(地面)设计照度150lx，

【解1】选用隔爆型 BAD83-50 高效节能无极灯，220V、50W，额定光通量 $E=5600lm$，灯具均匀布置，计算高度 $h=3.5m$，计算所需灯具数。

取 $U\times K=0.50$，按式(5-6)：

$$N=\frac{EA}{\phi UK}=\frac{150\times 252}{5600\times 0.5}=13.5\text{，取}N=14\text{套}$$

若取 $U\times K=0.55$，则 $N=13.5\times 0.5/0.55=12.3$　取 $N=12$ 套。

双排布置，每一排6套，吊灯，间距6m，两端距墙中心3m，距边墙1.75m 共12套，若取14套，在两端墙中部各安装一套弯杆等。

功率密度值 $=12\times 50/252=2.38W/m^2$。

或功率密度值 $=14\times 50/252=2.78W/m^2$。

【解2】选用隔爆型荧光灯 BAY52-36×2，220V、36W，T8灯管，额定光通量 $E=2\times 3200lm$。

$$N=\frac{EA}{\phi UK}=\frac{150\times 252}{6400\times 0.5}=11.8\text{，取}N=12\text{套}$$

实际平均照度　$E_{av}=\dfrac{12\times 6400\times 0.5}{252}=152.3\ lx$。

照明电源提供的总功率 $P_s=12\times 36\times 2+12\times 5=924W$。

功率密度值 $=924/252=3.67W/m^2$。

【例3】某装置管桥下机泵区，管桥柱距6m，跨距7m，灯具安装高度3.5m，设计照度100 lx，选用隔爆型高效节能无极灯，灯具均匀布置，计算高度 $h=3.5m$，计算所需灯具数。

【解】取 $U\times K=0.3$，工作面面积 $A=14\times 6\times 7=588m^2$。

a. 选用 BAD83-50 无极灯，50W，额定光通量 $E=5600\ lm$。

所需灯具数 $N=\dfrac{100\times 588}{5600\times 0.3}=35$

两排柱子，14个柱距，每边14套灯具(柱上弯杆灯)，中间加一排吊灯7套，共35套。该方案灯具套数偏多。

b. 如果按照石化行业标准 SH/T 3027—2003，要求照度为75 lx，则

$$N=\frac{75\times 588}{5600\times 0.3}=26.25\text{，取}N=28\text{套}$$

安装在管桥两边柱子上，每边14个柱子，共28套。

实际平均照度为 $E_{av}=\dfrac{28\times 5600\times 0.3}{588}=80\ lx>75\ lx$，满足石化行业标准 SH/T 3027—2003《石油化工企业照度设计标准》，但不满足国家标准 GB 50034—2004《建筑照明设计标准》(前者为75 lx，后者为100 lx)。

c. 选用 BAD83H-80，80W，额定光通量 $E=7800\ lm$。

所需灯具数 $N=\dfrac{100\times 588}{7800\times 0.3}=25.1$，取 $N=28$ 套

实际平均照度为 $E_{av}=\dfrac{28\times 7800\times 0.3}{588}=111.4\ lx>100\ lx$ 满足国家标准要求。

采用方案 b 、c 都是可行的。功率密度值分别为 2.38W/m^2 和 3.8W/m^2。

5.2.4　点光源(或线光源)逐点计算法

该方法准确度较高，可以计算出任何指定点上的照度。适用于特殊倾斜面上的照明和其他需要较准确计算照度的场合。当圆形发光体的直径 $d \leqslant 0.2R$，或线状发光体的长度 $L \leqslant 0.25R$ 时，可按点光源进行照度计算。R 为照射距离。

5.2.4.1　计算公式

点光源 S 照射在水平面 H 上的照度 E_h 按式(5-7)计算：

$$E_h = \frac{I_\theta \cos\theta}{R^2} \tag{5-7}$$

点光源 S 照射在垂直面上的照度 E_v 按式(5-8)计算：

$$E_v = \frac{I_\theta \sin\theta}{R^2} \tag{5-8}$$

以上两式中　E_h——点光源照射在水平面上某一点产生的照度，lx；

I_θ——照射方向的光强，cd；

R——点光源至被照面计算点的距离，m；

$\cos\theta$，$\sin\theta$——被照面的法线与入射光线夹角的余弦和正弦。

多个点光源照射下在水平面上的点照度，按式(5-9)计算：

$$E_{h\Sigma} = E_{h1} + E_{h2} + \cdots + E_{hn} \tag{5-9}$$

5.2.4.2　计算举例

【例】富气压缩机房底层平面，安装 8 套防爆 LED 灯(100W)，灯具光通量 $\phi = 9100$ lm，由灯具配光曲线得光强分布(1000lx)，如表 5-7 所示，灯具布置如图 5-4 所示，灯具维护系数 $K = 0.7$，灯具安装高度 5.0m，计算 P 点水平面照度值。

表 5-7　光源光强分布

θ/(°)	0	15	38	45	60	61.8	71.8	75
I_θ	170	166	152	144	123	120	71	52

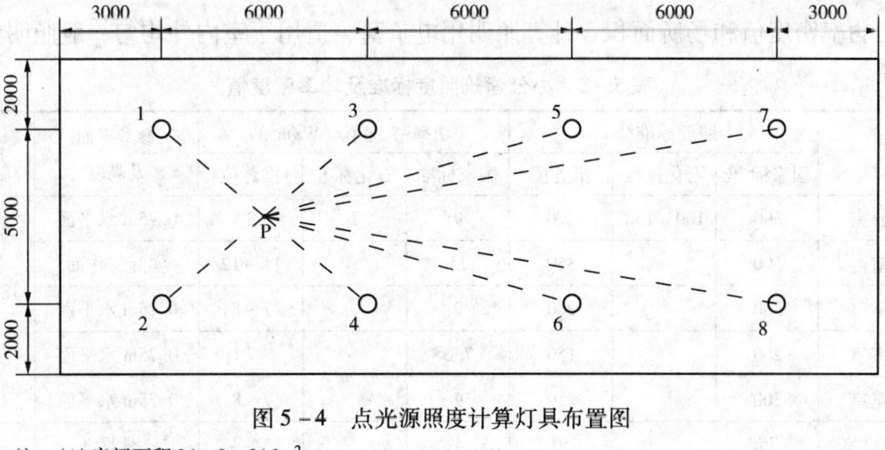

图 5-4　点光源照度计算灯具布置图

注：(1)房间面积 24×9=216m^2；

(2)选用灯具 LED 灯 8×100=800W，安装高度 5.0m；

(3)计算地面上 P 点水平照度。

【解】如图 5-4，$E_{h1}=E_{h2}=E_{h3}=E_{h4}$。

$$R_1=\sqrt{h^2+D^2}=\sqrt{5^2+3.9^2}=6.34\text{m}$$

（上式中，$3.9=\sqrt{3^2+2.5^2}$，水平距离 3m，垂直距离 2.5m）

$\cos\theta_1=h/R_1=5/6.34=0.789$，$\theta_1=37.9°$，$I_{\theta1}=152$（cd）

$$E_{h1}=\frac{I_{\theta1}\times\cos\theta_1}{R_1^2}=\frac{152\times0.789}{6.34^2}=2.98\text{lx}$$

如图 5-4，$E_{h5}=E_{h6}$。

$$R_5=\sqrt{h^2+D^2}=\sqrt{5^2+9.34^2}=10.59\text{ m}$$

$$\cos\theta_5=h/R_5=5/10.59=0.4721,\ \theta_5=61.8°,\ I_{\theta5}=120(\text{cd})$$

$$E_{h1}=\frac{I_{\theta5}\times\cos\theta_5}{R_5^2}=\frac{120\times0.4721}{10.59^2}=0.50\text{lx}$$

如图 5-4，$E_{h7}=E_{h8}$

$$R_7=\sqrt{5^2+15.2^2}=16\text{ m}$$

$$\cos\theta_7=h/R_7=5/16=0.3125,\ \theta_1=71.8°,\ I_{\theta1}=71(\text{cd})$$

$$E_{h7}=\frac{I_{\theta7}\times\cos\theta_7}{R_7^2}=\frac{71\times0.3125}{16^2}=0.086\text{lx}$$

$$E_{h\Sigma}=E_{h1}+E_{h2}+\cdots+E_{h8}=4\times2.98+2\times(0.5+0.086)=13.09\text{lx}$$

P 点水平照度为：

$$E_{ph}=\frac{9100\times13.09\times0.7}{1000}=83.4\text{ lx}$$

5.3　照度标准和照明功率密度值

按照节能要求，单位容量对应的功率密度值，根据国家标准 GB 50034—2004《建筑照明设计标准》第 6 章表 6.1.2 和表 6.1.7 规定的照明密度值，结合石化企业各照明场所推荐的照度值和光源选择，列出石化企业各照明场所照度标准及功率密度推荐值见表 5-8、表5-9。

根据功率密度值和场所面积，计算照明用电负荷，适用于室内外均匀一般照明计算。

表 5-8　办公建筑照度标准及功率密度值

房间或场所名称	照度标准/lx			功率密 度值/（W/m²）			参考平面及高度	选用光源
	国家标 准	石化标准	推荐值	国家标准	石化标准	推荐值		
普通办公室	300	100~150	200	9	7	8	0.75m 水平面	T8、T5 细管荧光灯
设计室	500		350	15		11~12	实际工作面	
会议室	300		200	9		7~8	0.75m 水平面	
资料档案室	200		150	7.0		7	0.75m 水平面	
一般阅览室	300		250	9		7~8	0.75m 水平面	
厕所、盥洗室	75		50	4		3~4	地面	节能灯，无极灯
走廊、过道	50		30	3		3	地面	

表 5-9　工业建筑照度标准及照明功率密度值

房间或场所名称		照度标准/lx			功率密度值/(W/m^2)			参考平面及高度	推荐光源
		国家标准	石化标准	推荐值	国家标准	石化标准	推荐值		
中心控制室	DCS 工作台			300~350			11~13	0.75m	T8、T5 细管荧光灯
	机柜屏		200~300	300			10~11	1.7m	
	工程师室			150~200			7~9	0.75m	
	通道	50	15~30	50		3	地面	节能灯	
装置机柜间	屏面		200~250	250			9~10		T8、T5 细管荧光灯
	水平面		150~200	200			7~8	0.75m	
主风机房	运转层	200	100~150	150	4~7	4~7	5~6	0.75m	金卤灯，高压钠灯
	底层		100~150	100	4~5	4~5	4~5	地面	无极灯、LED 灯、荧光灯
空分空压站		150	100~150	150	7	4~7	5~6	0.75m	金卤灯、无极灯
氢压机房	运转层	150	100~150	150	4~7	4~7	5~6	0.75m	金卤灯，高压钠灯
	底层		100~150	100		4~5	4~5	地面	无极灯、LED 灯、荧光灯
油泵房		100	100~150	150	4		5~6	0.75m	无极灯、LED 灯、荧光灯
总变电所	配电室(屏前)	200	100~200	200	7		6~8	0.75m	T8、T5 细管荧光灯
	配电室(屏后)		50~100	100			5	0.75m	
	电缆夹层		30~50	50			3	地面	无极灯、LED 灯、荧光灯
	微机监控室	300~500	250~300	300			8~9	0.75m	T8、T5 细管荧光灯
	控制屏，继电器屏	300~500	200~250	250			8~9	1.7m	
装置变电所	配电室(屏前)	200	100~200	150			5~6	0.75m	T8、T5 细管荧光灯
	配电室(屏后)		50~100	100			5	0.75m	
	变压器室	100	30~50	50	4		4	油枕处	无极灯、LED 灯
	电缆夹层		30~50	50			3	地面	
	微机监控室	300	200~250	200			8~9	0.75m	无极灯、LED 灯、荧光灯

续表

房间或场所名称		照度标准/lx			功率密度值/(W/m^2)			参考平面及高度	推荐光源
		国家标准	石化标准	推荐值	国家标准	石化标准	推荐值		
中心化验室	一般化验、分析	300	100~200	200	9		7~8	工作面	T8、T5 细管荧光灯
	特别精细	500	200~300	300	15		10~11		
大件物品仓库		50	20~50	50	3		2~3	1.0m	无极灯、LED 灯、荧光灯
一般性仓库		100	50~75	75	4		3~4		
车间办公室，值班室		300	100~150	150	9		6~7	0.75m	T8、T5 细管荧光灯
室外工作区									
管桥下机泵区			40~75	100			4~6	0.75m	无极灯、金卤灯、荧光灯
炉区、塔区、构架区			20~50	50			3~4	0.75mm	无极灯、金卤灯、荧光灯、LED 灯
塔上、构架上平台	有操作或表计		40~75	7~5			4	平台面	
	无操作		20~30	30			2~3		
罐区	操作区、扶梯平台		20~30	20			2	操作区地面	金卤灯、无极灯、LED 灯
	非操作区		5~10	10			0.5~1.0		金卤灯(泛光灯)
装卸车台	栈台		15~30	30			2~3	栈台工作面	无极灯、金卤灯、LED 灯
	站场		3~5	5			0.5	地面	
露天堆场			1~3	3			0.3	地面	金卤灯，高压钠灯
池区(污水处理场、净水池、雨水池等)			5~10	10			0.5~1.0	地面	无极灯、金卤灯
厂区道路	主干道	15~20	10~20	20			1.5~2	地面	金卤灯，高压钠灯
	次干道	8~10	3~10	10			0.5~1.0		

注：(1) 表中“国家标准”是指 GB 50034—2004《建筑照明设计标准》，“石化标准”是指 SH/T 3027—2003《石油化工企业照度设计标准》。

(2) 表中地面上 0.75m 是“国家标准”的数值。“石化标准”为 0.8m。

由于实际计算中，采用点光源逐点计算法比较繁琐，且有些数据难以取得，而石化企业中某些视觉要求高的场合如中心控制室、设计室、制图室等如今都已微机化，都在电脑上操作、监控，不再监视屏上仪表。对于全厂性的监控中心，已从过去单一追求高照度水平转向追求照明的视觉效果和艺术效果。只要适当提高平均照度水平，采用单位容量法计算可基本满足均匀一般照明的要求。所以推荐用单位容量法和利用系数法进行照度计算。特别是基础设计时可用此法进行照明容量的估算，并选取表5－8、表5－9中的功率密度值。

6 电压降计算

6.1 电压偏差允许值

电压损失计算的目的是验算照明灯具端头电压偏差不超过下列允许值：

视觉要求高的场所，如控制室、设计室、阅览室 +5% ~ −2.5%；

一般工作场所，如压缩机厂房、户外装置区 +5% ~ −5%；

事故照明、道路照明 +5% ~ −10%。

计算时假定变压器一次侧电压6(10)kV维持不变，且在额定变比6/0.4/0.23kV运行。

6.2 线路电压损失计算公式

三相平衡负荷线路，电压损失按式(5－10)计算：

$$\Delta U = \Delta u_a \times I \times L \tag{5-10}$$

接于相电压的两相—N线平衡负荷线路，电压损失按式(5－11)计算：

$$\Delta U = 1.15\Delta u_a \times I \times L \tag{5-11}$$

接于相电压的单相平衡负荷线路，电压损失按式(5－12)计算：

$$\Delta U = 2\Delta u_a \times I \times L \tag{5-12}$$

式中 ΔU——线路电压损失百分数，%；

I——负荷电流，A；

L——线路长度，km；

Δu_a——三相平衡负荷线路1A·km电压损失百分数，按式(5－13)计算。

$$\Delta u_a = \frac{\sqrt{3}}{10U_n}(R'_0\cos\phi + X'_0\sin\phi) \times 100\% \tag{5-13}$$

式中 U_n——标称线电压，kV；

R'_0，X'_0——三相线路单位长度的电阻和电抗，Ω/km；

$\cos\phi$——负荷功率因数。

常用电缆、导线1A·km电压损失百分数见《设计手册》表9－78、表9－80、表9－82。

6.3 计算示例

【例1】某中心控制室设2×400kVA干式变压器，每台变压器负荷率按50%考虑，负荷$\cos\phi = 0.85$，某台照明箱计算负荷7.884kW，$\cos\phi = 0.95$由配电盘至照明箱选用$4 \times 6mm^2$交联聚乙烯铜芯电缆，长50m，其中照明箱某回路供12套(每套3×36W)，T8荧光灯配电子镇流器$\cos\phi = 0.95$，导线$4 \times 2.5mm^2$，总长55m，为减少眩光，每套灯具内的三只灯管分别接在三相上。第一套灯具距照明箱 22m，其余灯具之间相距 3m 均匀分布。镇流器损失按 0.5W/每灯管计。

计算第一台灯具和最末一套灯具的端电压是否满足规范要求。

【解】由配电盘至照明箱的电缆线路电压损失，按三相负荷计算。

荷电流 $I=7.884\div(\sqrt{3}\times0.95\times0.38)=12.6A$。

从《设计手册》表 9-78 查得此电缆线路电压损失 $\Delta U_a=1.548\%$，所以 $\Delta U=1.548\%\times12.6\times0.05=0.975\%$。

由照明箱至灯具每一段照明线路电压损失，按三相负荷计算，导线 1A·km 电压损失百分数见"设计手册"表 9-82。

第一段负荷电流 $I=(12\times3\times36+36\times0.5)\div(\sqrt{3}\times0.95\times380)=2.1A$。

第一段电压降 $\Delta U_1=3.633\%\times2.1\times0.022=0.168\%$。

第二段负荷电流 $I=(11\times3\times36+33\times0.5)\div(\sqrt{3}\times0.95\times380)=1.926A$。

第二段电压降 $\Delta U_2=3.633\%\times1.926\times0.003=0.021\%$。

第三段负荷电流 $I=(10\times3\times36+30\times0.5)\div(\sqrt{3}\times0.95\times380)=1.751A$。

第三段电压降 $\Delta U_2=3.633\%\times1.751\times0.003=0.01908\%$。

同理求得其余各段压降，如表 5-10。

表 5-10 计算例 1 中各段线路的电压降 %

段号	No. 1	No. 2	No. 3	No. 4	No. 5	No. 6	No. 7	No. 8	No. 9	No. 10
ΔU	0.168	0.021	0.0191	0.0172	0.0153	0.0134	0.0115	0.0096	0.0077	0.0058
段号	No. 11	No. 12								
ΔU	0.0039	0.002								

该线路总的电压损失：

$\Delta U_b\%=0.168\%+0.021\%+0.0191\%+0.0172\%+0.0153\%+0.0134\%+0.0115\%+0.0096\%+0.0077\%+0.0058\%+0.0039\%+0.002\%=0.2945\%$

从配电盘到最末一套灯具线路总电压损失 $\Delta U=0.975\%+0.2945\%=1.27\%$。

从配电盘到第一套灯具线路总电压损失 $\Delta U=0.975\%+0.168\%=1.143\%$。

变压器电压损失，查《设计手册》表 6-1，$\Delta U_t=0.5\times2.8\%=1.4\%$。

第一套灯具端电压 $+5\%-(1.4+1.143)\%=+2.457\%$。

$+5\%>+2.457\%>-2.5\%$，满足要求。

灯泡实际电压为 $(1+0.02457)\times220=225.4V$。

最末一套灯具端电压 $+5\%-(1.4+1.27)\%=+2.33\%$。

$+5\%>+2.33\%>-2.5\%$，满足要求。

灯泡实际电压为 $(1+0.0233)\times220=225V$。

【例 2】某装置变电所照明与动力共用变压器，变压器容量 2×800kVA，负荷率 50%，负荷功率因数 0.85，某照明箱负荷 17.2kW，$\cos\phi=0.90$，从变电所照明盘到户外照明箱电缆 $4\times10mm^2$，长 200m，其中最大照明回路(单相)负荷 15×100W，供管架下泵区照明。采用 BV－2.5 导线穿钢管敷设，15 套金属卤化物灯沿线路均匀分布，导线总长 100m，供电图见图 5－5，第一套灯具距照明箱 15m，其余相邻灯具之间距离 6m。计算最近一套和最远一套灯具电压是否满足要求。

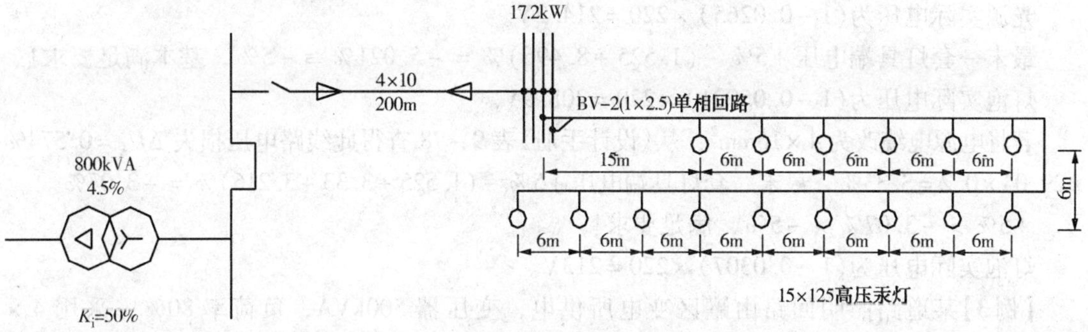

图 5－5　照明回路电压降计算

【解】由配电盘至照明箱的电缆线路电压损失，按三相负荷计算。

负荷电流 $I=17.2\div(\sqrt{3}\times0.9\times0.38)=29.04\text{A}$。

从《设计手册》表 9－78 查得此线路电压损失 $\Delta U_z=0.909\%\times29.04\times0.2=5.28\%$。

由照明箱至灯具配出回路导线电压损失，分段计算。

按单相负荷计算，金卤灯配电子镇流器 $\cos\phi=0.99$，电子镇流器功率损失按 7.8% 计算。

第一段负荷电流 $I=15\times100\times(1+0.078)/(0.99\times220)=7.42\text{A}$。

查《设计手册》表 9－82，得导线 1A · km 电压损失百分数为 3.8%，由式(5－12)求得，

于是，$\Delta U_1=2\times3.8\%\times7.42\times0.015=0.846\%$。

第二段负荷电流 $I=14\times100\times(1+0.078)/(0.99\times220)=6.93$。

于是，$\Delta U_2=2\times3.8\%\times6.93\times0.006=0.316\%$。

第三段负荷电流 $I=13\times100\times(1+0.078)/(0.99\times220)=6.435\text{A}$。

于是，$\Delta U_3=2\times3.8\%\times6.435\times0.006=0.293\%$。

同理求得其余各段压降百分数，如表 5－11。

表 5－11　计算例 2 中各段线路的电压降　　%

段号	No. 1	No. 2	No. 3	No. 4	No. 5	No. 6	No. 7	No. 8	No. 9	No. 10	No. 11
ΔU	0.846	0.316	0.2934	0.2708	0.2483	0.226	0.2031	0.1805	0.158	0.1354	0.1128
段号	No. 12	No. 13	No. 14	No. 15							
ΔU	0.0903	0.0677	0.0451	0.0226							

该回路总的电压损失：

$$\Delta U_b=0.846\%+0.316\%+0.2934\%+0.2708\%+0.2483\%+0.226\%+0.2031\%+0.1805\%$$
$$+0.158\%+0.1354\%+0.1128\%+0.0903\%+0.0677\%+0.0451\%+0.0226\%=3.216\%$$

从配电盘到最末一套灯具线路总电压损失 $\Delta U=5.28\%+3.216\%=8.496\%$。

从配电盘到第一套灯具线路总电压损失 $\Delta U=5.28\%+0.846\%=6.126\%$。

变压器电压损失，查表 6－1，$\Delta U_t=0.5\times3.03\%=1.525\%$。

第一套灯具端电压 $+5\% - (1.525 + 6.126)\% = -2.65\%$。

$+5\% > -2.65\% > -5\%$，满足要求。

此处为一般工作场所，电压允许偏差范围 $+5\% \sim -5\%$。

光源实际电压为 $(1 - 0.0265) \times 220 = 214.2V$。

最末一套灯具端电压 $+5\% - (1.525 + 8.496)\% = -5.021\% \cong -5\%$，基本满足要求！

灯泡实际电压为 $(1 - 0.05021) \times 220 = 208.9V$。

若将电源电缆改为 $4 \times 16mm^2$，从《设计手册》表9－78查得此线路电压损失 $\Delta U_a = 0.574\% \times 29.04 \times 0.2 = 3.33\%$，最末一套灯具端电压 $+5\% - (1.525 + 3.33 + 3.216)\% = -3.07\%$。

$+5\% > -3.07\% > -5\%$，满足要求！

灯泡实际电压为 $(1 - 0.0307) \times 220 = 213V$。

【例3】某道路照明回路由罐区变电所供电，变压器500kVA，负荷率80%，采用 $4 \times 10mm^2$ 交联聚乙烯电缆埋地敷设，共39套高压钠灯，灯具额定容量150W，第一基路灯距变电所130m，其余每个灯杆相距40m，三相380/220V交错接线，每相13套灯具。接线如图5－6所示。每个灯具支路 2×2.5 铜导线，距离10m，高压钠灯NG150D01型配电子镇流器，$\cos\phi \geqslant 0.99$，镇流器功率损失7%（镇流器置于杆底接线箱内）。

计算第一套和最末一套灯具电压是否满足要求。

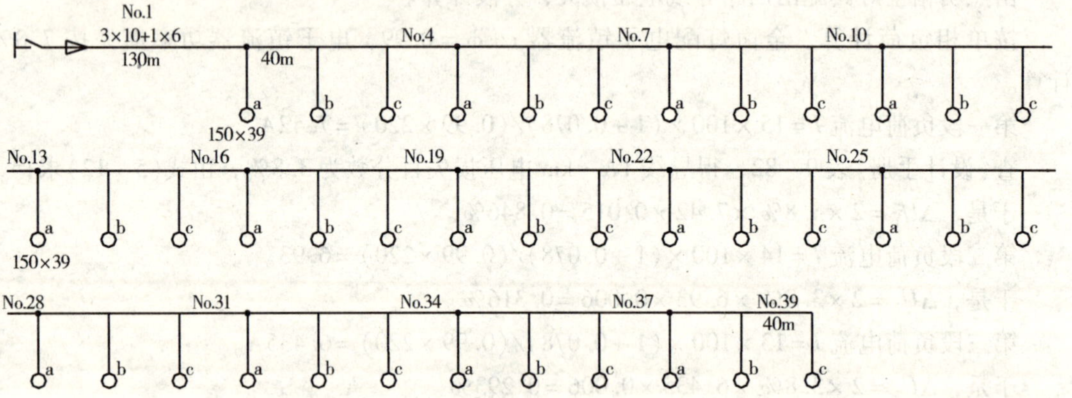

图5－6　道路照明压降计算示意图

【解】每套灯具支线电压损失：

$\Delta U = 2 \times 3.8\% \times 0.737 \times 0.01 = 0.056\%$（一套灯具电流为0.737A）。

第1，4，7，10，13，16，19，22，25，28段为三相平衡负荷，其余各段为三相不平衡负荷，第38段为三线两相负荷，第39段为单相负荷，要分别计算。

第1段线路，按三相平衡计算：

负荷电流 $I = 39 \times 0.15 \times (1 + 0.07) \div (\sqrt{3} \times 0.99 \times 0.38) = 9.6A$。

线路电压降 $\Delta U_1 = 0.99\% \times 9.6 \times 0.13 = 1.24\%$。

第4段线路，按三相平衡计算：

负荷电流 $I = 36 \times 0.15 \times (1 + 0.07) \div (\sqrt{3} \times 0.99 \times 0.38) = 8.87A$。

线路电压降 $\Delta U_1 = 8.87 \times 0.99\% \times 0.04 = 0.351\%$。

第7段线路，按三相平衡计算：

负荷电流 $I=33\times0.15\times(1+0.07)\div(\sqrt{3}\times0.99\times0.38)=8.13A$。

线路电压降 $\Delta U_1=0.99\%\times8.13\times0.04=0.322\%$。

第 10 段线路，按三相平衡计算：

负荷电流 $I=30\times0.15\times(1+0.07)\div(\sqrt{3}\times0.99\times0.38)=7.4A$。

线路电压降 $\Delta U_1=0.99\%\times7.4\times0.04=0.293\%$。

第 13 段线路，按三相平衡计算：

负荷电流 $I=27\times0.15\times(1+0.07)\div(\sqrt{3}\times0.99\times0.38)=6.65A$。

线路电压降 $\Delta U_1=0.99\%\times6.65\times0.04=0.264\%$。

第 16 段线路，按三相平衡计算：

负荷电流 $I=24\times0.15\times(1+0.07)\div(\sqrt{3}\times0.99\times0.38)=5.92A$

线路电压降 $\Delta U_1=0.99\%\times5.92\times0.04=0.234\%$。

同理计算出其余各段的电压降。

第 38 段为三线两相负荷，按公式(5-11)计算：

负荷电流 $I=2\times0.15\times(1+0.07)\div(2\times0.99\times0.22)=0.7369A$。

$\Delta U=1.15\Delta u_a\times I=1.15\times0.99\%\times0.7369\times0.04=0.0335$。

第 39 段为单相负荷，按公式(5-12)计算：

负荷电流 $I=0.15\times(1+0.07)\div0.22=0.7369A$。

$\Delta U=2\Delta u_a\times I=2\times0.99\%\times0.7369\times0.04=0.058$。

各段压降百分数计算结果，见表 5-12。

表 5-12　例 3 中各段线路的电压降　　%

段号	No. 1	No. 2	No. 3	No. 4	No. 5	No. 6	No. 7	No. 8	No. 9	No. 10
ΔU	1.24	0.371	0.361	0.351	0.341	0.332	0.322	0.312	0.302	0.293
段号	No. 11	No. 12	No. 13	No. 14	No. 15	No. 16	No. 17	No. 18	No. 19	No. 20
ΔU	0.283	0.273	0.263	0.253	0.244	0.234	0.224	0.214	0.205	0.195
段号	No. 21	No. 22	No. 23	No. 24	No. 25	No. 26	No. 27	No. 28	No. 29	No. 30
ΔU	0.186	0.176	0.166	0.156	0.146	0.136	0.127	0.117	0.107	0.097
段号	No. 31	No. 32	No. 33	No. 34	No. 35	No. 36	No. 37	No. 38	No. 39	
ΔU	0.088	0.078	0.068	0.0585	0.0485	0.0385	0.029	0.0335	0.058	

电缆线路总的电压损失 $\Delta u_L=\sum\Delta u=8.186\%$。

变压器电压损失，查《设计手册》表 6-1，$\Delta U_t=0.8\times3.1\%=2.48\%$。

第一套灯具的电压损失 $\Delta u=+5\%-(2.48+1.24+0.056)=1.224\%$。

第一套灯具的端电压 $U=220(1.0+1.224\%)=222.7V$。

$+5\%>+1.224\%>-10\%$，满足要求！

最末一套灯具的电压损失 $\Delta u=+5\%-(2.48+8.186+0.056)=-5.72\%$。

最末一套灯具的端电压 $U=220(1.0-5.72\%)=207.4V$。

即 $\Delta u=-5.72\%>-10\%$，满足要求！（道路照明电压降不超过 -10%）

注：本例中如果电源的接入点不在起始杆位而在中部，则电压降要小得多。

7 照明电源及供电系统

7.1 普通照明电源

工业照明电源通常与动力负荷共用变压器。设照明专用配电盘，当装置设有两台变压器时，从每段380V母线各引一回电源经自动切换后，引至照明电源盘，在照明电源盘内装设智能型照明电源控制器，控制器输出端接至另一组照明盘，由照明电源盘和被控照明电源盘各回路，采用380/220V三相四线制(TN－S系统)分别供电给户内和户外各照明配电箱。不受智能控制的户内照明负荷可直接由照明配电盘母线供电。

当装置只有一台变压器时，从380V母线引一回电源至照明配电盘内的智能型照明电源控制器，控制器输出端接至照明配电盘母线，由照明配电盘各个回路，采用380/220V三相四线制(TN－S系统)供电给户外各照明配电箱。不受智能型控制器控制的户内照明负荷可直接由变压器低压主母线供电。

7.2 应急照明电源

一般有以下几种方式：

① 由EPS或UPS电源装置供电，应急照明灯的电源应自成系统，线路需专设；

② 采用事故应急灯，灯具自带蓄电池，该应急灯由正常工作电源供电，无需专设线路。正常电源故障时由蓄电池供电，持续供电时间不小于30min。

③ 由直流电源装置供电。石化企业现行应急照明电源一般不用直流电源供电，通常采用EPS电源装置供电。

8 照明线路敷设

8.1 由配电盘至照明箱

选用铜导体5芯电缆，沿电缆沟或电缆桥架敷设，局部穿管敷设。

8.2 由照明箱至灯具

8.2.1 户内照明线路

工业厂房一般采用绝缘导线穿钢管明敷设；

其他建筑物：如中心控制室、综合办公楼、化验室、变电所等；

穿钢管或塑料管暗敷设或桥架(槽盒)顶棚内暗设或明设。

8.2.2 户外照明线路

由照明箱至各建、构筑物：电缆直接埋地或穿钢管埋地敷设。

塔上、管桥及构架上：铜导线穿钢管明敷设；或非铠装铜芯电缆穿钢管明敷设，注意选择相应地防爆管配件。

9　控制方式

9.1　室内照明

一般就地分散手动控制，或照明箱上手动控制。

9.2　室外照明

一般利用安装在照明盘上的智能型照明控制器控制（光电或时间），个别回路就地手控。

9.3　道路照明

一般利用安装在照明盘上的智能型照明控制器控制（光电或时间）。也可手动控制。

第六章　配电设计

1　设计规范

GB 50054—2011　《低压配电设计规范》
GB 50055—2011　《通用用电设备配电设计规范》
GB 50058—2013　《爆炸危险环境电力装置设计规范》(报批稿)
GB 50217—2007　《电力工程电缆设计规范》
SH 3080—2000　《石油化工企业生产装置电力设计技术规范》

2　电动机的选择

通常电动机由工艺主体专业选择并随主机一起订货。电气专业的主要职责是对工艺机泵表进行会签，确定其电机类型、额定电压、防爆结构、防爆级别及温度组别、进线方式及进线口数量等。

2.1　电动机容量与电压选择

电动机容量与电压选择见第二章《供配电系统》第7节。

2.2　电动机防爆结构的选型

1区使用的电动机保护级别应为Gb，2区应为Gb和Gc。

21区使用的电动机保护级别应为Db，22区应为Db和Dc。

对应上述保护级别的电动机防爆结构选择见第十一章表11-13。一般情况下在工程实践中，高压大型电动机宜采用正压型，临氢2区场所的低压电动机宜采用增安型，其他情况宜采用隔爆型或增安型。21区和22区应选用外壳保护型和正压型。

2.3　电机的类型选择-同步电动机与异步电动机

低转速异步电动机的功率因素较低，如采用大功率的低转速异步电动机，不但需要大量的电容器补偿系统的无功，而且体积、重量都很大。因此往复式压缩机配套的大功率低转速电机，通常都采用同步电动机。其他用途的电动机一般选用异步电动机。

2.4　电动机使用环境

安装在无腐蚀户外场所的电动机应选用户外型产品，在型号后加W。

安装在工艺生产装置等有化学腐蚀环境内的电动机应根据腐蚀严酷程度选用防腐蚀型产品，一般炼油生产装置可按中等腐蚀环境选型，在型号后加WF1。

安装在湿热带地区的电动机应选用湿热带型产品，在型号后加TH，我国划分为湿热带地区有：海南省、湛江及雷州半岛、台湾省南部、广东上川岛、云南勐定及云南西双版纳允景洪等地。

2.5 电动机的其他要求

2.5.1 防爆电机接线盒及引入装置类型

可分为钢管布线、电缆布线两种，如采用电缆配电，应选择电缆布线的引入装置；如采用绝缘导线穿钢管配线，应选用钢管布线的引入装置。对于不便于采用钢管直接引入的场所，无论是绝缘导线或电缆配线都可采用防爆挠性管引入，但此时电机应是钢管布线引入装置。或专门用于防爆挠性管的引入装置。

2.5.2 低压较大容量的电动机(通常380V，132kW及以上或660V、220kW及以上)

应有两个进线口(两套引入装置)，便于两根电缆引入。

2.5.3 高压电动机

一般应配套防潮加热器。

2.5.4 变频驱动的电动机

应在技术条件中明确调速的范围，并要求配套定子测温装置。需注意的是：变频电机可能配置独立的冷却风扇。

2.6 大功率高压电动机

如催化装置的主风机、乙烯装置的挤压机，其技术要求应按与电机制造厂签订的技术协议执行。

3 导线、电缆选择与敷设

3.1 电缆的选择

3.1.1 导体材质选择

导体材料通常有铜和铝两种。铜材导电率高，20℃时的电阻率为 $1.72\times10^{-6}\Omega\cdot cm$，铝材20℃时的电阻率 $2.82\times10^{-6}\Omega\cdot cm$，约为铜材的1.68倍，载流量相同时铝导体截面约为铜的1.5倍。铜材的机械性能优于铝材，延展性好、易加工安装、抗疲劳强度约为铝材的1.7倍。但铝材密度小，电阻值相同时，铝材质量仅为铜材一半。

应采用铝导体的场所有：对铜有腐蚀而对铝腐蚀较轻的场所，如氨压缩机房。宜采用铝导体的场所有：架空输电线路。除上述场所外，石油化工企业其他各类场所，1区、21区应采用铜导体，2区、22区宜采用铜导体；控制电缆及各种信息电缆应采用铜导体。

3.1.2 电缆芯数选择

① 用于各种系统中的电缆芯数选择见表6－1。

表6－1 电力电缆芯数选择表

电压	系统制式	电缆芯数		说　明
		单　芯	多　芯	
110kV	三 相	$3(1\times S)$		$240\leqslant S\leqslant500$
35kV	三 相	$3(1\times S)$	$3\times S$	
6(10)kV	三 相	$3(1\times S)$	$3\times S$	

续表

电压	系统制式	电缆芯数		说明
		单芯	多芯	
< 1000V	三相四线制①	$3(1\times S)+1\times S'$	$3\times S+1\times S'$ 或 $3\times S+2\times S'$	
	三相三线制②	$3(1\times S)$	$3\times S$ 或 $3\times S+1\times S'$	
	单相两线制③	$2(1\times S)$	$2\times S$ 或 $3\times S$	
≤1500V	直流		$2\times S$	

注：① 采用电缆芯线作保护导体时，三相四线制用5芯电缆；不用电缆芯线作保护导体时，采用4芯电缆。S 为相导体截面(mm^2)，S'为保护导体或中性导体截面。

② 采用电缆芯线作保护导体时，三相三线制用4芯电缆，不用电缆芯线作保护导体时，采用3芯电缆。

③ 采用电缆芯线作保护导体时，单相两线制用3芯电缆，不用电缆芯线作保护导体时，采用2芯电缆。

② 电压110kV三相供电回路，除水下敷设且电缆截面不大时可选用三芯电缆外，均应选用单芯电缆。

③ 电压为6~35kV三相供电回路应优先选用三芯电缆，但在下述情况下宜采用单芯电缆：

a. 线路距离较长，为避免或减少中间接头；

b. 因电缆敷设条件，需要减少弯曲半径；

c. 负荷电流大，采用3根3芯240mm^2 电缆仍难满足要求时；

d. 容量较大的变压器，低压侧采用电缆出线时。

④ 低压电缆优先选用多芯电缆，在负荷电流大，采用3根3芯300mm^2 电缆仍难满足要求，或较大容量配电变压器的低压侧采用电缆出线时，宜选用大截面单芯电缆。

采用专用的接地保护电器(剩余电流动作原理)作为间接防触电保护电器时，保护动作电流值较小，低压电缆中可不设保护导体；采用相间短路保护电器兼做间接防触电保护电器时，为了增加接地故障电流，低压电缆中宜设保护导体，但应校验保护灵敏度是否满足要求。距离较短时，例如不超过150m，通常可以满足要求。

⑤ 用于交流系统的单芯电缆宜选用无金属护套和铠装类型。35kV及以下电缆必须铠装时，应采用经隔磁处理的钢丝铠装电缆，35kV可以采用节距足够大的铠装。布置时通常有水平排列和三角形排列两种方式，前者感抗大于后者，要注意核算电压损失。

3.1.3 电缆绝缘水平选择

① 绝缘水平的选择见表6-2。

表6-2 电力电缆绝缘水平(kV)选择表

系统标称电压 U_n		0.22/0.38	6		10		35	
电缆额定电压 U_0/U	第Ⅰ类 U_0	0.6/1 (0.3/0.5) (0.45/0.75)	3/6		6/10		21/35	
	第Ⅱ类 U_0			6/6		8.7/10		26/35
缆芯之间工频最高电压 U_{max}			7.2		12		42	
缆芯对地雷电冲击耐受电压峰值 U_{pl}			60	75	75	95	200	250

注：括号内数值只能用于建筑物的电气线路

② 第Ⅰ类、第Ⅱ类电缆选择：

U_0 是电缆芯线对地（对金属护套或绝缘屏蔽层）的额定电压。其值应满足电气系统中性点接地方式及运行要求。当中性点不接地或经消弧线圈接地时，接地故障持续时间 $1\text{min} < t < 2\text{h}$，必须选用较高的 U_0 值（第Ⅱ类）。仅当中性点为小电阻接地时，单相接地故障在 1min 以内切除时，才可选用较低的 U_0 值，即可分别选 3/6，6/10，21/35kV。一般工程中，220/380V 系统只选用第Ⅰ类 U_0，即 0.6/1kV；这是因为 TN 系统电源中性点直接接地。6kV ~ 35kV 系统均选用第Ⅱ类 U_0，即 6/6kV，8.7/10kV，26/35kV。

③ 电缆芯线之间的额定电压 U 应等于或大于系统标称电压 U_n。

④ 电缆芯线之间的工频最高电压 U_{max} 应等于或大于系统的最高工作电压。

⑤ 控制电缆的额定电压宜选用 450/750V。

3.1.4 绝缘材料及护套选择

① 聚氯乙烯（PVC）绝缘及护套电缆可用于 1kV 和 6kV。线芯长期允许工作温度 70℃，短路热稳定允许温度 160℃。优点是重量轻，弯曲性能好，接头制作简便，耐油、耐酸碱腐蚀，不延燃，价格便宜。缺点是介质损耗高、载流量较小，燃烧时散发有毒烟气，低温时变硬发脆，不适用在苯及苯胺类、酮类、甲醇、乙醇、乙醛、吡啶、三氯乙烯、三氯甲烷、四氯化碳、二硫化碳、醋酸酐、冰醋酸等环境中使用。近年来在工程中已较少使用该类电缆。

② 交联聚乙烯（XLPE）绝缘聚氯乙烯护套电缆可用于 1 ~ 35kV。线芯允许工作温度 90℃，短路热稳定允许温度 250℃。优点是外径小、重量轻、载流量大、敷设方便、接头制作简便，近年来在工程中广泛使用该类电缆。

3.1.5 电缆的铠装与阻燃、耐火

① 有可能受到机械损伤、直接埋地敷设且不用承受较大拉力时，应选用钢带铠装。通常户外敷设的电缆均选用钢带铠装电缆。

② 有可能承受较大拉力或水下敷设时，应选用钢丝铠装；

③ 穿管敷设、变电所内部桥架敷设或户内电缆沟敷设，宜选用非铠装电缆。

④ 爆炸危险区域内在桥架内敷设时，应采用 A 级阻燃电缆。消防用电负荷及在发生火灾时需紧急切断的电动阀，应采用耐火电缆。

3.1.6 电缆导体截面的选择

影响导体截面选择的因素有：线芯允许的长期工作温度，即按允许温升选择截面，线芯允许长期工作温度决定载流量大小；满足短路热稳定；线路电压损失在允许范围内；满足机械强度要求。对于采用低压断路器保护的电力电缆还需考虑电缆末端两相短路时保护动作的灵敏度要求。

3.1.6.1 按允许温升（允许载流量）选择截面

① 电缆按发热条件的允许长期工作电流（以下简称载流量）不应小于线路的工作电流。电缆通过不同散热条件地段时，应按散热条件最恶劣地段来选择截面。

② 10kV 及以下常用电力电缆允许持续载流量数据应取自 GB 50217—2007《电力工程电缆设计规范》附录 C。

③ 敷设条件不同时电缆允许持续载流量的校正系数应按 GB 50217—2007《电力工程电缆设计规范》附录 D。

④ 电缆持续允许载流量的环境温度按表 6－3 选取。

表 6-3　电缆允许载流量的环境温度

电缆敷设场所	有无机械通风	选取的环境温度	备　注
土壤中直埋	—	埋深处最热月平均地温	
户外空气中或电缆沟(非充砂)	—	最热月日最高温度平均值	
户内非防爆厂房、泵房	有	通风设计温度	
	无	最热月日最高温度平均值	
户内非充砂电缆沟	—	最热月日最高温度平均值	
户内外充砂电缆沟	—	按直埋，热阻取 2.0~2.5K·m/W	
户内外桥架(梯架)	—	按综合系数 0.65~0.68 计算不再考虑温度系数	

注：最热月平均地温和最热月日最高温度平均值应从当地气象部门取得，也可参考《设计手册》的表 16-33。

⑤ 充沙电缆沟内敷设的电缆，其载流量应考虑上下沙垫层的热阻系数，热阻系数宜按 2.0~2.5K·m/W 选取，在地下水位高地区可取较低值，地下水位较低的地区可取较高值。

⑥ 在爆炸危险环境，低压鼠笼型感应电动机电缆的允许持续载流量不应小于电动机额定电流的 1.25 倍。低压配电回路的电缆的允许持续载流量不应小于熔断器熔体额定电流或低压断路器长延时过电流脱扣器整定电流的 1.25 倍。

⑦ 在实际工程中，沿电缆桥架敷设的电力电缆的综合校正系数一般取 0.65~0.68，热带、亚热带地区可取较小值，温带地区可取较大值。

3.1.6.2　按短路热稳定选择截面

① 6~35kV 电缆，满足热稳定要求的最小截面 S_{min} 应按下列公式计算：

$$S_{min} = \frac{\sqrt{Q_t}}{c} \times 10^3 \qquad (6-1)$$

$$Q_t = Q_z + Q_f = \frac{I''^2 + 10I_{t/2}^2 + I_t^2}{12} \times t + T_{eq}I''^2 \qquad (6-2)$$

式中　S_{min}——电缆所需最小截面，mm^2；

C——热稳定系数，6(10)kV 交联聚乙烯绝缘铜芯电缆取 137，20~35kV 交联聚乙烯绝缘铜芯电缆取 142；

Q_t——短路电流引起的热效应，$kA^2 \cdot s$；

Q_z——短路电流交流分量引起的热效应，$kA^2 \cdot s$；

Q_f——短路电流直流分量引起的热效应，$kA^2 \cdot s$；

t——短路电流持续时间，s；

$I_{t/2}$——短路电流在 $t/2$ 时的交流分量有效值，kA；

I_t——短路时间 t 时的短路电流交流分量有效值，kA；

I''——超瞬态短路电流有效值，kA；

T_{eq}——直流分量等效时间，s。

对于企业变电所，$T_{eq}=0.05s$，而且可近似认为：$I''=I_{0.075}=I_{0.15}=I_\infty$，所以式(6-2)可简化为：

$$Q_t = Q_z + Q_f = I''^2 \times t + T_{eq}I''^2 = I''^2(t+0.05) \qquad (6-3)$$

对于采用高速断路器(开断时间小于 0.08s)且以速断保护为主保护的电缆线路(如装置

变电所配电至电机或变压器的电缆线路)，其短路电流持续时间 t 可取 0.1s；对于采用中速断路器(开断时间 0.08 ~ 0.12s)且以速断保护为主保护的电缆线路，其短路电流持续时间 t 可取 0.15s；对于其他以延时保护为主保护的电缆线路(如配电所电源线路)还需要加上延时保护的整定时间。

例如，某变电所最大运行方式下，短路电流 $I'' = 14.6$kA，采用高速断路器，主保护为速断保护，满足热稳定要求的 6(10)kV 电缆最小截面如下：

$$S_{\min} = \frac{\sqrt{Q_t}}{c} \times 10^3 = \frac{\sqrt{14.6^2 \times 0.15}}{137} \times 10^3 = 41.3\ \text{mm}^2$$

可选 50mm² 交联聚乙烯绝缘铜芯电缆。

主保护为速断，满足热稳定要求的 6(10)kV 交联聚乙烯铜芯电缆最小截面选择见表 6-4。

表 6-4　满足热稳定要求的最小电缆截面选择表(交联聚乙烯铜芯电缆)

电缆最小截面/mm²		35	50	70	95
		末端允许最大短路电流/kA			
短路电流持续时间/s	$t = 0.1$s	12.3	17.6	24.7	33.6
	$t = 0.15$s	10.7	15.3	21.4	29.1

② 对于低压电缆的热稳定，当短路持续时间不大于 5s 时，其截面 S 应按下列公式校验：

$$S \geqslant \frac{I}{k} \times \sqrt{t} \qquad (6-4)$$

式中 S——导体截面积，mm²；

k——计算系数，交联聚乙烯铜芯电缆取 143，其他型号的电缆取值参见 GB 50054—2011《低压配电设计规范》附录 A 表 A.0.7；

t——保护电器自动切断电流的动作时间，s

对于瞬时动作的低压断路器，t 可取 0.01 ~ 0.02s。对于熔断器，t 应查特性曲线得出；

I——通过保护电器的预期短路电流有效值，A，应取最大运行方式下该线路末端三相短路电流。

对熔断器保护的线路，导体截面与允许最大熔体电流配合关系见《设计手册》表 11-2。

采用低压断路器保护时，瞬动脱扣器分断时间极短，一般为 10 ~ 20ms，而且低压短路电流经电缆衰减很快，所以一般线路都能满足要求，实际工程中可不校验。

3.1.6.3　按电压损失校验截面

正常电压损失校验方法：

① 确定线路允许的电压损失。当缺乏资料、较粗略计算时，可取《设计手册》表 6-6 中的数据。

较精确计算时，从配电变压器低压侧母线算起的低压线路允许电压损失(%)，见《设计手册》表 6-7。但该表只列出变压器负载率 $\beta = 1.0$ 和 $\beta = 0.8$ 两种，其他负载率和其他功率因数时允许电压损失应按该表下面说明的方法并参照表 6-1 另行计算。

② 查表计算线路电压损失。根据线路允许的电压损失(%)、负载电流(或功率)、线路

截面及长度(km)，查《设计手册》表9－75～表9－80，电缆线路电压损失 Δu(A·km)和 Δu(MW·km)的百分数，验算电压损失(%)是否满足要求。用电设备端子允许电压偏差见第二章8.1节。

③ 线路电压损失(%)也可根据线路阻抗、负载大小等数据计算求得

线路电压损失(%)计算，可参见第二章8.2节。

低压电动机回路正常电压损失计算及启动时电压波动计算，见第六章6.5.2.5。

3.1.6.4　按机械强度及环境要求选择最小截面

爆炸危险环境导体最小截面见第十一章5.4.1.2，正常环境的电缆最小截面一般为：

动力电缆－铜芯不小于 $2.5mm^2$，铝芯不宜小于 $4mm^2$；控制电缆－铜芯不小于 $1.5mm^2$。

为便于安装、减少电缆线路的弯曲半径，电动机的三芯电缆芯线截面积不宜大于 $240mm^2$，低压柜之间的三芯电缆芯线截面积不应大于 $300mm^2$。

3.6.1.5　按保护灵敏度要求校验截面

被保护线路末端发生相间短路时，线路主保护应可靠动作：用智能型保护装置保护的6～35kV线路，速断保护灵敏度不小于2.0；用断路器过流脱扣器保护的低压线路灵敏度不小于1.3，例如一台55kW的电动机，断路器瞬时脱扣器整定值为1600A，则最小运行方式下末端(机端)两相短路电流不应小于 $1.3\times1600=2080$A。如果该保护还兼作接地故障保护，则用末端接地故障电流校验灵敏度。

3.1.6.6　中性导体(N线)截面选择

① 符合下列情况之一的线路，中性线的截面应与相线的截面相同：

a. 单相两线制线路；

b. 铜导体相线截面小于等于 $16mm^2$ 或铝相线截面小于等于 $25mm^2$ 的三相四线制线路；

c. 有谐波电流存在的线路，如以气体放电灯为主的照明线路。

② 符合下列条件的线路，中性线的截面可小于相线的截面：

a. 铜导体相线截面大于 $16mm^2$ 或铝导体相线截面大于 $25mm^2$ 的三相四线制线路；

b. 铜导体中性线截面大于等于 $16mm^2$ 或铝相线截面大于等于 $25mm^2$；

c. 正常工作时，包括谐波电流在内的中性线预期最大电流小于等于中性线的允许载流量；

d. 中性线已进行了过电流保护。

③ 铜导体相线截面大于 $25mm^2$，铜导体中性线截面应不小于相线截面的一半。但有谐波电流存在的线路除外。

④ 满足中性导体截面要求的低压铜导体4芯电缆(芯数×截面，mm^2)规格为：

4×2.5，4×4，4×6，4×10，4×16，$3\times25+1\times16$，$3\times35+1\times25$(或 $3\times35+1\times16$)，$3\times50+1\times25$，$3\times70+1\times35$，$3\times95+1\times50$，$3\times120+1\times70$，$3\times150+1\times70$，$3\times185+1\times95$，$3\times240+1\times120$。

3.1.6.7　保护导体(PE线)截面选择

按间接防触电保护要求，保护导体的最小截面选择见第八章6.2节。

满足中性导体和保护导体要求的低压铜导体5芯电缆(芯数×截面，mm^2)选用规格为：

5×2.5，5×4，5×6，5×10，5×16，$3\times25+2\times16$，$3\times35+2\times25$(或 $3\times35+2\times16$)，$3\times50+2\times25$，$3\times70+2\times35$，$3\times95+2\times50$，$3\times120+2\times70$，$3\times150+2\times70$，$3\times$

185 +2 ×95，3 ×240 +2 ×120。

3.2 电缆敷设

3.2.1 电缆桥架敷设

这是目前石油化工企业的主流方式。桥架材质有热镀锌钢制、铝合金、玻璃钢及不锈钢等。在布置上尽量利用工艺管桥，通常布置在管桥上部(因为油气较空气重)。桥架内电缆无间距敷设。这种方式造价较高，电缆长，较易检修。

① 以下电缆不应在同一托盘或梯架内敷设：

a. 电压 1kV 以下电缆与 1kV 以上电缆；

b. 为一级负荷供电的双回路电源线路；

c. 应急照明和其他照明线路；

如果因条件限制需要安装在同一托盘或梯架内，则之间应加金属隔板。

② 在托盘或梯架内，电缆总面积与托盘、梯架横断面积之比，电力电缆不应大于40%，控制电缆不大于 50%。

3.2.2 电缆沟敷设

可分为支架电缆沟和充沙电缆沟两种形式。爆炸危险区域内应采用充沙电缆沟(有支架或无支架)，一般沿管架下机泵的维护通道布置，充沙沟也可不设电缆支架。在正常环境场所，应采用支架电缆沟。沟内电缆宜有一定的间隔，无支架充沙沟内电缆敷设不宜超过两层。这种敷设造价低，电缆较短，占地宽。

3.2.3 直接埋地敷设

当电力电缆根数少于 6 根(或电缆总根数不超过 8 根)，宜采用直接埋地方式，但在混凝土铺砌下不宜采用电缆直接埋地敷设。

3.2.4 穿保护管敷设

一般在电缆出桥架或出电缆沟后局部使用。需穿管保护的地方有：穿过道路，进出建筑物，出入电缆沟壁，非铠装电缆地面上 2m 以内，与其他管道、沟交叉处等。管内径不小于电缆外径的 1.5 倍；保护管弯曲半径不小于保护管外径的 10 倍，且不小于电缆的最小允许弯曲半径。单芯电力电缆不应穿钢管保护。

3.2.5 爆炸危险环境内敷设的电缆

1 区严禁有中间接头。2 区、20 区、21 区不应有中间接头。

3.2.6 架空线路严禁跨越爆炸性气体环境

与爆炸性气体环境的水平距离不应小于杆塔高度的 1.5 倍。

3.2.7 不同电压等级的电缆

如 1kV 及以下电力电缆和控制电缆与 1kV 以上电力电缆宜分开敷设；在电缆沟内应布置在不同支架上：电压由高到低支架由上到下；在桥架内敷设时应布置在不同梯架或槽盒中。

3.2.8 电缆最小弯曲半径

见《设计手册》第三版第 573 页的表 10－13。

4 配电设备安装

这里指的是现场电气设备的安装，包括动力配电箱、照明配电箱、各种就地控制箱、操作柱、按钮、灯具、电缆过渡(接线)箱、隔离密封盒、电缆桥架、电缆沟支架等。设计文件中应提供这些设备的安装图。如果有国家标准图集，可提供参考图图号。

① 正常环境电气设备的安装可参见《国家标准图集 04D702—1　常用低压配电设备安装》。

② 爆炸和火灾危险环境下电气线路和电气设备安装可参见《国家标准图集 94D401—3　爆炸和火灾危险环境下电气线路和电气设备安装》。

③ 电缆线路的敷设安装可参见《国家标准图集 94D101—5　35 千伏及以下电缆敷设》。

④ 电缆桥架的安装可参见《国家标准图集 04D701—3　电缆桥架安装》。

第七章　防雷与接地设计

1　设计规范

GB 50057—2010 《建筑物防雷设计规范》
GB 50343—2012 《建筑物电子信息系统防雷技术规范》
GB 50650—2011 《石油化工装置防雷设计规范》
GB/T 50065—2011 《交流电气装置的接地设计规范》
GB 15599—2009 《石油与石油设施雷电安全规范》
GB 50737—2011 《石油储备库设计规范》
GB 50074—2002 《石油库设计规范》
GB 50156—2012 《汽车加油加气站设计与施工规范》
DL/T 620—1997 《交流电气装置的过电压保护和绝缘配合》
DL/T 621—1997 《交流电气装置的接地》
SH/T 3164—2012 《石油化工仪表系统防雷工程设计规范》
SH/T 3081—2003 《石油化工仪表接地设计规范》
SH 3097—2000 《石油化工静电接地设计规范》

2　建筑物防雷分类

2.1　影响建、构筑物防雷分类的因数

石化企业建、构筑物防雷分类与爆炸危险环境划分、年预计雷击次数密切相关，按照 GB 50057—2010《建筑物防雷设计规范》，列举出石化企业常见建构筑物的防雷分类如表 7－1。

表 7－1　石化企业建、构筑物防雷分类

建、构筑物防雷分类	环境特征及条件	建、构筑物举例
第一类	有 0 区 20 区爆炸危险场所建筑物	无
	1 区或 21 区爆炸危险建筑物，因爆炸会造成巨大破坏和人身伤亡者。特别重要的设施，如仪表控制室	有顶棚汽煤油洗桶间、易燃油品灌桶间、通风不良的油泵房，仪表控制室和机柜间
第二类	有 1 区或 21 区爆炸危险环境建筑物，且电火花不易引起爆炸或不致造成巨大破坏和人身伤亡	露天铁路装卸栈桥、汽煤油洗桶间、装桶间，有顶棚的铁路、汽车装卸栈桥
	有 2 区或 22 区爆炸危险环境的建筑物	通风良好的冷、热油泵房，氢压机房、硫磺成型及包装车间
	有爆炸危险的露天钢质封闭气罐	瓦斯罐，干气罐，城市煤气罐
	预计雷击次数 N 大于 0.25 次/a 的住宅、办公楼等一般性民用建筑物或一般性工业建筑物	

续表

建、构筑物防雷分类	环境特征及条件	建、构筑物举例
第三类	预计雷击次数 N，0.05 次/a≤N 次/a≤0.25 次/a 的住宅、办公楼等一般性民用建筑物或一般性工业建筑物	
	平均雷暴日，$T_d > 15d/a$ 高度 $H \geq 15m$	烟囱，水塔等孤立的高耸建筑物
	平均雷暴日，$T_d \leq 15d/a$ 高度 $H \geq 20m$	烟囱，水塔等孤立的高耸建筑物

2.2 建筑物年预计雷击次数 *N*

应按 GB 50057—2010《建筑物防雷设计规范》附录 A 的公式计算。

2.3 防雷分类及防雷措施

① 当第一类防雷建筑物的面积占建筑物总面积的 30% 及以上时，按第一类防雷建筑物设计。

② 当第一类防雷建筑物的面积小于建筑物总面积的 30%，而第二类防雷建筑物的面积占建筑物总面积的 30% 及以上时，或二者的面积均小于 30%，但它们的面积之和大于 30% 时，按第二类建筑物设计。但对第一类防雷建筑物部分的防闪电感应和防闪电电涌侵入，应采取第一类防雷建筑物的保护措施。

③ 当第一、二类防雷建筑物的面积之和小于 30%，且不可能遭受直接雷击时，该建筑物划为第三类防雷建筑物。但防闪电感应和防闪电电涌侵入应采取各自类别的保护措施。当可能遭直接雷击时，应按各自类别采取防雷措施。

2.4 雷电活动强弱的分区

① 按 DL/T 620—1997《交流电气装置的过电压保护和绝缘配合》，年平均雷暴日数 T_d (d/a) 分区：

少雷区——$T_d \leq 15d/a$；

中雷区——$15d/a < T_d \leq 40d/a$；

多雷区——$40d/a < T_d \leq 90d/a$；

特殊强烈地区——$T_d > 90d/a$。

② 按 GB 50343—2012《建筑物电子信息系统防雷技术规范》，年平均雷暴日数 T_d (d/a) 分区：

少雷区——$T_d \leq 25d/a$；

多雷区——$25d/a < T_d \leq 40d/a$；

高雷区——$40d/a < T_d \leq 90d/a$；

强雷区——$T_d > 90d/a$。

3 建、构筑物及户外装置区的防直击雷措施

3.1 石化企业防直接雷击的建、构筑物及防雷措施

石化企业防直接雷击的建、构筑物及防雷措施见表 7-2。

表 7－2　防直击雷保护措施一览表

防雷类别	建、构筑物名称	防直击雷措施简述
第一类	有顶棚汽煤油洗桶间、易燃油品灌桶间、通风不良的油泵房。 仪表控制室和机柜间。	独立接闪杆或架空接闪线或网，保护 1 区环境，架空接闪网的网格尺寸不应大于 5m×5m 或 6m×4m，设置独立的接地装置。每根引下线冲击接地电阻不大于 10Ω。对排放爆炸危险气体、蒸气或粉尘的放散管、呼吸阀排风管的保护、独立接闪杆和架空接闪线或网的支柱及其接地装置与被保护建筑物及与其有联系的管道、电缆等金属物之间的间隔距离要求，详见 GB50057—2010《建筑物防雷设计规范》第 4.2 节。 当难以装设独立的外部防雷装置时，可将网格不大于 5m×5m 或 6m×4m 直接安装在建筑物上，详见上述规范第 4.2.4 条
第二类	通风良好的油泵房（棚），污油泵房（棚） 氢气压缩机房（棚） 有顶棚的铁路、汽车装卸栈 露天铁路、汽车装卸栈桥 $N>0.25$ 次/a 的住宅、办公楼等一般性民用建筑物或一般性工业建筑物	屋顶设置接闪网，沿屋角、屋脊、屋檐敷设，网格 10×10m 或 12×8m，引下线不少于 2 根，并应沿建筑物四周和内庭院四周均匀对称布置，间距不大于 18m，每根引下线冲击接地电阻不大于 10Ω，其接地装置宜与防闪电感应、电气设备、信息系统等接地装置共用，接地电阻按其中最小要求值。并应与引入的金属管线做等电位连接。可利用建筑物内的钢筋作为防雷装置，利用基础内钢筋网作接地体，但要符合上述规范第 4.3.5 和 4.3.6 条的规定。 金属屋面的建筑物，可利用其屋面作为接闪器。只要金属板下无易燃物品，且不锈钢板、热镀锌钢板、钛和铜板的厚度不小于 0.5mm，见上述规范第 5.2.7 条。石化企业内的金属屋面建筑物一般都能满足此要求。
	有爆炸危险的露天钢质气罐	其高度小于或等于 60m 的、罐顶壁厚不小于 4mm 时，或其高度大于 60m 的条件下、罐顶壁厚和侧壁壁厚均不小于 4mm 时，不装设接闪器，接地点不应少于 2 处，接地点间距不大于 30m，冲击接地电阻不大于 30Ω
第三类	0.05 次/a≤N≤0.25 次/a 的住宅、办公楼等一般性民用建筑物或一般性工业建筑物	屋顶设置接闪网，沿屋角、屋脊、屋檐敷设，网格 20×20m 或 24×16m，引下线不少于 2 根，并应沿建筑物四周和内庭院四周均匀对称布置，间距不大于 25m，每根引下线冲击接地电阻不大于 30Ω，其接地装置宜与电气设备、信息系统等接地装置共用，接地电阻按其中最小要求值。并应与引入的金属管线做等电位连接。 对于金属屋面建筑物，同二类建筑物。
	$N\geq0.05$ 次/a 的主风机厂房、中心控制室、装置变电所、水泵房、空压站等一般性工业建筑物	
	水塔	在风筒檐口装设接闪带作接闪器，保护水塔边缘。塔顶金属栏杆可靠接地。冲击接地电阻不大于 30Ω，引下线不少于 2 根，间距不大于 30m
	砖烟囱、钢筋混凝土烟囱	装设在烟囱顶部的接闪杆或接闪环，多支接闪杆应连接在闭合环上；高度≤40m 烟囱，可只设一根引下线；高度>40m 烟囱，设 2 根引下线，钢筋混凝土烟囱利用内部钢筋作引下线，金属爬梯可作为引下线。冲击接地电阻不大于 30Ω。其上安装的航空障碍灯不得超过平台栏杆
	金属烟囱及火炬筒体	只需作接地，要求同上

注：当采用独立接闪杆作防雷保护时，应作保护范围计算；详见 GB 50057 附录 D。

3.2　户外装置区的防雷保护

户外装置区防雷设计的共同要求是：金属设备（包括塔、炉子、各种静设备、动设备、构架及管桥等）其壁厚大于或等于 4mm 时，应利用设备本体作为接闪器。接地点不少于两处，接地引下线间距不应大于 18m，沿设备周边均匀布置，每根引下线的冲击接地电阻不应大于 10Ω。

3.2.1 炉区

① 炉子上接地连接件应安装在框架柱子上高于地面不低于 450mm 的位置。

② 炉子上的金属构件均应与炉子的框架作等电位连接。

3.2.2 塔区

引下线应用螺栓与塔体金属底座上预设的接地耳相连。

3.2.3 静设备区

① 非金属静设备、壁厚小于 4mm 的封闭式钢制静设备，当其位于其他物体的防雷保护范围之外时，应设置接闪器加以保护。

② 金属静设备本体作为接闪器时，引下线应用螺栓与静设备底座预设的接地耳相连。接地装置宜围绕静设备敷设成环形接地体。

③ 安装有静设备的混凝土框架顶层平面，其平台金属栏杆应被连接成良好的电气通路，并应通过沿混凝土柱明敷的引下线或柱内主钢筋与接地装置相连。

3.2.4 机器设备区

机器设备和电动机如安装在同一个金属底板上，应将金属底板接地；安装在单独混凝土底座上或位于其他低导电材料制作的单独底板上，则应将此二者用接地线连接在一起并进行接地。

3.2.5 装置之间的中间油罐

油罐防雷除接地引下线的间距不应大于 18m 外，其余见 GB 50074《石油库设计规范》。

3.2.6 可燃液体装卸站

① 露天装卸作业者，可不装设接闪器，但应将金属构架接地。

② 在棚内进行装卸作业者，应装设接闪器。

③ 进入装卸站台的可燃液体管道应在进入点接地，冲击接地电阻不应大于 10Ω。

3.2.7 粉、粒料桶仓

① 独立安装或成组安装在混凝土框架上，顶部高出框架的金属粉、粒料桶仓，当其壁厚满足 9.1.3 表 7－7 中的厚度 t 值的要求时，应利用粉、粒料桶仓本体作为接闪器，并应作良好接地。

② 独立安装或成组安装在混凝土框架上，顶部高出框架的非金属粉、粒料桶仓，应装设接闪器，使粉、粒料桶仓和突出桶仓顶的呼吸阀等均处于接闪器的保护范围之内，并应接地。接闪导线网格尺寸不应大于 10m×10m 或 12m×8m。

3.2.8 框架、管架和管道

① 钢框架、管架应通过立柱与接地装置相连，接地点间距不应大于 18m。每组框架、管架的接地点不应少于两处。

② 混凝土框架、管架上的爬梯、电缆支架、栏杆等钢制构件，应与接地装置直接连接或通过其他接地连接件进行连接，接地间距不应大于 18m。

③ 管道的防雷设计应符合下列规定：

a. 每根金属管道均应与已接地的管架作等电位连接，其连接应采用接地连接件；多根金属管道可互相连接后，应再与已接地的管架作等电位连接。

b. 进出生产装置的金属管道，在装置的外侧应接地，并应与电气设备的保护接地装置和防闪电感应的接地装置相连接。

c. 其余要求见 GB 50074《石油库设计规范》

3.2.9 凉水塔

① 石油化工企业多采用机械抽风逆流式或横流式冷却塔，应在风筒檐口装设接闪器，塔顶平台四周金属栏杆应连接成良好电气通路并接地，每个风筒至少有两根引下线与两侧金属栏杆相连。

② 引下线应沿冷却塔建、构筑物四周均匀或对称布置，其间距不应大于18m。

③ 冷却塔钢楼梯、进水、出水钢管应与冷却塔接地装置相连。

3.2.10 户外装置区的排放设施

安装在高空易受直击雷的放散管、呼吸阀、排风管和自然通风管等应采取防直击雷和防闪电感应的措施。这里主要指的是塔顶上(包括反应器、容器等)的放空阀、压力释放阀，前者一般是人工手动操作，由于通风良好，不可能形成爆炸危险环境，而压力释放阀动作，一般都排入火炬放空系统，不可能在塔顶形成爆炸危险环境。因此防直击雷保护的接闪器只需保护到管帽，无管帽时应保护到管口。

当压力释放阀的危险物质直接排入大气，放空阀排出的危险气体有可能形成爆炸危险环境时，防直击雷保护应按 GB 50057—2010《建筑物防雷设计规范》第 4.2.1 条的规定执行。

4 油罐的防雷、防静电与接地

油罐设施防直击雷措施见表 7 – 3。

表 7 – 3 石油储罐防直雷击措施

<table>
<tr><th rowspan="2">油罐类别</th><th colspan="3">防直击雷措施</th></tr>
<tr><th>接闪器</th><th>接地点数及接地线</th><th>接地电阻</th></tr>
<tr><td>地上卧式钢油罐</td><td>壁厚≥4mm，呼吸阀装有阻火器，可不装接闪器。否则，应装接闪杆(网)，保护整个油罐</td><td rowspan="3">接地点不应少于2处，新建、改建和扩建石油化工内的油罐接地点间距不大于18m(厂区外的油罐接地间距不大于30m)</td><td rowspan="9">环形接地电阻不大于10Ω</td></tr>
<tr><td>地上固定顶钢油罐</td><td>顶板厚≥4mm，呼吸阀装有阻火器，可不装接闪器。否则，应装接闪杆(网)，保护整个油罐</td></tr>
<tr><td>地上铝顶油罐</td><td>应装接闪杆(网)，保护整个油罐</td></tr>
<tr><td>浮顶油罐</td><td rowspan="5">不装接闪杆</td><td>浮顶与罐体用2根截面不小于25mm²软铜复绞线相联；接地点要求同上</td></tr>
<tr><td>内浮顶油罐</td><td>钢质浮盘与罐体用2根截面不小于16mm²软铜复绞线相连接；铝质浮盘与罐体用2根直径不小于1.8mm不锈钢钢丝绳相连接；接地点要求同上</td></tr>
<tr><td>覆土油罐</td><td>罐体及阀室的金属构件、呼吸阀，量油孔金属附件应电气连接并接地</td></tr>
<tr><td>可燃油品钢油罐</td><td rowspan="3">接地点不应少于2处，接地点间距不大于30m，冲击接地电阻不大于30</td></tr>
<tr><td>石油液化气压力储罐</td></tr>
<tr><td>钢质气罐</td><td>壁厚≥4mm，不装接闪杆</td></tr>
<tr><td>大型石油储备库及大型浮顶罐(原油储罐)</td><td colspan="3">见本章第5节</td></tr>
</table>

5　大型浮顶储罐及石油储备库的防雷设计

5.1　除遵守上述规范外，尚应遵守的标准和规定

中国石化安[2011]754号《大型浮顶储罐安全设计、施工、运行管理规定》

5.2　有关油罐安全的设计要点

5.2.1　防雷接地

① 不装设接闪杆，而将浮顶与罐体用2根截面不小于$50mm^2$的镀锡软铜复绞线或绝缘阻燃护套软铜复绞线相连接；

② 转动浮梯两侧与罐体及浮顶各两点作电气连接；

③ 应利用浮顶排水管线将罐体与浮顶做电气连接，每条排水管线的跨接导线应采用一根截面不小于$50mm^2$扁平镀锡软铜复绞线；

④ 罐体接地点：接地点沿周长的间距不大于18m。

⑤ 接地电阻值：冲击接地电阻不大于10Ω。当防雷接地与电气设备的保护接地、防静电接地共用接地网时，实测的工频接地电阻不应大于4Ω。

5.2.2　防静电措施

① 利用钢油罐的防雷接地装置兼作防静电装置；不另设防静电接地装置；

② 其他防静电措施，如在上罐扶梯入口处、油罐浮顶上取样口的两侧1.5m之外应各设一组消除人体静电的装置；

③ 油罐的自动通气阀、呼吸阀、阻火器、量油孔应与浮顶做电气连接；

④ 油罐采用钢滑板式机械密封时，钢滑板与浮顶之间应做电气连接，沿圆周的间距不宜大于3m；

⑤ 二次密封采用Ⅰ型橡胶刮板时，每个导电片均应与浮顶做电气连接。

6　建筑物防雷分区和防雷击电磁脉冲

本节所述内容是指在本建筑物或相邻建筑物遭受雷击时，如何采取有效措施对建筑物内部的电气系统和电子系统进行防护使其这些设备免遭雷击损害。

这些措施包括：建筑物的有效屏蔽(如屋顶和墙体的金属结构和钢筋网格)，等电位连接，在适当位置安装协调配合的电涌保护器。

6.1　防雷分区

按照建筑物各部分是否遭受直接雷击及其产生雷击电磁场强度进行分区：

LPZ0区(又分$LPZ0_A$、$LPZ0_B$)，本区内各物体都可能遭受直接雷击，雷击电磁场强度很强且没有衰减。但$LPZ0_B$区雷击电流值比$LPZ0_A$区要小。

LPZ1区，本区内各物体不可能遭受直接雷击(由于防雷设施和屏蔽网络的保护)，雷击电磁场强度减弱，产生的电涌电流较小。

LPZ2…LPZ*n* 后续防雷分区，电涌电流和雷击电磁场强度更小、更弱。

石化企业内的建筑物如中心控制室、机柜间、中心化验室、配电室、压缩机房、消防指挥中心、办公楼等，其建筑物外部为 LPZ0 区，内部为 LPZ1 区或 LPZ2 区。

6.2 等电位连接

总的来讲，应将建筑物内部的及进入建筑物的所有金属设备、管道、构架、电缆金属铠装或屏蔽层、钢屋架等大尺寸金属物件以及突出屋面的放散管通风管等金属物进行等电位连接并接地，需设置等电位连接带。可与电气设备的保护接地装置共用。但不能与一类防雷建筑物的独立接闪杆和接地装置相联(可与第二、三类防雷建筑物的防直击雷接地装置相连接)。需要等电位连接的设备和位置如下。

6.2.1 两个防雷区界面上

在 LPZ0 与 LPZ1 界面及后续防雷区界面处宜将所有通过界面的金属物做等电位连接。当外来导电物、电气和电子系统从不同地点进入建筑物时，宜设若干等电位连接带，并将其就近连接到内部环形接地导体上，环形接地体应连接到建筑物钢筋或其他屏蔽构件上，宜每 5m 连接一次。

用于等电位连接的接线夹和电涌保护器应分别估算通过的雷电流。

6.2.2 在保护空间内的屏蔽电缆的屏蔽层

应在两端及防雷分区交界处作等电位连接。

6.2.3 分开的建筑物之间的电气和电子系统连接线路

若无屏蔽层应穿钢管敷设，并将钢管两端分别连接到建筑物的等电位连接带上；若有屏蔽层，则应将屏蔽层两端分别连接到建筑物的等电位连接带上。并通过屏蔽层、接地导体、穿线钢管将建筑物各自的接地装置互相连接。

6.2.4 电子系统的等电位连接与接地

① 电子系统所有外露导电物应与建筑物的等电位连接网做功能性等电位连接。

② 电子系统不应设置独立的接地装置。

③ 为电子系统供电的配电箱的保护导体应与建筑物的等电位连接网就近相连接。

④ 当电子系统为 300kHz 的模拟线路时，功能性等电位连接可采用 S 型星形结构；当电子系统为 MHz 级数字线路时，应采用 M 型网形结构。详见 GB 50057—2010《建筑物防雷设计规范》图 6.3.4。

6.2.5 每栋建筑物应采用一个接地系统。

6.3 雷击电磁场强度计算

计算的目的在于确定各个防雷分区的磁场强度及其衰减情况，并计算安全距离和确定安全空间，电子系统应安装在建筑物内部的安全空间内。

计算方法详见 GB 50057—2010《建筑物防雷设计规范》第 6.3.2 款。

6.4 电涌保护器(SPD)的配置与选择

雷电、闪电产生电磁脉冲，在电气及电子设备中产生过电压，即“电涌”。

电气系统操作过电压及电气系统故障将在低压配电系统产生“电涌”。这些“电涌”对于低压用电设备特别是对电子及信息系统(包括计算机系统、通信系统、电子控制系统、无线电系统等）可能产生致命的伤害。

6.4.1 低压220/380V配电系统各类设备额定冲击电压耐受值

低压配电系统各类设备耐冲击电压值见表7-4。

表7-4 建筑物内220/380V配电系统中设备绝缘耐冲击电压额定值

设备位置	电源处设备	配电线路和最后分支线路的设备	用电设备	特殊需要保护的设备
耐冲击电压类别	Ⅳ类	Ⅲ类	Ⅱ类	Ⅰ类
耐冲击电压额定值/kV	6	4	2.5	1.5

注：(1) Ⅰ类—含有电子电路的设备，如计算机、有电子程序控制的设备；

(2) Ⅱ类—如家用电器和类似负荷；

(3) Ⅲ类—如配电盘，断路器，包括线路、母线、分线盒、开关、插座等固定装置的布线系统，以及应用于工业的设备和永久接至固定装置的固定安装的电动机等的一些其他设备；

(4) Ⅳ类—如电气计量仪表、一次线过流保护设备、滤波器等。

6.4.2 TN-S电气系统电涌保护器的安装、选择与配合

① 在变电所低压母线上装一组Ⅰ级实验的浪涌保护器，3只，三相对地接线（L-PE，PE与N相联），选用Ⅲ类过电压产品，过电压保护水平不超过4kV；冲击电流值应等于或大于12.5kA。或按式(7-1)计算。

② 第二类防雷建筑物或外部防雷装置的接闪器直接安装在建筑物上的一类防雷建筑物的低压线路进户处，即在建筑物总配电箱内、开关的电源侧安装(3+1)只电涌保护器，即3只相线对保护导体（L-PE），1只中性导体对保护导体（N-PE），选用Ⅰ级试验的电涌保护器，其电压保护水平值应小于或等于2.5kV，每一保护模式的冲击电流值应等于或大于12.5kA。或按式(7-1)、式(7-2)计算。

$$I_{imp} = \frac{0.5I}{nm} \tag{7-1}$$

$$I_{imp} = \frac{0.5IR_s}{n(mR_s + R_c)} \tag{7-2}$$

式中 I——雷电流kA，一类防雷建筑物取200kA；二类防雷建筑物取150kA；三类防雷建筑物取100kA；

n——地下和架空引入的外来金属管道和线路的总数；

m——每一线路内导体芯线的总根数；

R_s——屏蔽层每公里的电阻，Ω/km；

R_c——芯线每公里的电阻，Ω/km。

③ 第三类建筑物的低压线路进户处，即在建筑物总配电箱内、开关的电源侧安装(3+1)只电涌保护器(3P+N)接线，应选用Ⅰ级试验的电涌保护器，其电压保护水平值应小于或等于2.5kV，每一保护模式的冲击电流值，当电源线路无屏蔽层时按式(7-1)计算，当有屏蔽层时，按式(7-2)计算，式中的雷电流应取100kA。

④ 为Ⅰ类设备供电的电源线路，宜在靠近被保护设备再安装一组Ⅰ类保护设备，这通常由该设备本身配备。如果是三相用电设备，选用(3+1)只电涌保护器(3P+1)接线；如果是单相设备，选用2只保护器，(1P+N)接线，即L-PE+N-PE，冲击电压保护水平不大于1.5kV。

6.4.3 电子、电信系统系统引入建筑物处电涌保护器的选用

① 当电子系统的室外线路采用金属屏蔽电缆时，在其引入的终端箱应安装 D1 类高能量实验类型的电涌保护器，其短路电流应按式(7－2)计算，或分别选用 2kA(第一类防雷建筑物)、1.5kA(第二类防雷建筑物)、1.0kA(第三类防雷建筑物)。当短路电流按式(7－2)计算时，式中的雷电流应分别取 200kA、150kA 和 100kA。

② 当电子系统的室外线路采用光缆时，在其引入的终端箱的线路侧，当无金属线路引出本建筑物至其他有自己接地装置的设备时，可安装 B2 类慢上升率试验类型的电涌保护器，其短路电流应分别选用 100A(一类防雷建筑物)、75A(第二类防雷建筑物)和 50A(第三类防雷建筑物)。详见 GB 50057—2010《建筑物防雷设计规范》附录 J 表 J.2.1。

6.4.4 电源线路电涌保护器选用示例

低压配电线路的电涌保护器的设置，以 JLSP 系列电源浪涌保护器用于 TN－S 配电系统，保护变电所内设备(按第三类防雷建筑物)为例。

① 6(10)/0.4kV 配电变压器低压侧母线上，在进线柜安装一组 JLSP－400/150/3P 型电涌保护器，3P－PE 接线，即相线与保护导体之间。系统最高运行电压 400V，雷电冲击电压保护水平 2.5kV，雷电冲击电流 35kA，最大放电电流 150kA。

② 动力、照明配电箱内，安装一组 JLSP－400/80/4P 型 3P＋1 电涌保护器，3P－PE＋N－PE 接线，系统最高运行电压 400V，雷电冲击电压保护水平 2.0kV，雷电冲击电流 20kA，最大放电电流 80kA。

③ 靠近电子设备或设备内部电源进线侧，如 UPS、EPS 电源装置的电源侧，安装一组 JLSP－400/40/4P，3P－PE＋N－PE 接线(对三相电源设备)，或 JLSP－230/20/2P，1P－PE＋N－PE 接线(对单相电源设备)。

6.5 电源线路浪涌保护器选择和信号线路浪涌保护器选择其他要求

参见 GB 50343—2012《建筑物电子信息系统防雷技术规范》第 5 章。

7 变、配电所雷电过电压及内部过电压保护

7.1 变电所的直击雷过电压保护

7.1.1 保护措施及对象

① 采用接闪杆或接闪线，需要防直击雷保护的设施有 35～220kV 户外配电装置，包括高压电器设备、主变压器、母线桥，组合导线等；独立接闪杆(线)宜设独立的接地装置。在非高土壤电阻率地区，其接地电阻不宜超过 10Ω。

② 独立的 35kV 及以下变电所，当处于雷电活动特殊强烈($T_a>90d/a$)或当内部有电子信息系统时，且不在其他防直击雷保护范围内，宜设置防直击雷保护，用以减少雷击电磁场强度。若屋顶为钢筋混凝土结构，应将内部钢筋焊接成网并接地。若屋顶设置接闪带，其网格应不大于 10m×10m，并应与屋顶钢筋混凝土里的钢筋相连接。引下线间距应不大于 18m，可利用混凝土柱内的钢筋作为引下线。

含有有电子信息系统变配电所，防雷击电磁脉冲要求尚应符合 GB 50343—2012《建筑物电子信息系统防雷技术规范》有关要求。

③ 露天布置的 GIS 的外壳不需装设直击雷保护装置，但应接地。

7.2 雷电侵入波的过电压保护

雷电侵入波的过电压保护，指的是有架空线路引入的变电所，如何在架空线引入段(又分有无避雷线、有无电缆段)装设合适的避雷器，及在变电所母线上装设避雷器。

对于全线为电缆引入的变电所，如电源线路为35kV或66kV电缆，变电所为户内布置(包括变压器)，6(10)kV全部电缆出线，该变电所是否需要装设避雷器，以及全线电缆—变压器组接线的变电所内是否需装设阀式避雷器，应视电缆另一端有无雷电过电压波侵入的可能，经校验确定。进线全长为电缆的GIS变电所内是否需装设金属氧化物避雷器，应视电缆另一端有无雷电过电压波侵入的可能，经校验确定。推荐的作法：是在变电所母线上装设阀式避雷器。

7.3 旋转电机过电压保护

旋转电机过电压保护，是电气装置过电压保护的组成部分，是防止雷电侵入波对旋转电机造成危害。

① 在一般地区(少雷区和中雷区)，只有与架空线路直接连接的旋转电机(简称直配电机)才需要设置专门的过电压保护。全部电缆连接且电缆线路满足防闪电感应要求的旋转电机，不需要设置专门的过电压保护。

② 在多雷区($40\text{d/a} < D_s \leqslant 90\text{d/a}$)，经变压器与架空线路连接的非直配电机，如变压器高压侧的系统标称电压为66kV及以下时，为防止雷电过电压经变压器绕组的电磁传递而危及电机的绝缘，宜在电机出线上装设一组旋转电机用阀式避雷器。变压器高压侧的系统标称电压为110kV及以上时，电机出线上是否装设避雷器可经校验确定。

③ 为保护直配电机匝间绝缘和防止感应过电压，装在每相母线上的电容器，包括电缆段电容在内应为0.25~0.5μF；对于中性点不能引出或双排非并绕绕组的电机，应为1.5~2μF。电容器宜有短路保护。

④ 保护旋转电机用的避雷器和电容器选择

a. 避雷器的分类。

按结构原理分：保护间隙避雷器、管型避雷器、阀型避雷器(包括FZ，FS，FCZ，FCD)、氧化锌避雷器。后者是避雷器的更新换代产品。

按用途分：电站用(如Y5WZ－7.6/27)、配电用(如Y5WS－7.7/27)、旋转电机用(如Y2.5W－7.6/19)，电容器保护用(如Y5WR－7.6/27)、电气化铁路用等。

例如：6(10)kV配电装置选用避雷器：6kV－Y5WZ－7.6/27；10kV－Y5WZ－12.7/45

b. 旋转电机专用的阀式避雷器和电容器选择。

如直配电机的中性点能引出且未直接接地，应在中性点上装设旋转电机中性点阀式避雷器。旋转电机用避雷器和电容器选择见表7－5。

表7－5 旋转电机用避雷器和电容器选择

电机额定电压及保护设备		安装在相线上		安装在中性点上	
		型号规格	数量	型号规格	数量
3kV	避雷器	Y2.5W－3.8	3	Y1W－2.3	1
6kV		Y2.5W－7.6	3	Y1W－4.6	1
10kV		Y2.5W－12.7	3	Y1W－7.6	1

注：电容器可选用BWF11－16－1型，0.42μF，用于中性点安装有避雷器的电机，接在电机端相线上；BWF10.5－50－1型，1.44μF，用于中性点没有引出的电机。(也可按电机制造厂推荐的电容器)。

7.4　电力系统的内部过电压

电力系统内部过电压包括：工频过电压、谐振过电压、操作过电压。

7.4.1　工频过电压

如断开空载线路、接地故障和甩负荷；最大 $1.1\sqrt{3}\times pu$

7.4.2　谐振过电压

3～35kV 不接地系统或经消弧线圈接地系统，当偶然脱离消弧线圈而发生单相接地，或送电到中性点直接接地的电磁式电压互感器，因互感器过饱和产生过电压。可达(2～3)pu。

预防措施：减少同一系统中电压互感器中性点接地的数量；在互感器开口三角形绕组装设专门的消谐器；选用励磁特性饱和点较高的电磁式电压互感器等。

7.4.3　操作过电压

35kV 及以下系统，开断空载线路断路器发生重击穿；开断并联电容补偿装置，可能发生单相重击穿；真空断路器开断高压感应电动机截流过电压等；其值可达(3.5～4.0)pu。

预防措施：采用开端时不重击穿的断路器；在断路器负荷侧装设氧化锌避雷器。

注：pu 为过电压的标幺值；对工频过电压 $1pu = U_m/\sqrt{3}$，对谐振过电压和操作过电压 $1pu = \sqrt{2}U_m/\sqrt{3}$；$U_m$ 为系统最高电压。

8　电气装置的接地

电气装置的接地，包括电气设备的工作接地、保护接地、阴极保护接地。

8.1　3～35kV 系统电气装置的工作接地

8.1.1　不接地系统

单相接地故障电容电流不大于下列数值，可采用不接地方式：

① 3～10kV 电缆线路构成的系统，且无发电机直接相连，30A；

② 3～6kV 架空线路(非金属杆塔、非混凝土杆塔)且无发电机直接相连，30A；

③ 10kV 架空线路(非金属杆塔、非混凝土杆塔)且无发电机直接相连，20A；

④ 3～10kV 架空线构成的系统(金属杆塔或混凝土杆塔)且无发电机直接相连及所有 35kV 系统，10A；

⑤ 与发电机直接连接的 6～20kV 系统，允许不接地的电容电流见《设计手册》表 14－1。

8.1.2　经消弧线圈接地

当上述各配电系统单相接地电容电流超过不接地允许值、又需要在接地故障时继续短时运行时，宜采用消弧线圈接地；并宜采用过补偿，补偿后的残余电流不宜大于 10A。

① 对于两台变压器、单母线分段的 6(10)kV 系统，要按一台变压器停运时，另一台带全部负荷(全部运行的电缆线路)计算电容电流，并决定是否需要补偿。如需要补偿，则要选用两台补偿装置，每段一台，正常分列运行。但每台容量可按本段最大可能出现的接地电容电流来计算。

② 消弧线圈的容量选择，见第二章 4.5 节。

③ 消弧线圈宜接在 Yn，d 接线的三相变压器中性点上；如变压器无中性点或中性点未

引出，应装设专用接地变压器，其容量与消弧线圈相配合。

8.1.3 经电阻接地

分高电阻接地和低电阻接地，电阻接地的最大优点是可防止谐振、间隙性电弧过电压对设备的危害，且能快速、准确确定故障线路。发生接地故障时，要求瞬时切除故障线路。

① 高电阻接地将接地故障电流限制在10A以下(电阻值为几百欧至几千欧)，用于发电机内部发生单相接地故障要求瞬时切除时，电阻一般安装在发电机中性点或变压器中性点上。

② 低电阻接地一般将接地故障电流限制在100～1000A(电阻值为几欧至几十欧)，用于6(35)kV主要由电缆线路构成的配电系统，当某回路发生单相接地时，迅速切除故障(速断保护动作)这对供电可靠性有一定的影响。

大型炼油厂现有的情况是：35kV厂内供电系统一般不接地或经消弧线圈接地；6(10)kV系统有两种作法：不接地或经消弧线圈接地；小电阻接地。

8.1.4 直接接地

高压110kV及以上及低压1kV以下TN系统采用中性点直接接地方式。

8.2 电气装置保护接地的范围和接地电阻

8.2.1 应接地的设备

① 电机、变压器等电气设备的底座、外壳；

② 配电、控制、保护用屏、箱、柜的金属框架；

③ 铠装电缆的外皮，电缆头、电缆支架、电缆桥架、接线盒、金属保护管等；

④ 现场操作箱、操作柱、按钮等电气设备的金属外壳和安装支架；

⑤ 需要接地的变压器、发电机中性点。

8.2.2 中、高压电器装置保护接地的电阻值

8.2.2.1 发电厂、变电所的电气装置(A类电气装置)

① 直接接地或低电阻接地系统，接地电阻按式(7-3)计算：

$$R \leqslant \frac{2000}{I_k}\ \Omega \tag{7-3}$$

式中 I_k——流经接地装置的最大短路电流，A；

R最大不应超过5Ω。

② 不接地或经消弧线圈接地、高电阻接地系统：

当与低压系统中性点共用接地装置时，$R \leqslant 4\Omega$(如TN系统)

仅用于高压电气装置的接地装置时，$R \leqslant 10\Omega$。

8.2.2.2 用户管理的电气装置(B类电气装置)

① 直接接地或低电阻接地系统，接地电阻按式(7-4)计算

$$R \leqslant \frac{1200}{I_k}\ \Omega \tag{7-4}$$

② 不接地或经消弧线圈接地、高电阻接地系统

当与低压系统中性点共用接地装置时，$R \leqslant 4\Omega$；(如TN系统)并要求系统作等电位连接。

仅用于高压电气装置的接地装置时，$R \leqslant 10\Omega$。

8.3 低压系统电气装置的几种接地方式

8.3.1 TN 系统

电源端中性点直接接地，电气装置外露可导电部分通过保护中性导体连接到此接地点，接地电阻不大于4Ω。

8.3.1.1 TN－S 系统

除了在电源端中性导体直接接地，即与保护导体连接外，系统其他任何部分保护导体与中性导体都完全分开；

石化企业低压配电系统应采用 TN－S 系统。

8.3.1.2 TN－C 系统

保护导体与中性导体合一；

8.3.1.3 TN－C－S 系统

保护导体与中性导体部分分开，部分合一。

8.3.2 TT 系统

电源端中性点直接接地，电气装置外露可导电部分直接接地。

8.3.3 IT 系统

电源端中性点不接地或经阻抗接地，电气装置外露可导电部分直接接地。

8.3.4 保护导体的最小截面(mm^2)

当利用铜导体电缆的芯线作保护导体时，相线截面 S，保护导体的最小截面 S_P 应满足：

当 $S \leqslant 16$，$S_P = S$；$16 < S \leqslant 35$，$S_P = 16$；$35 < S \leqslant 400$；$S_P = S/2$。

当利用电缆外的导体作为保护导体时，保护导体的截面选择，见第八章第 6 节 6.2 条。

8.4 石油化工仪表接地

8.4.1 设备保护接地

应设置保护接地汇流排(或总接地汇流排)，并接至电气系统接地网，接地电阻应不大于4Ω。

8.4.2 工作接地(包括仪表信号回路接地和屏蔽接地)

应设置工作接地汇流排和总工作接地汇流排，各工作接地支线、接地干线，在接至接地汇流总板之前，不应与保护接地混接；由工作接地汇流排至总接地汇流排采用 2 根截面不小于 25mm^2 铜导体电缆相连接。与接地体的连接应从总接地汇流排引出。

8.4.3 防静电接地

安装 DCS、PLC、SIS 等设备的控制室、机柜应接至电气系统接地网；接地电阻不大于4Ω。机柜室、过程控制计算机的机房，应考虑防静电接地。这些室内的导静电地面、活动地板、工作台等应进行防静电接地。

8.4.4 防雷接地

仪表及控制系统防雷接地应与电气专业防雷接地系统共用，但不得与独立避雷装置共用接地装置。

仪表信号用电涌保护器的接地应接到工作接地汇流排。为仪表供电的电源线路用电涌保护器的接地应直接接到电气设备保护接地网。

9 防雷装置

9.1 接闪器

9.1.1 接闪器类型

接闪器的形式可分为杆状接闪器(接闪杆)、线状接闪器(接闪线)、网状接闪器(接闪网)、金属设备本体接闪器。

9.1.2 接闪器的材料、结构和最小尺寸(见表7-6)

表7-6 接闪器的形式、材料和最小尺寸

接闪器形式	材料	最 小 尺 寸		
杆状接闪器	热镀锌圆钢 热镀锌钢管 铜包圆钢 不锈钢管	针长<1m	针长1~2m	独立烟囱顶上
		圆钢直径12mm 钢管*DN*20，壁厚2.8mm	圆钢直径16mm 钢管*DN*25，壁厚3.2mm	圆钢直径20mm 钢管*DN*40，壁厚3.5mm
线状接闪器	热镀锌圆钢 热镀锌扁钢	圆钢直径8mm 扁钢截面积$50mm^2$，厚度2.5mm		
悬链式线状接闪器	镀锌钢绞线	截面积$50mm^2$		
网状接闪器	镀锌钢绞线	截面积$50mm^2$		

9.1.3 金属设备本体接闪器

应采用设备外壳，其壳体厚度应大于或等于表7-7中的厚度t值。

表7-7 金属板或金属管道接闪器的最小厚度

材 料	防止击(熔)穿的厚度t/mm	不防止击(熔)穿的厚度t'/mm
不锈钢、镀锌钢	4	0.5
钛	4	0.5
铜	5	0.5
铝	7	0.65
锌	—	0.7

9.2 引下线

明敷引下线的材料和最小尺寸见表7-8。

表7-8 明敷引下线的材料和最小尺寸

材 料	最 小 尺 寸
热镀锌圆钢	直径8mm
热镀锌扁钢	扁钢截面积$50mm^2$，厚度2.5mm

9.3 接地装置

9.3.1 人工接地体的材料、结构和推荐尺寸(见表7-9)

① 应充分利用自然接地体的作用，自然接地体包括地下金属管道，钢筋混凝土基础，

钢筋混凝土电杆，电缆金属外皮等。石化企业常利用自然接地体作为辅助接地装置，从等电位连接的要求，人工接地装置应与自然接地体和建筑物内所有金属物件相连接。

表7-9　常用钢接地体的结构和推荐尺寸　　mm

材　料	结　构	垂直接地体	水平接地体	接地板
钢	单根圆钢	直径16	直径10	—
	热镀锌钢管	直径50	—	—
	热镀锌扁钢	—	40×4	—
	热镀锌钢板	—	—	500×500
	裸圆钢	—	直径10	—
	裸扁钢	—	40×4	—
	热镀锌角钢	50×50×5	—	—

埋于土壤中的人工接地体通常宜采用热镀锌角钢、钢管、圆钢或扁钢。区域内人工接地体的材料宜采用同一材质。

② 区域内如果采用阴极保护系统时，接地装置宜符合下列规定：

a. 采用加厚锌钢材料(简称锌包钢)作接地体。水平接地体宜采用圆形锌包钢，其直径不应小于10mm。垂直接地体宜采用圆柱锌包钢，其直径不应小于16mm。锌层应为高纯锌(Zn≥99.9%)，钢芯与锌层的接触电阻应小于0.5mΩ。

b. 土壤电阻率在20Ω·m及以下时，水平接地极锌层厚度不小于3mm，垂直接地极锌层厚度不小于5mm。

土壤电阻率在20~50Ω·m时，水平接地极锌层厚度不小于3mm，垂直接地极锌层厚度不小于3mm。

土壤电阻率大于50Ω·m时，水平接地极锌层厚度不小于0.1mm，垂直接地极锌层厚度不小于3mm。

c. 当使用铜质材料时，阴极保护应采用外加电流法。

9.3.2　接地电阻计算

9.3.2.1　工频接地电阻值计算

常用人工接地极的工频接地电阻 R 计算公式见《设计手册》表14-16，计算结果见表14-20。单根水平接地极的工频接地电阻 R 计算结果见表14-21。

9.3.2.2　冲击接地电阻换算

① 单独接地极或杆塔接地装置的冲击接地电阻由式(7-5)计算：

$$R_p = \alpha R \tag{7-5}$$

式中　R_p——冲击接地电阻，Ω；

R——工频接地电阻，Ω；

α——冲击系数，按式(7-6)、式(7-7)计算。

② 单独一根垂直接地极的冲击系数按式(7-6)计算：

$$\alpha = 2.75\rho^{-0.4}(1.8 + \sqrt{L})[0.75 - \exp(-1.5I_p^{-0.2})] \tag{7-6}$$

水平接地极的冲击系数按式(7-7)计算(从中部流入冲击电流)

$$\alpha = 1.16\rho^{-0.4}(7.1 + \sqrt{L})[0.78 - \exp(-2.3I_p^{-0.2})] \tag{7-7}$$

式中　I_p——流过接地极的冲击电流，kA；

ρ——土壤电阻率，Ω·m；

L——接地极长度，m。

③ 水平接地极连接的 n 根垂直接地极组成的接地装置，其冲击接地电阻按式(7－8)计算：

$$R_p = \frac{\frac{R_{vp}}{n} \times R'_{hp}}{\frac{R_{vp}}{n} + R'_{hp}} \times \frac{1}{\eta_p} \quad (7-8)$$

式中 R_{vp}——每根垂直接地极的冲击接地电阻，Ω，按式(7－5)计算；

R'_{hp}——水平接地极的冲击接地电阻，Ω；

η_p——冲击利用系数，其值见《设计手册》表 14－25。

④ 计算举例

a. 一根角钢 50×50×5 垂直接地极，$L=2.5\text{m}$，$\rho=100\Omega\cdot\text{m}$，$I_p=40\text{kA}$，则冲击系数：

$$\alpha = 2.75 \times 100^{-0.4}(1.8 + \sqrt{2.5})[0.75 - \exp(-1.5 \times 40^{-0.2})]$$
$$= 0.4358 \times 3.3811 \times (0.75 - 0.488) = 0.386$$

所以，一根 50×50×5 角钢垂直接地极的冲击接地电阻：

$$R_{vp} = 0.386 \times 32.4\Omega = 12.5\Omega$$

式中，32.4Ω 是一根 50×50×5 角钢垂直接地极(长 2.5m)的工频接地电阻。

b. 一根扁钢 40×4 水平接地极，$L=10\text{m}$，$\rho=100\Omega\cdot\text{m}$，$I_p=40\text{kA}$，则冲击系数：

$$\alpha = 1.16 \times 100^{-0.4}(7.1 + \sqrt{10})[0.78 - \exp(-2.3 \times 40^{-0.2})]$$
$$= 0.1838 \times 10.262 \times (0.78 - 0.3329) = 0.843$$

所以，一根 40×4 扁钢(长 10m)水平接地极的冲击接地电阻：

$$R_{hp} = 0.843 \times 13.9 = 11.7\Omega$$

式中，13.9Ω 是一根 40×4 扁钢水平接地极(长 10m)的工频接地电阻。

c. 一根扁钢 40×4mm，长 10m 的水平接地极连接的 3 根垂直接地极(角钢 50×50×5，长 2.5m)组成的接地装置，其冲击接地电阻为：

$$R_p = \frac{\frac{R_{vp}}{n} \times R'_{hp}}{\frac{R_{vp}}{n} + R'_{hp}} \times \frac{1}{\eta_p} = \frac{\frac{12.5}{3} \times 11.7}{\frac{12.5}{3} + 11.7} \times \frac{1}{0.7} = 4.39\Omega$$

本例中，$\rho=100\Omega\cdot\text{m}$，$I_p=40\text{kA}$，冲击利用系数 $\eta_p=0.7$。

查《设计手册》表 14－20，该接地装置的工频接地电阻为 6.92Ω＞4.39Ω。

一般来说，石化企业常用的各种形式接地装置，其冲击接地电阻值总是小于工频接地电阻值。

因此，对常见土壤电阻率，满足工频接地电阻要求通常就满足冲击接地电阻要求。

9.3.3 土壤电阻率

应取实测数据，并考虑季节系数 ψ，不同土壤类别的 ψ 值参见《设计手册》表 14－22。若无法取得实测数据，可参考《设计手册》表 14－10 取值。

第八章　变配电所设计

1　设计规范和技术规定

GB 50059—2011 《35～110kV 变电所设计规范》
GB 50053—94 《10kV 及以下变电所设计规范》
GB 50054—2011 《低压配电设计规范》
GB 50055—2011 《通用用电设备配电设计规范》
GB 50060—2008 《3～110kV 高压配电装置设计规范》
GB/T 50062—2008 《电力装置的继电保护和自动装置设计规范》
GB/T 50063—2008 《电力装置的电测量仪表装置设计规范》
DL/T 5222—2005 《导体和电器选择设计技术规定》
SH 3038—2000 《石油化工企业生产装置电力设计技术规范》

2　变、配电所布置

本章所述变配电所，指的是石化企业内部二级变电所或装置变电所。

2.1　变配电所配电设备

变配电所布置的主要设备有：

6(10)kV 成套配电装置，配电变压器，低压配电装置，6(10)kV 电容补偿装置，低压电容补偿装置，直流电源设备，EPS 或 UPS 电源装置，电动机软启动设备，电动机变频驱动设备，低压电动机群自动再启动装置，同步电动机的励磁装置，微机监控系统子站设备等。

大型装置(或联合装置)变配电所或区域性变电所可能还包括 35kV 配电装置和 35/6.3(10.5)kV 变压器。

2.2　布置要点

① 变电所一般为独立建筑物，布置在爆炸危险区域外。当布置在生产装置的附加 2 区时，应将室内地面抬高 0.6m(指设备层)以上，如果底层为电缆夹层，则夹层地面通常应抬高 0.2m(以上指相对于室外地面)以上。

② 设备层为单层布置时，若室内为电缆沟，变压器室宜采用低式(半敞开式)布置；若底层为电缆室，变压器室宜高式(封闭式)布置。

③ 设备层需要二层布置时，建筑物可为三层结构或四层结构。

三层结构：中间为电缆室，底层(设备层)有电缆沟。通常高压配电室在上层，低压配电室和变压器室在下层，变压器采用低式布置。

四层结构：底层和第三层为电缆室，二、四层为设备层。通常高压配电在上层，低压配

电和变压器室在下层，变压器采用高式布置。上下建筑可不同宽度(上部少变压器室的宽度3.6～3.9m)

④ 如果采用干式变压器将低压配电室和变压器布置在最上层，高压配电室及其他设备布置在下面，只要面积分配合适，也是可行的。

⑤ 高、低压配电装置可共室布置，各为一列；同一列布置时，对于封闭式高、低压成套装置，二者间距不宜小于1m。高、低压配电装置的外壳防护等级不低于IP2X级。

⑥ 配电室、变压器室通道上方裸带电体距地面的高度不应低于2.5m，当低于2.5m时，应设置IPXXB或IP2X级的遮栏或外护物。遮栏或外护物底部距地面的高度不应低于2.2m。

⑦ 低压配电装置长度大于6m时，盘后应设两个出口；当两个出口距离超过15m时，应在中间增加出口(断开布置)。

⑧ 电容补偿装置：6(10)kV电容补偿装置宜布置在单独的电容器室内，低压补偿装置可与低压配电屏同列布置。

⑨ 成排布置的配电屏前后通道最小宽度

a. 成排布置的低压配电屏前后通道最小宽度应满足GB 50054—2011《低压配电设计规范》表4.2.5规定的要求。

b. 成排布置的高压金属封闭配电装置前后通道最小宽度，应满足GB 50060—2008《3～110kV高压配电装置设计规范》表5.4.4规定的要求。

⑩ 屋内油浸变压器与变压器室四周墙壁最小净距应满足GB 50060—2008《3～110kV高压配电装置设计规范》第5.4.5条的规定。

⑪ 与建筑、结构有关的问题

a. 配电室长度大于7m，设两个通向外部的出口。长度大于60m的高压配电装置室宜设置三个出口。

若为2层及以上布置时，通常设置一个内楼梯，一个外楼梯；并设置设备吊装平台。

b. 配电变压器室的尺寸：通常为3.3m×3.6m，3.3m×3.9m，3.9m×4.2m；4.2m×4.5m。

c. 建筑层高：高、低压配电室、高压电容器室，梁底净高不小于3.5m；电缆室的梁底净高不小于1.9m。

d. 设备计算用荷重：高压开关柜、高压电容器柜前后每边4900N/m，低压配电柜、低压电容器柜、控制屏：前后每边2000N/m，变压器基础按实际重量。

e. 耐火等级：油浸变压器室防火等级为1级，其余为2级。

f. 门、窗：变压器室、高压配电室的门应为防火门；变压器室、配电室、电容器室及控制室的门应向外开启，上述各室之间的门应双向开启。

高压配电室、电容器室设固定采光窗(≥1.8m高窗)；低压配电室、控制室设可开启采光窗，并应有纱窗，防止小动物进入。

电缆室设固定采光窗及通风百叶窗，并有防止小动物进入的措施。

g. 地面处理：电缆夹层：水泥压光地面；

高、低压配电室、电容器室：宜采用水磨石地面；

控制室、继电器室、值班室：应采用水磨石地面。

h. 配电装置室、电容器室、电缆夹层宜设事故排风装置，有人值班的控制室、继电器室宜配置空调设备。在采暖地区的的值班室、控制室应有采暖。其他房间一般不设采暖。但严寒地区，其室温影响电气设备正常运行时应有采暖措施。

3 系统主接线

3.1 35kV 成套配电装置

一般采用单母线分段接线，双电源受电，对重要的35kV 成套配电装置，当出线回路较多，且有自备发电机接入时，推荐采用双母线接线方式。

3.2 中压6(10)kV 配电系统

一般采用单母线分段接线，双电源受电；原则上，负荷有A/B泵者(即工作/备用)都应采用这种接线方式；通常分段开关设自动投入装置(ATS)个别装置变电所设自动快切装置(一般设在上级变电所)。

为三级负荷供电的变电所可采用单母线接线，如为家属宿舍、生活辅助设施、制氧厂、部分罐区等。

3.3 低压0.38kV 配电系统

同中压系统主接线。但当负荷较小时，双电源中其中之一可以是一根联络线，而不设两台变压器。非重要负荷可只有一回电源进线、单母线接线。

3.4 同一生产系统的用电设备供电规则

同一生产系统的用电设备宜连接在同一段母线上。中压用电设备的低压辅机应与中压电源为同一系统。

3.5 配电变压器一次侧开关装设

配电系统没有采用微机“五防”配置且配电变压器与6(10)kV 配电装置不在同一建筑物内时；

3.6 电源电缆

电缆截面应满足当一回线停运时，另一回线路应能带全部负荷运行(指允许载流量)，当正常两回线运行时宜按经济电流密度校验导体截面。

4 中压6~35kV 电器及导体选择

4.1 选择及校验项目

常用中压电气设备选择及校验的项目见表8-1。

表8-1 中压电气设备选择校验项目表

设备名称	额定电压	额定电流	短路电流校验				其 他
			分断	关合	动稳定	热稳定	
断路器	○	○	○	○	○	○	使用环境
负荷开关	○	○	○	○	○	○	
隔离开关	○	○			○	○	
熔断器	○	○	○		○		
限流电抗器	○	○			○	○	

续表

设备名称	额定电压	额定电流	短路电流校验				其　他
			分断	关合	动稳定	热稳定	
电流互感器	○	○			○	○	使用环境，二次负荷
电压互感器	○						
支柱绝缘子	○				○		
穿墙套管	○	○			○	○	使用环境
母线		○			○	○	
电力电缆	○	○				○	

注：○表示需要校验的项目。

4.2　选择及校验计算公式

4.2.1　高压断路器

除了按额定电压、额定电流选择外，还应校验以下项目：

4.2.1.1　开断电流

取断路器实际开断时间(继电保护动作时间与断路器固有分闸时间之和)的短路电流。

当实际开断时间在 0.1～0.2s 之间，可按相应时间的短路电流有效值($I_{0.1}$，$I_{0.15}$，$I_{0.2}$)进行校验；当实际开断时间小于 0.1s 时，则按短路全电流有效值 I_{CH} 来校验。

即：设备分断电流 31.5kA(25、40kA)$\geqslant I_{0.1}$($I_{0.15}$，$I_{0.2}$)

4.2.1.2　动稳定(负荷开关、隔离开关同)及关合电流

按式(8-1)校验

$$i_p \leqslant i_{max} \tag{8-1}$$

式中　i_p——计算的三相短路冲击电流，kA；

i_{max}——电气设备动稳定电流峰值，kA。

断路器的关合电流值与动稳定电流值相同。

4.2.1.3　热稳定(负荷开关、隔离开关同)

按式(8-2)校验

$$Q_t \leqslant I_t^2 \cdot t \tag{8-2}$$

式中　Q_t——短路电流热效应，$kA^2 \cdot s$；

I_t——电气设备在 t 时间内允许通过的热稳定电流，kA。

Q_t 按下式计算：

$$Q_t = Q_z + Q_f \tag{8-3}$$

$$Q_z = \frac{I''^2 + 10 I_{zt/2}^2 + I_{zt}^2}{12} \times t \tag{8-4}$$

$$Q_f = 0.05 \times I''^2 \tag{8-5}$$

式中　I''——超瞬变短路电流周期分量有效值，kA；

$I_{zt/2}$——短路电流在 $t/2$ 时的周期分量有效值，kA；

I_{zt}——短路持续时间 t 时的短路电流周期分量有效值，kA；

Q_z——短路电流周期分量热效应，$kA^2 \cdot s$；

Q_f——短路电流非周期分量热效应，$kA^2 \cdot s$。

对于无自备发电机、无同步电动机的石化企业，短路电流不衰减，即：

$$I'' = I_{zt/2} = I_{zt}$$

所以短路热效应计算简化为式(8－6)

$$Q_t = (t + 0.05) I''^2 \quad (8-6)$$

式中　t——短路电流持续时间，s。

当主保护为速断时，短路持续时间等于断路器的分闸时间与燃弧时间之和。常用断路器的分闸时间见表8－2。

表8－2　常用10kV断路器的分闸时间 t

断路器型号	分闸时间/ms	燃弧时间/ms	全分断时间/ms	生产厂家
3AH	40≤t≤60	≤15	≤75	西门子
3AE－SION	t≤65	≤15	≤80	西门子
VD4	40≤t≤60		≤75	ABB
LGDH(LVB)	t≤40		≤55	大连LG
EVH1	30≤t≤60		≤75	天水长城
ZN63A(VS1)	25≤t≤60	≤15	≤75	天水长城
VYG	20≤t≤50		≤65	北海银河
VCZ	19≤t≤60		≤75	河南长征
UVB	20≤t≤50	10～15	≤65	上海美电
ZN73A	t≤60		≤75	吉林永大
VY4G	t≤50		≤65	扬州万能
ZN63	20≤t≤65		≤80	宝鸡宝光
CSIS	20≤t≤50		≤65	贵州长征

注：断路器的燃弧时间一般不会超过15ms。

从表8－2可以看出，当主保护为速断时，短路持续时间 t 取0.1s是合适的。个别情况可取 t＝0.15s。

4.2.2　电流互感器

4.2.2.1　动稳定

按式(8－7a)、式(7－7b)校验

$$i_p \leqslant \sqrt{2} \times K_{dw} \times I_{n1} \times 10^{-3} \quad (8-7a)$$

式中　K_{dw}——互感器动稳定倍数，由样本查得；

I_{n1}——互感器一次额定电流，A；

i_p——计算的冲击短路电流，kA。

当样本中直接给出动稳定电流值 i_{peak}(峰值kA)时，则

$$i_p \leqslant i_{peak} \quad (8-7b)$$

4.2.2.2　热稳定

按式(8－8a)、式(8－8b)校验

$$Q_t \leqslant (K_t \times I_{n1} \times 10^{-3})^2 \times t \quad kA^2 \cdot s \tag{8-8a}$$

式中　K_t——互感器的1s热稳定电流倍数，由样本查得；

当样本中直接给出1s的热稳定电流值I_{th}(有效值，kA)时，则：

$$Q_t \leqslant I_{th}^2 \times 1 \quad kA^2 \cdot s \tag{8-8b}$$

4.2.2.3　测量用电流互感器二次负载(准确度)校验

详见本章附录“电流互感器二次负载计算”。

4.2.2.4　保护用电流互感器10%误差曲线校验

详见本章附录“电流互感器二次负载计算”。

4.2.3　电压互感器

户内成套配电装置内的电压互感器应采用树脂浇注绝缘结构的电磁式电压互感器。

用专用熔断器保护的电压互感器不用校验动稳定和热稳定。

4.2.3.1　电压互感器的应用与接线

① 一个单相电压互感器，如JDZ－6/0.1kV，或10/0.1kV，用于电源监视、自动快切装置等。

② 两个单相电压互感器2×JDZ，6/0.1kV或10/0.1kV，采用V－V接线，用于较为简单的变电所供保护和测量用(允许负荷为额定负荷的66.7%)。

③ 用三个单相电压互感器3×JDZJ，采用Y/y/d接线，一个二次绕组供测量和继电保护用；另一个二次绕组接成开口三角形，构成零序电压过滤器用作接地监视。

电压比为　$\frac{6(10)}{\sqrt{3}}/\frac{0.1}{\sqrt{3}}/\frac{0.1}{3}kV$

对中性点不接地、或经消弧线圈接地的系统，也可以用一个三相五柱式、三绕组电压互感器，完成上述功能。

对于中性点直接接地系统或小电阻接地系统，第二个二次绕组的额定电压为100V，即

电压比为　$\frac{110}{\sqrt{3}}/\frac{0.1}{\sqrt{3}}/0.1kV$

4.2.3.2　二次负载及准确度

企业变电所中测量及保护用电压互感器，二次负载比较小，一般都能满足准确度要求，可不用进行二次负载计算；但在二次侧接有事故照明或用作操作电源时，应校验电压互感器的准确度。

4.2.4　电力电缆

选择电缆时，要对其截面进行热稳定校验，详见第六章3.1.6节。

4.2.5　其他设备

其他电气设备的校验计算可直接查阅《设计手册》第五章有关公式和数据表。它们是：

① 支持绝缘子允许的短路峰值电流见表5－18、表5－19；

② 穿墙套管允许的短路峰值电流见表5－20、表5－21；

③ 铜母线允许的短路电流冲击值见表5－23；

④ 铜母线满足热稳定允许的短路电流有效值见表5－24；

⑤ 电力电缆满足热稳定允许的短路电流有效值见表5－25。

4.3 计算示例

【例1】 某企业变电所10kV母线(有自备发电机)最大运行方式下，短路电流如表8－3所示。

表8－3 短路持续时间与短路电流值

电流代号	I''	$I_{0.05}$	$I_{0.10}$	$I_{0.35}$	$I_{0.7}$	I_{∞}	i_p
电短路流/kA	33.40	31.4	27.78	19.2	17.4	16.81	79.79

注：系统 $I''=15.52$kA，发电机 $I''=5.5$kA，异步电动机 $I''=12.38$kA。

(1) 断路器校验

① 分断能力：

采用VD4型真空断路器，分断能力31.5kA，动稳定电流80kA(峰值)，1s热稳定电流31.5kA。

该断路器分断时间不大于50ms，所以短路持续时间为：

对于出线回路，主保护时间 $t=0$s，短路持续时间 $t=0.1$s；

对于进线回路，主保护时间 $t=0.6$s，短路持续时间 $t=0.7$s；

实际分断时间的短路电流 $I_{0.1}\approx 27.78$kA，$I_{0.7}=17.4$kA。

因为 $I_{0.1}\approx 27.78\text{kA}<31.5\text{kA}$，所以分断能力满足要求。

② 动稳定：

由于 $i_p=79.79\text{kA}<80\text{kA}$，满足动稳定要求

③ 热稳定：

短路热效应 Q_t 计算：取 $t=0.1$s(对于电动机、变压器等配出回路)。

对于进线断路器，短路持续时间 $t=0.7$s。

由式(8－4)求得短路电流周期分量热效应分别为：

对于出线断路器：

$$Q_z=\frac{33.40^2+10\times 31.4^2+27.78^2}{12}\times 0.1=97.89\ \text{kA}^2\cdot\text{s}\quad(t=0.1\text{s})$$

对于进线断路器：

$$Q_z=\frac{33.40^2+10\times 19.2^2+17.4^2}{12}\times 0.7=297.78\ \text{kA}^2\cdot\text{s}\quad(t=0.7\text{s})$$

非周期分量热效应：

$$Q_f=0.05\times I''^2=0.05\times 33.40^2=55.78\ \text{kA}^2\cdot\text{s}$$

所以， $Q_t=97.89+55.78=153.67\text{kA}^2\cdot\text{s}<31.5^2\times 1=992.25\text{kA}^2\cdot\text{s}$ 满足要求

或 $Q_t=297.78+55.78=353.56\text{kA}^2\cdot\text{s}<31.5^2\times 1=992.25\text{kA}^2\cdot\text{s}$ 满足要求

可见，选用31.5kA断路器满足要求。

(2) 电流互感器

① 动稳定：

选用LZZBJ9－10B2，最小变比50/1A，动稳定倍数为500倍。

$i_p = 79.79\text{kA} > i_{peak} = \sqrt{2} \times 500 \times 50 \times 10^{-3} = 35.35\text{kA}$，　不满足要求！

选用 LZZBJ9－10A1，50/1A，31.5kA，80kA。

$i_p = 79.79\text{kA} < i_{peak} = 80\text{kA}$ 满足要求。

② 热稳定（$t = 0.10\text{s}$）

选用 LZZBJ9－10A1 型电流互感器

由前计算得短路电流热效应：

$Q_t = 153.67\text{kA}^2 \cdot \text{s} < 31.5^2 \times 1 = 992.25\text{kA}^2 \cdot \text{s}$ 满足要求

但选用 LZZBJ9－10B2，最小变比 50/1A，动稳定、热稳定都不满足要求。

③ 几点结论

a. 过去生产的小额定电流的互感器都很难满足动稳定、热稳定要求，加大一次电流会使测量误差加大，甚至达到不可接受的程度；个别新产品性能大为改进，在 50A 及以上，已有 31.5kA，峰值电流 80kA 的产品。

b. 关于短路电流取值及持续时间的确定。

主保护为速断的末端负荷回路，短路持续时间按 0.10s 考虑，是可行的，因为现在使用的大多数断路器分断时间都在 60ms 以内，燃弧时间在 15ms 以内，所以短路持续时间应按 0.10s 计算，个别断路器可按 0.15s 计算。计算短路热效应的短路电流取母线短路电流对选择断路器、电流互感器、变电所内部的 6(10)kV 电缆是合适的。但校验距离较长的外部电缆应采用线路末端短路电流。

c. 本例短路热效应 Q_t 计算中，交流分量有效值包括了异步电动机的反馈电流，如果不包括（见《设计手册》P151），Q_t 值要略小一些。

(3) 中压 10kV 电力电缆

① 变配电所内部的电缆

配电变压器一次侧电缆、电容补偿装置的电源电缆，因为距离短，校验热稳定可以用变电所母线短路电流值。

满足热稳定要求的最小电缆截面按下式计算，即：

$$S_{\min} \geqslant \frac{\sqrt{Q_t}}{c} \times 10^3 = \frac{\sqrt{153.67}}{137} \times 10^3 = 90.5\text{mm}^2\text{，取 } 95\text{mm}^2$$

② 其他引到户外装置电动机的电缆：

因为距离长，短路电流有衰减，应采用线路末端的短路电流进行校验。

预选一根 $3 \times 70\text{mm}^2$ 铜芯电缆，280m，计算出末端短路电流如表 8－4。

表 8－4　电缆末端短路持续时间与电流

不同时间的短路电流	I''	$I_{0.05}$	$I_{0.10}$
电短路流/kA	25.64	23.08	21.48

短路热效应计算：

$$Q_z = \frac{25.64^2 + 10 \times 23.08^2 + 21.48^2}{12} \times 0.1 = 53.7\ \text{kA}^2 \cdot \text{s}$$

$$Q_f = 0.05 \times I''^2 = 0.05 \times 25.64^2 = 32.87\ \text{kA}^2 \cdot \text{s}$$

所以，$Q_t = 53.7 + 32.87 = 86.57 \quad kA^2 \cdot s$

满足热稳定要求的最小电缆截面：

$$S_{min} \geqslant \frac{\sqrt{Q_t}}{c} \times 10^3 = \frac{\sqrt{86.57}}{137} \times 10^3 = 67.9 \text{ mm}^2$$

可见，选择 $70mm^2$ 可以满足要求。

【例 2】 某企业变电所，变压器 S9 - 20000/35，20MVA，35/6.3kV，$u_k = 8\%$，一次侧最大短路容量 725MVA，没有自备发电机、没有大型同步电动机。校验该变电所断路器、电流互感器的规格及电缆最小截面。

【解】 这样的企业变电所，因为远离发电机电源，可视为无限大电网供电，其短路电流不衰减，设备校验计算要简单的多。校验步骤如下：

(1) 6.3kV 母线的短路电流

经计算 6.3kV 母线的短路电流为

$$I'' = I_t = I_\infty = 17kA, \ i_{ps} = \sqrt{2} \times 1.8 \times 17 = 43.26kA$$

异步电动机的反馈电流峰值 $i_{pm} = 20.4kA$。

总的冲击电流 $i_p = 43.26 + 20.4 = 63.66kA$。

短路电流热效应按式(8 - 6)计算，即：

$$Q_t = (t + 0.05) I''^2 = (0.1 + 0.05) \times 17^2 = 43.35 \ kA^2 \cdot s \quad (\text{取 } t = 0.1s)$$

或 $$Q_t = (0.15 + 0.05) \times 17^2 = 57.8 \quad kA^2 \cdot s \quad (\text{取 } t = 0.15s)$$

式中，t 为短路电流持续时间，s

(2) 断路器校验

选 VD4，25kA。动稳定电流 63kA，热稳定 25kA/1s 断路器

① 分断能力：25kA > 17kA 满足要求；

② 动稳定：$63kA \approx i_p = 63.66kA$

③ 热稳定：$57.8kA^2 \cdot s < 25^2 \times 1 = 625kA^2 \cdot s$，满足要求。

可见，选用分断能力 25kA 的断路器可以满足要求。但实际工程中，考虑到系统容量的发展、设备的互换性以及价格上与 31.5kA 断路器相差不大等因素，选用较大一级的 31.5kA 断路器比较适宜。

(3) 电流互感器

① 动稳定：

选用 LZZBJ9 - 10A1，50/1A，31.5kA，80kA。

$i_p = 63.66kA < i_{peak} = 80kA$，满足要求。

② 热稳定(t = 0.15s)：

选用 LZZBJ9 - 10A1 型电流互感器。

由前计算得短路电流热效应：

$Q_t = 57.8kA^2 \cdot s < 31.5^2 \times 1 = 992.25kA^2 \cdot s$，满足要求。

(4) 6kV 电力电缆

满足热稳定要求的最小电缆截面按下式计算，即：

$$S_{\min} \geqslant \frac{\sqrt{Q_t}}{c} \times 10^3 = \frac{\sqrt{43.35}}{137} \times 10^3 = 48\text{mm}^2 \quad 取 50\text{mm}^2 \quad (t = 0.1\text{s})$$

或 $$S_{\min} \geqslant \frac{\sqrt{Q_t}}{c} \times 10^3 = \frac{\sqrt{57.8}}{137} \times 10^3 = 55\text{ mm}^2 \quad 取 50\text{mm}^2 \quad (t = 0.15\text{s})$$

因为计算短路热效应这里采用的是母线短路电流，而校验电缆最小截面应采用线路末端的短路电流，所以在 $t = 0.15$s 计算的最小截面虽然为 55mm^2，略大于 50mm^2，仍然选用 50mm^2。

对于仅由电力系统供电的企业变电所，满足热稳定要求的线路末端最大短路电流与电缆最小截面选择结果见第六章表 6-5。

5 低压配电设备选择

5.1 低压断路器选择

5.1.1 选用原则

① 变压器二次侧的总进线及母线分段断路器选用空气断路器，低压配出回路选用塑壳断路器。

② 配电线路(如为空调机、动力箱、照明箱、直流电源装置等供电的线路)应选用配电型塑壳断路器，电动机回路应选用电动机用塑壳断路器。

③ 仅用于短路保护时，应选用只带电磁脱扣器的断路器。

④ 在需要兼作接地保护且动作时间满足规范要求时，可选用带复式脱扣器(热脱扣和电磁脱扣)的断路器。

⑤ 保护电动机的瞬动脱扣器的整定电流应按电动机启动电流的 2～2.5 倍，推荐取 2.2 倍；相应脱扣器的额定电流应满足式(8-9)要求：

$$I_n \geqslant \frac{2.2 I_{st}}{K_{sd}} = \frac{2.2 K_{st}}{K_{sd}} \times I_r \tag{8-9}$$

式中 I_r——电动机额定电流，A；

I_{st}——电动机启动电流，A；

K_{st}——电动机启动电流倍数；

K_{sd}——断路器瞬动电流倍数。

⑥ 保护配电线路的的瞬动脱扣器整定电流一般为脱扣器额定电流的 5～8 倍。

5.1.2 低压进线和分段断路器选择与整定

以 ABB 公司的低压断路器为例，说明其选择和整定应注意的事项。

5.1.2.1 保护的配置

用于变压器低压侧的进线断路器，由于高压侧已经有完善的保护，通常只需配置过载保护和短路短延时保护。因为与下级出线断路器的配合问题，不能设速断保护，否则在出线附近故障时会失去选择性。

选用 PR122/P 有 L、S、I 三段保护的电子脱扣器可满足要求。

分段断路器的过载保护已没有意义，可设定与进线相同，便于与进线断路器互换；短延时保护动作值与进线同，但时间定值要短一些，以便与进线断路器配合。

5.1.2.2 应用举例

变压器 1000kVA，阻抗 4.5%，电压 6/0.4kV，一次/二次侧额定电流为 96.2A/1443A，低压母线最大三相短路电流 26.81kA，最小 24.5kA

以 ABB 电气公司空气断路器为例，选用 E2N 断路器配 PR122/P 电子脱扣器

$I_u=2000A$，$I_n=2000A$，分断电流 50kA。

本例也可以选用 EIB，分断电流 50kA，$I_u=1600A$，$I_n=1600A$，但没有发展余地，当变压器改为 1250kVA，E2N(2000A) 仍然可用，只需改变 I_1、I_2 设定值。

(1) 进线断路器

① 过载保护的设定——L 功能：

$$I_1=(1.05\times1.05\times I_{tn})/I_n=(1.1025\times1443)/2000=1590.9=0.795I_n$$

式中第一个系数 1.05 为可靠系数，第二个 1.05 是变压器回路最大工作电流为额定电流的 1.05 倍。

取 $I_1=0.80I_n=1600A$（步长为 $0.01I_n$）。

该断路器过载保护为反时限，特性为 $I^2\times t=k$。

取 $t_1=15s$（3 倍 I_1 时）整定范围 3～144s，步长 3s。

验算是否满足：

应当与短延时保护相配合，即当低压母线最大三相短路时，动作时间不小于 0.4s

并且要躲过大型电动机启动时间和电机群自启动时间。

当二次侧最大短路时，$I_k=26810A/1600=16.75I_1$。

当 $t_1=15s$，$k=(3I_1)^2\times15=135I_1^2$。

当低压母线最大三相短路时保护动作时间：

$t=135I_1^2/(16.75I_1)^2=0.48s>0.4s$，基本满足要求。

取 $t_1=18s$，$k=(3I_1)^2\times18=162I_1^2$。

当低压母线最大三相短路时，保护动作时间：

$t=162I_1^2/(16.75I_1)^2=0.58s>0.4s$，满足要求。

低压电动机启动时间一般为 5～12s，且此时过载倍数远不会超过变压器额定电流的 3.1 倍，$3I_1/(1.05\times1443)=3\times1600/1520=3.16$，满足要求。

配电变压器的过载能力，见表 8－5。

表 8－5 配电变压器过载状况与允许过载时间

变压器型式	油浸变压器					干式变压器				
过载状况/%	130	145	160	175	200	120	130	140	150	160
允许时间/min	120	80	45	20	10	60	45	32	18	5

可见按照变压器过载能力，过载保护时间可以长得多。

当 $t_1=18s$，变压器过载 30% 时，保护动作时间：

$t=(3^2\times18\times I_1^2)/(1.3\times1520\div1600)^2I_1^2=106s$

值得注意的是，变压器低压侧断路器的过载保护动作时间应当与高压侧过载保护协调一致，整定值相同(或基本相同－折算到高压侧)，动作时间也应相同或高压侧动作时间略长于低压侧。

② 短路短延时保护设定——S 功能：

$$I_2=(1.2\times3.0\times I_{tn})/I_n=(1.2\times3.0\times1520)/2000=2.74I_n$$

取 $I_2=3.0I_n=6000A$(步长为 0.1)

I_2 的整定要躲过大型电动机启动电流或电机群自启动电流(过负荷系数 3.0 就是考虑上述因素)；当灵敏度足够大的情况下，I_2 的整定值还可适当加大，例如取 $I_2=3.5I_n$

$t_2=0.4s$，定时限。

校验灵敏度：

二次侧最小短路时，$I_k=24.5kA$，

所以，$K_L=0.866\times24500/6000=3.53>1.3$，满足要求。

③ 短路瞬动——I 功能(关断)：

如果设定，则躲过二次侧最大三相短路电流，即使该保护不起作用。

$I_3=(1.5\times I_k)/I_n=(26810\times1.5)/2000=20.1$ 倍，超过了整定范围。

取 $I_3=15I_n$，(设定范围最大为 15 倍)，但 15 倍并没有躲过二次侧最大短路电流，所以必须关断，否则将失去选择性。

式中，I_k 为低压母线最大三相短路电流

PR122/P 电子脱扣器的其他保护功能(接地、剩余电流、不平衡)关断

(2) 分断断路器

断路器的型号、规格及配带电子脱扣器与进线断路器相同。

$I_u=2000A$，$I_n=2000A$，整定值如下：

$I_1=0.8I_n=1600A$，$t_1=18s$(3 倍 I_1 时)；

$I_2=3.0I_n=6000A$，$t_2=0.2s$，定时限；

$I_3=15.0I_n$，关断。

PR122/P 电子脱扣器的其他保护功能(接地、剩余电流、不平衡)关断。

(3)在单线系统图上的说明(以 1250kVA 变压器为例)

进线与分段断路器选用 ABB 空气断路器，E_{max} 系列，E3N25，$I_u=2500A$，$I_n=2500A$。

配套 PR122/P－LSI 电子脱扣器，保护整定如下：

进线——$I_1=0.80I_n=2000A$，$t_1=15s$($3I_1$ 时)，$I_2=3.2I_n=8000A$，$t_2=0.4s$，定时限。

分段——$I_1=0.80I_n=2000A$，$t_1=15s$($3I_1$ 时)，$I_2=3.2I_n=8000A$，$t_2=0.2s$，定时限。

其余保护功能关断。

常用几种配电变压器二次侧进线及分段断路器选择和保护整定值见表 8－6～表 8－9。

表 8-6　变压器二次侧进线、分段开关选用 ABB 断路器结果表

变压器容量/kVA	二次侧额定/短路电流/A	进线断路器选型	分段断路器选型	电子脱扣器选型 PR-	进线断路器设定值/A				分段断路器设定值/A			
					I_n	I_1/t_1	I_2/t_2	I_3	I_n	I_1/t_1	I_2/t_2	I_3
250	361	E1B-800	E1B-800	122/P LSI	630	$0.63I_n$/27s	$2.5I_n$/0.4s	$15.0I_n$ 关断	630	$0.63I_n$/27 s	$2.5I_n$/0.2s	$15.0I_n$ 关断
315	455	E1B-800	E1B-800	122/P LSI	630	$0.80I_n$/24s	$3.2I_n$/0.4s	$15.0I_n$ 关断	630	$0.80I_n$/24s	$3.2I_n$/0.2s	$15.0I_n$ 关断
400	577	E1B-800	E1B-800	122/P LSI	800	$0.80I_n$/24 s	$3.2I_n$/0.4s	$15I_n$ 关断	800	$0.80I_n$/24 s	$3.2I_n$/0.2s	$15I_n$ 关断
500	722	E1B-1000	E1B-1000	122/P LSI	1000	$0.80I_n$/24 s	$3.2I_n$/0.4s	$15I_n$ 关断	1000	$0.80I_n$/24 s	$3.2I_n$/0.2s	$15I_n$ 关断
630	909	E1B-1250	E1B-1250	122/P LSI	1250	$0.80I_n$/18 s	$3.2I_n$/0.4s	$15I_n$ 关断	1250	$0.80I_n$/18 s	$3.2I_n$/0.2s	$15I_n$ 关断
800	1155	E1N-1600	E1N-1600	122/P LSI	1600	$0.80I_n$/18 s	$3.2I_n$/0.4s	$15I_n$ 关断	1600	$0.80I_n$/18 s	$3.2I_n$/0.2s	$15I_n$ 关断
1000	1443	E2N-2000	E2N-2000	122/P LSI	2000	$0.80I_n$/18s	$3.2I_n$/0.4s	$15.0I_n$ 关断	2000	$0.80I_n$/18 ss	$3.2I_n$/0.2s	$15.0I_n$ 关断
1250	1804	E3N-2500	E3N-2500	122/P LSI	2500	$0.80I_n$/15s	$3.2I_n$/0.4s	$15.0I_n$ 关断	2500	$0.80I_n$/15 s	$3.2I_n$/0.2s	$15.0I_n$ 关断
1600	2300	E3S-3200	E3S-3200	122/P LSI	3200	$0.80I_n$/12 s	$3.2I_n$/0.4s	$15.0I_n$ 关断	3200	$0.80I_n$/12 s	$3.2I_n$/0.2s	$15.0I_n$ 关断
2000	2890	E4S-4000	E4S-4000	122/P LSI	4000	$0.80I_n$/12s	$3.2I_n$/0.4s	$15.0I_n$ 关断	4000	$0.80I_n$/12s	$3.2I_n$/0.2s	$15.0I_n$ 关断

注：(1) 采用 PR122/P LSI 电子脱扣器，瞬动保护功能应关断；(如果是 Y/Yn 变压器可选用 PR121/P LSIG 带接地保护的电子脱扣器)

(2) 过载保护整定时间 t_1 指的是 $3I_1$ 的动作时间(反时限)。

整定原则：当低压母线最大三相短路时，动作时间不小于 0.5s，为的是与短延时保护 0.4s 相配合。(各变压器二次母线短路电流值见《设计手册》表 4-28 至 4-30)。

(3) 短延时的时间 t_2 设定有定时限 $t=k$ 和反时限 $t=k/I^2$ 两种，推荐定时限。

(4) 所有设定值都可在现场完成，但断路器的选型(指 E2N)和 I_u、I_n 及电子脱扣器的选型必须定货时确定。

(5) 进线和分段断路器的 I_u、I_n 选择相同，是便于互换；但设定值可不同，可现场定。

(6) 在系统单线图上对断路器选型及整定的说明见 5.1.2.2 条(3)。

表 8-7　变压器二次侧进线、分段开关选用施耐德断路器结果表

变压器容量/kVA	二次侧额定/短路电流/A	进线断路器选型	分段断路器选型	电子脱扣器选型 Micrologic	进线断路器设定值/A				分段断路器设定值/A			
					I_n	I_r/t_r	I_{sd}/t_{sd}	I_i	I_n	I_r/t_r	I_{sd}/t_{sd}	I_i
250	361	MT06N1-630	MT06N1-630	5.0	630	0.63I_n/8s	4.0Ir/0.4s	15.0I_n 关断	630	0.63I_n/8s	4.0Ir/0.2s	15.0I_n 关断
315	455	MT06N1-630	MT06N1-630	5.0	630	0.80I_n/8s	4.0Ir/0.4s	15.0I_n关断	630	0.80I_n/8s	4.0Ir/0.2s	15.0I_n关断
400	577	MT08N2-800	MT08N2-800	5.0	800	0.80I_n/8 s	4.0Ir/0.4s	15I_n关断	800	0.80I_n/8 s	4.0Ir/0.2s	15I_n关断
500	722	MT10N2-1000	MT10N2-1000	5.0	1000	0.80I_n/8 s	4.0Ir/0.4s	15I_n关断	1000	0.80I_n/8 s	4.0Ir/0.2s	15I_n关断
630	909	MT12N2-1250	MT12N2-1250	5.0	1250	0.80I_n/8 s	4.0Ir/0.4s	15I_n关断	1250	0.80I_n/8 s	4.0Ir/0.2s	15I_n关断
800	1155	MT16N2-1600	MT16N2-1600	6.0	1600	0.80I_n/4 s	4.0Ir/0.4s	15I_n关断	1600	0.80I_n/4 s	4.0Ir/0.2s	15I_n关断
1000	1443	MT20H1-2000	MT20H1-2000	6.0	2000	0.80I_n/4 s	4.0Ir/0.4s	15.0I_n关断	2000	0.80I_n/4 s	4.0Ir/0.2s	15.0I_n关断
1250	1804	MT25H1-2500	MT25H1-2500	6.0	2500	0.80I_n/4 s	4.0Ir/0.4s	15.0I_n关断	2500	0.80I_n/4 s	4.0Ir/0.2s	15.0I_n关断
1600	2300	MT32H1-3200	MT32H1-3200	6.0	3200	0.80I_n/4 s	4.0Ir/0.4s	15.0I_n关断	3200	0.80I_n/4 s	4.0Ir/0.2s	15.0I_n关断
2000	2890	MT40H1-4000	MT40H1-4000	6.0	4000	0.80I_n/4 s	4.0Ir/0.4s	15.0I_n关断	4000	0.80I_n/4 s	4.0Ir/0.2s	15.0I_n关断

注：(1) 不宜采用脱扣器 Micrologic2.0 因为没有短延时保护功能。

(2) 采用 Micrologic5.0(6.0)电子脱扣器，瞬动保护功能应关断。

(3) 过载保护整定时间 tr 指的是 6Ir 的动作时间(反时限)。

整定原则：当低压母线最大三相短路时，动作时间不小于0.5s，为的是与短延时保护时间 tsd=0.4s 相配合。(各变压器二次母线短路电流值见《设计手册》表4-28 至4-30)。

(4) 短延时的时间设定有定时限 $t=k$ 和反时限 $t=k/I^2$ 两种，推荐定时限。反时限关断。

(5) 所有设定值都可在现场完成，但断路器的选型(如 MT20H1-2500)和 I_n 及配套电子脱扣器的选型必须定货时确定。

(6) 进线和分段断路器的型号及 I_n 选择相同，是便于互换；但设定值略有不同。

(7) 在系统单线图上对断路器选型及整定的说明 见5.1.2.2 条(3)。

表 8-8 变压器二次侧进线、分段开关选用金钟默勒断路器结果表

变压器容量/kVA	二次侧额定/短路电流/A	进线断路器选型	分段断路器选型	电子脱扣器选型 Micrologic	进线断路器设定值/A				分段断路器设定值/A			
					I_n	I_r/t_r	I_{sd}/t_{sd}	I_i/kA	I_n	I_r/t_r	I_{sd}/t_{sd}	I_i/kA
250	361	IZMB5 - D630	IZMB5 - D630		630	$0.63I_n/8s$	$2.5I_n/0.4s$	40 关断	630	$0.63I_n/8s$	$2.5I_n/0.2s$	40 关断
315	455	IZMB5 - D630	IZMB5 - D630		630	$0.80I_n/6s$	$3.2I_n/0.4s$	40 关断	630	$0.80I_n/6s$	$3.2I_n/0.2s$	40 关断
400	577	IZMB5 - D800	IZMB5 - D800		800	$0.80I_n/6\ s$	$3.2I_n/0.4s$	40 关断	800	$0.80I_n/6\ s$	$3.2I_n/0.2s$	40 关断
500	722	IZMB5 - D1000	IZMB5 - D1000		1000	$0.80I_n/6\ s$	$3.2I_n/0.4s$	40 关断	1000	$0.80I_n/6\ s$	$3.2I_n/0.2s$	40 关断
630	909	IZMB5 - D1250	IZMB5 - D1250		1250	$0.80I_n/6\ s$	$3.2I_n/0.4s$	40 关断	1250	$0.80I_n/6\ s$	$3.2I_n/0.2s$	40 关断
800	1155	IZMN5 - D1600	IZMN5 - D1600		1600	$0.80I_n/4\ s$	$3.2I_n/0.4s$	44 关断	1600	$0.80I_n/4\ s$	$3.2I_n/0.2s$	44 关断
1000	1443	IZMN6 - D2000	IZMN6 - D2000		2000	$0.80I_n/4\ s$	$3.2I_n/0.4s$	44 关断	2000	$0.80I_n/4\ s$	$3.2I_n/0.2s$	44 关断
1250	1804	IZMN6 - D2500	IZMN6 - D2500		2500	$0.80I_n/4\ s$	$3.2I_n/0.4s$	44 关断	2500	$0.80I_n/4\ s$	$3.2I_n/0.2s$	44 关断
1600	2309	IZMN7 - D3200	IZMN7 - D3200		3200	$0.80I_n/4\ s$	$3.2I_n/0.4s$	64 关断	3200	$0.80I_n/4\ s$	$3.2I_n/0.2s$	64 关断
2000	2890	IZMN7 - D4000	IZMN7 - D4000		4000	$0.80I_n/4\ s$	$3.2I_n/0.4s$	80 关断	4000	$0.80I_n/4\ s$	$3.2I_n/0.2s$	80 关断

注：(1) 保护及控制单元选型采用 IZM58 - XZD。

(2) 过载保护整定时间 t_r 指的是 $6I_r$ 的动作时间(反时限)。

整定原则:当低压母线最大三相短路时,动作时间不小于0.5s，为的是与短延时保护时间 t_{sd} =0.4s 相配合。(各变压器二次母线短路电流值见《设计手册》表4-28至4-30)。

(3) 短延时的时间 t_{sd} 设定按定时限(100,200,300,400ms),反时限功能关断。

(4) 所有设定值都可在现场完成,但断路器的选型(如 IZMB2 - U2500)和 I_n 必须定货时确定。

(5) 进线和分段断路器的型号及 I_n 选择相同,是便于互换;但设定值略有不同。

(6) 在系统单线图上对断路器选型及整定的说明见5.1.2.2条(3)。

表 8－9　变压器二次侧进线、分段开关选用西门子断路器结果表

变压器容量/kVA	二次侧额定/短路电流/A	进线、分段断路器选型	电子脱扣器选型 PR－	进线断路器设定值/A				分段断路器设定值/A			
				I_n	过载保护 I_R/t_R (3)	短延时 I_{sd}/t_{sd} (4)	瞬动 I_i	I_n	过载保护 I_R/t_R (3)	短延时 I_{sd}/t_{sd} (4)	瞬动 I_i
250	361	3WL1105－B 55kA	ETU25B	500	$0.80I_n/10s$	$3.0I_n/0.4s$	$0.8I_{cs}$关断	630	$0.80I_n/25s$	$3.0I_n/0.2s$	$0.8I_{cs}$关断
315	455	3WL1106－B 55kA	ETU25B	630	$0.80I_n/10s$	$3.0I_n/0.4s$	$0.8I_{cs}$关断	630	$0.80I_n/21s$	$3.0I_n/0.2s$	$0.8I_{cs}$关断
400	577	3WL1108－B 55kA	ETU25B	800	$0.80I_n/10s$	$3.0I_n/0.4s$	$0.8I_{cs}$关断	800	$0.80I_n/21s$	$3.0I_n/0.2s$	$0.8I_{cs}$关断
500	722	3WL1110－B 55kA	ETU25B	1000	$0.80I_n/10s$	$3.0I_n/0.4s$	$0.8I_{cs}$关断	1000	$0.80I_n/21s$	$3.0I_n/0.2s$	$0.8I_{cs}$关断
630	909	3WL1112－B 55kA	ETU45B/LCD	1250	$0.80I_n/5.5s$	$3.0I_n/0.4s$	$0.8I_{cs}$关断	1250	$0.80I_n/17s$	$3.0I_n/0.2s$	$0.8I_{cs}$关断
800	1155	3WL1116－B 55kA	ETU45B/LCD	1600	$0.80I_n/5.5s$	$3.0I_n/0.4s$	$0.8I_{cs}$关断	1600	$0.80I_n/17s$	$3.0I_n/0.2s$	$0.8I_{cs}$关断
1000	1443	3WL1220－N 66kA	ETU45B/LCD	2000	$0.80I_n/5.5s$	$3.0I_n/0.4s$	$0.8I_{cs}$关断	2000	$0.80I_n/14s$	$3.0I_n/0.2s$	$0.8I_{cs}$关断
1250	1804	3WL1225－N 66kA	ETU45B/LCD	2500	$0.80I_n/3.5s$	$3.0I_n/0.4s$	$0.8I_{cs}$关断	2500	$0.80I_n/14s$	$3.0I_n/0.2s$	$0.8I_{cs}$关断
1600	2300	3WL1232－N 66kA	ETU45B/LCD	3200	$0.80I_n/3.5s$	$3.0I_n/0.4s$	$0.8I_{cs}$关断	3200	$0.80I_n/14s$	$3.0I_n/0.2s$	$0.8I_{cs}$关断
2000	2890	3WL1240－N 66kA	ETU45B/LCD	4000	$0.80I_n/3.5s$	$3.0I_n/0.4s$	$0.8I_{cs}$关断	4000	$0.80I_n/10s$	$3.0I_n/0.2s$	$0.8I_{cs}$关断

注：(1) 采用 ETU25B 或 ETU45B－LSI 电子脱扣器，瞬动保护功能应关断；(如果是 Y/Yn 变压器可选用 ETU45B－LSIN 带接地保护的电子脱扣器)。

(2) 过载保护整定时间 t_r 指的是 $6I_r$ 的动作时间(反时限)。

整定原则：当低压母线最大三相短路时，动作时间不小于 0.5s，为的是与短延时保护时间 $t_{sd}=0.4s$ 相配合。(各变压器二次母线短路电流值见《设计手册》表 4－28 至 4－30)。

(3) 短延时的时间设定有定时限 $t=k$ 和反时限 $t=k/I^2$ 两种，推荐定时限，反时限功能关断。

(4) 所有设定值都可在现场完成，但断路器的选型(指 3WL)和 I_n max、I_n 及电子脱扣器的选型必须定货时确定。

(5) 进线和分段断路器的 I_n max、I_n 选择相同，是便于互换；但设定值可不同，可现场定。

(6) 在系统单线图上对进线、母线分段断路器选型及整定的说明见 5.1.2.2 条(3)。

5.1.3 电动机保护用断路器选择与整定

5.1.3.1 选择与整定原则

① 分断能力 $I_{cu} \geqslant I_k$ - 变压器二次侧母线最大三相短路全电流有效值。

② 电动机回路设置的微机综合保护器，承担过载、接地、不平衡等保护功能。

③ 断路器是相间短路故障的保护电器，设置有微机综合保护装置的电动机回路，断路器可选择单电磁脱扣器，用于速断保护，其整定值应满足：a. 躲过电动机的启动电流，并考虑非周期分量的影响，一般按电机启动电流的2.2倍整定(规范规定按2.0～2.50倍)；b. 在配电线路末端两相短路时，速断保护灵敏度不小于1.3。

5.1.3.2 选择与整定计算(以 ABB 塑壳断路器 T_{max} 为例)

某电动机配电回路，90kW，167A，启动电流 1169A，选用 3×95 交联铜芯电缆，长 250m，末端两相短路电流 2870A。瞬动整定值 $I_3 = 2.2 \times 1169 = 2572A$。

选 T3 可调型单磁脱扣器(MA) $I_n = 200A$，瞬动整定值取 $12I_n = 2400A$，这是最大整定值，因为 T3 瞬动整定范围为 $6I_n \sim 12I_n$，此时 $2400/1169 = 2.05 < 2.2$，此值可能偏小。

选 T4 - MA，$I_n = 200A$，瞬动整定值取 $I_3 = 13I_n = 2600A$，即 $2600/1169 = 2.22$ 倍。

(T4 瞬动整定范围为 $6I_n \sim 14I_n$)。

一次系统图上表示：左侧设备栏 T4 - 250MA，200/2600。

常用几种保护电动机的塑料壳断路器选择结果见表 8 - 10 ~ 表 8 - 13。

表 8 - 10 电动机保护用 ABB 断路器、接触器选择表

序号	电动机			塑壳断路器 MCCB		接触器	对断路器的说明
	额定功率/kW	额定电流/A	启动电流/A	型号	磁脱扣器整定值 I_3/A	型号	
1	0.37	1.1	7.0	T2S160MF1.6	21	A9	MF - 不可调单电磁脱扣器
2	0.55	1.5	9.0		21		
3	0.75	2.0	12	T2S160MF2	26		
4	1.1	2.7	16.9	T2S160MF3.2	42		
5	1.5	3.7	24	T2S160MF4	52	A16	MF - 不可调单电磁脱扣器
6	2.2	5.0	35	T2S160MF6.5	78	A26	
7	3	6.8	47.6	T2S160MF8.5	110	A26	
8	4	8.8	61.6	T2S160MF11	145	A30	
9	5.5	11.6	81.2	T2S160MA20	180	A30	MA - 可调单电磁脱扣器
10	7.5	15.4	107.8	T2S160MA20	240	A30	
11	11	22.6	158.2	T2S160MA32	352	A30	
12	15	30.3	212.1	T2S160MA52	468	A50	
13	18.5	35.9	251.3	T2S160MA52	572	A50	
14	22	42.5	297.5	T2S160MA52	676	A50	
15	30	56.9	398.3	T2S160MA80	880	A63	
16	37	69.8	488.6	T2S160MA100	1100	A75	
17	45	84.2	589.4	T3S250MA160	1280	A95	
18	55	102.7	718.9	T3S250MA160	1600	A110	
19	75	140.1	980.7	T4S250MA200	2200	A185	
20	90	167	1169	T4S320PR221 - I $I_n = 320$	2560	A185	也可选 T4S250MA 200，$I_3 = 2600A$

续表

序号	电动机			塑壳断路器 MCCB		接触器型号	对断路器的说明
	额定功率/kW	额定电流/A	启动电流/A	型　　号	磁脱扣器整定值 I_3/A		
21	110	203	1380.4	T5S400PR221 - I $I_n = 400$	3000	A260	电子脱扣器
22	132	242.3	1647.6	T5S400PR221 - I $I_n = 400$	3600	A260	
23	160	292.1	1986.3	T5S630PR221 - I $I_n = 630$	4410	AF400	
24	185	337.8	2297	T5S630PR221 - I $I_n = 630$	5040	AF400	
25	200	365.2	2483.3	T5S630PR221 - I $I_n = 630$	5355	AF400	

注：(1) 表中断路器的分断能力 I_{cu} 按 S 级 -50kA，此参数选择与变压器容量有关。通常，可按以下等级执行：
变压器容量 $S_t \leqslant 500$kVA，$I_{cs} = I_{cu} = 36$kA，N 级；
变压器容量 $630 \leqslant S_t \leqslant 1250$kVA，$I_{cu} = 50$kA，S 级；
变压器容量 $S_t \geqslant 1600$kVA，$I_{cs} = I_{cu} = 70$kA，H 级。
(2) 瞬动整定值按电动机全压直接启动考虑，2 型配合。

表 8-11　电动机保护用施耐德断路器、接触器选择表

序号	电动机			塑壳断路器 MCCB		接触器型号	对断路器的说明
	额定功率/kW	额定电流/A	启动电流/A	型　号 NSX - N/H - MA	磁脱扣器整定值 I_m/A		
1	0.37	1.1	7.0	100　$I_n = 2.5$	15	LC1 - D09	
2	0.55	1.5	9.0		20		
3	0.75	2.0	12		27.5		
4	1.1	2.7	16.9	100　$I_n = 6.3$	37.8	LC1 - D32	
5	1.5	3.7	24		50.4		
6	2.2	5.0	35		75.6		
7	3	6.8	47.6	100 $I_n = 12.5$	100	LC1 - D40	
8	4	8.8	61.6		137.5		
9	5.5	11.6	81.2		175		
10	7.5	15.4	107.8	100 $I_n = 25$	250		
11	11	22.6	158.2		350		
12	15	30.3	212.1	100 $I_n = 50$	450	LC1 - D80	
13	18.5	35.9	251.3		550		
14	22	42.5	297.5		650		
15	30	56.9	398.3	100 $I_n = 100$	900		
16	37	69.8	488.6		1100		
17	45	84.2	589.4	100 $I_n = 100$	1300	LC1 - D115	
18	55	102.7	718.9	160 $I_n = 150$	1650	LC1 - D115	
19	75	140.1	980.7		2100	LC1 - F150	
20	90	167	1169	250 $I_n = 220$	2640	LC1 - F185	
21	110	203	1380.4		3080	LC1 - F225	

续表

序号	电动机			塑壳断路器 MCCB		接触器型号	对断路器的说明
	额定功率/kW	额定电流/A	启动电流/A	型 号 NSX－N/H－MA	磁脱扣器整定值 I_m/A		
22	132	242.3	1647.6	400 $I_n=320$①	3520	LC1－F265	$I_i=4800A$，不可调
23	160	292.1	1986.3	630 $I_n=500$①	4500	LC1－F330	$I_i=6500A$，不可调
24	185	337.8	2297		5000	LC1－F400	
25	200	365.2	2483.3		5500	LC1－F400	

注：(1) 表中断路器的分断能力 I_{cu} 选择 N(36kA)、SX(50kA)或 H(70kA)级，与变压器容量有关。通常，可按以下等级执行：

变压器容量 $S_t≤500kVA$，$I_{cs}=I_{cu}=36kA$，N 级；

变压器容量 $630≤S_t≤1250kVA$，$I_{cs}=I_{cu}=50kA$，SX 级；

变压器容量 $S_t≥1600kVA$，$I_{cs}=I_{cu}=70kA$，H 级。

(2) 上述断路器和接触器满足 2 型配合，即触点可能熔焊，但电动机回路在无需修理或更换部件的情况下继续使用。

(3) 瞬动整定值按电动机全压直接启动考虑，2 型配合。

① NSX400 和 NSX630 断路器配电子脱扣器 Micrologic1.3－M 脱扣单元，表中整定值为短延时 I_{sd}，延时时间 $t_{sd}=20ms$，最大分断时间 60ms。

表 8－12　电动机保护用金钟默勒断路器、接触器选择表

序号	电动机			塑壳断路器 MCCB		接触器型号	对断路器的说明
	额定功率/kW	额定电流/A	启动电流/A	型 号	磁脱扣器整定值 I_i/A		
1	0.37	1.0	7.0	PKZM0－1.0	14	DILM7	有过载保护
2	0.55	1.5	9.0	PKZM0－1.6	22		
3	0.75	1.9	13	PKZM0－2.5	35		
4	1.1	2.7	16.9	PKZM0－4	56		
5	1.5	3.7	24	PKZM0－4	56		
6	2.2	5.0	35	PKZM0－6.3	88		
7	3	6.8	47.6	PKZM0－10	140	DILM9	
8	4	8.8	61.6	PKZM0－10	140	DILM12	
9	5.5	11.6	81.2	PKZM0－12	168	DILM15	
10	7.5	15.4	107.8	PKZM0－16	224	DILM17	
11	11	22.6	158.2	PKZM0－25	350	DILM25	
12	15	30.3	212.1	PKZM0－32	448	DILM32	
13	18.5	35.9	251.3	LZMN1－S50	550	DILM40	无过载保护
14	22	42.5	297.5	LZMN1－S50	650	DILM50	
15	30	56.9	398.3	LZMN1－S63	882	DILM65	
16	37	69.8	488.6	LZMN1－S80	1120	DILM72	
17	45	84.2	589.4	LZMN1－S100	1300	DILM95	
18	55	102.7	718.9	LZMN2－S125	1625	DILM115	
19	75	140.1	980.7	LZMN2－S200	2200	DILM150	

续表

序号	电动机			塑壳断路器 MCCB		接触器型号	对断路器的说明
	额定功率/kW	额定电流/A	启动电流/A	型号	磁脱扣器整定值 I_i/A		
20	90	167	1169	LZMN3 - VE400	2590	DILM185	
21	110	203	1380.4	LZMN3 - VE400	3200	DILM225	有过载保护，可以关断将短延时保护功能电流和时间都整定为最大值
22	132	242.3	1647.6	LZMN3 - VE400	3600	DILM250	
23	160	292.1	1986.3	LZMN3 - VE400	4400	DILM300	
24	185	337.8	2297	LZMN3 - VE630	5040	DILM400	
25	200	365.2	2483.3	LZMN3 - VE630	5040	DILM400	

注：(1) 表中断路器的分断能力 I_{cu} 选择 N1、N2(50kA)、S(70kA)H1、H2(100kA)，与变压器容量有关。通常，可按以下规定执行：

变压器容量 $S_t \leqslant 1000$kVA，$I_{cs}=I_{cu}=50$kA；$S_t \geqslant 1250$kVA，$I_{cs}=I_{cu}=70$kA。

(2) 上述断路器和接触器满足 2 型配合，即触点可能熔焊，但电动机回路在无需修理或更换部件的情况下继续使用。

(3) 18.5kW 及以下电动机，采用电动机保护开关 PKZM0(PKZM4)，它带有过载保护，如果不用此功能(使过载保护不起作用——另装电动机保护器)，则要将设定值大于电机额定电流(该功能不能关断)；瞬动电流为额定电流的 14 倍，不可调。

(4) 90kW 及以上电动机的断路器宜配电子脱扣器

(5) VE630 最大瞬动整定电流 5040A(8 倍)。

(6) 瞬动整定值按电动机全压直接启动考虑。

表 8-13　电动机保护用西门子断路器、接触器选择表

序号	电动机			塑壳断路器 MCCB		接触器型号 3RT10	对断路器的说明
	额定功率/kW	额定电流/A	启动电流/A	型号 3RV10 - 3VL1 - 3VL4	磁脱扣器整定值/A		
1	0.37	1.1	7.0	3RV10　$I_n=1.25$A	16	16	MF—不可调单电磁脱扣器
2	0.55	1.5	9.0	3RV10　$I_n=1.6$A	21		
3	0.75	2.0	12	3RV10　$I_n=2.5$A	33		
4	1.1	2.7	16.9	3RV10　$I_n=3.2$A	42		
5	1.5	3.7	24	3RV10　$I_n=4.0$A	52		
6	2.2	5.0	35	3RV10　$I_n=6.3$A	82		
7	3	6.8	47.6	3RV10　$I_n=8.0$A	104	17	
8	4	8.8	61.6	3RV10　$I_n=10$A	130	24	
9	5.5	11.6	81.2	3RV10　$I_n=12.5$A	163	25	
10	7.5	15.4	107.8	3RV10　$I_n=20$A	260	26	
11	11	22.6	158.2	3RV10　$I_n=25$A	325	34	
12	15	30.3	212.1	3VL27　$I_n=63$A	500	35	MA—可调单电磁脱扣器
13	18.5	35.9	251.3	3VL27　$I_n=63$A	567	36	
14	22	42.5	297.5	3VL27　$I_n=63$A	693	36	
15	30	56.9	398.3	3VL27　$I_n=100$A	900	44	
16	37	69.8	488.6	3VL27　$I_n=100$A	1100	45	
17	45	84.2	589.4	3VL27　$I_n=100$A	1300	46	

续表

序号	电动机			塑壳断路器 MCCB		接触器型号 3RT10	对断路器的说明
	额定功率/kW	额定电流/A	启动电流/A	型号 3RV10 - 3VL1 - 3VL4	磁脱扣器整定值/A		
18	55	102.7	718.9	3VL27 $I_n = 160A$	1600	55	
19	75	140.1	980.7	3VL27 $I_n = 160A$	2160	56	
20	90	167	1169	3VL37 $I_n = 250A$	2750	56	
21	110	203	1380.4	3VL37 $I_n = 250A$	3000	12 - 65	MA—可调单电磁脱扣器
22	132	242.3	1647.6	3VL47 $I_n = 250A$	3750	12 - 65	
23	160	292.1	1986.3	3VL57 $I_n = 500A$	4500	12 - 75	
24	185	337.8	2297	3VL57 $I_n = 500A$	5000	12 - 75	
25	200	365.2	2483.3	3VL57 $I_n = 500A$	5500	12 - 75	

注：(1) 表中断路器的分断能力 I_{cu} 按 N 级 - 55kA，此参数选择与变压器容量有关。通常，可按以下等级执行：
变压器容量 $S_t \leqslant 630kVA$，$I_{cs} = I_{cu} = 40kA$，B 级；
变压器容量 $630 < S_t \leqslant 1250kVA$，$I_{cs} = I_{cu} = 55kA$，N 级；
变压器容量 $S_t \geqslant 1600kVA$，$I_{cs} = I_{cu} = 70kA$，S 级。
(2) 上述配置中，断路器只有速断保护功能，瞬动整定值按直接全压启动考虑。电动机的其他保护功能由电动机智能保护器完成。

5.1.4 配电线路保护用断路器选择与整定

按 GB 50054—2011《低压配电设计规范》，低压配电线路应设过载保护、短路保护和接地故障保护。

5.1.4.1 选择与整定原则

① 与电动机保护用断路器相比，瞬动倍数较小，通常整定在脱扣器额定电流的 5 ~ 8 倍。

② 线路较短时，如为变电所内部动力箱、照明箱供电的线路，一般选用热磁脱扣器，前者用于保护线路过载，后者用于保护相间短路并兼作接地故障保护。

③ 线路较长时，如为装置区动力箱、照明箱供电的线路，一般仅用电磁脱扣器，另外配置线路用综合保护器。前者用于保护线路相间短路，后者用于保护线路过载及接地故障，也可选用热磁脱扣器，用热脱扣器保护接地故障，但要校验动作时间是否满足要求。

④ 上下级的配合：

a. 上下级脱扣器额定电流级差配合，各种型号的断路器配合关系见制造厂家推荐值；

b. 动作时间配合，通常是下级速断上级短延时。

5.1.4.2 整定计算

(1) 过载保护设定

应满足式(8 - 10)的要求：

$$I_B \leqslant I_n \leqslant I_z, \text{且 } I_2 \leqslant 1.45 I_z \qquad (8-10)$$

式中 I_n——热脱扣器整定电流(反时限动作特性)，A；

I_2——可靠动作电流，对断路器保护 $I_2 = 1.3 I_{set1}$；

I_B——计算的负荷电流，A；

I_z——线路允许载流量，A。

(2) 短延时速断保护的整定

为下级动力配电箱或小型配电装置供电的线路，短延时速断过流保护整定值按式(8 - 11)计算：

$$I_{set2} = K_2 [I_{m1} + I_{c(n-1)}] \qquad (8-11)$$

式中 K_2——可靠系数，取 1.2；

I_{m1}——线路负荷中最大一台电动机的启动电流周期分量有效值，A；

$I_{c(n-1)}$——除去最大电动机外，线路的负荷电流，A。

(3) 瞬动保护整定

按式(8-12)计算：

$$I_{set3} = K_3[I_{m1} + I_{c(n-1)}] \tag{8-12}$$

式中 K_3——可靠系数，取1.2；

I_{m1}——线路负荷中最大一台电动机的全启动电流，要考虑非周期分量，取启动电流的2倍，A；

$I_{c(n-1)}$——除去最大电动机外，线路的负荷电流，A。

当有选择性要求时，瞬动保护整定值要躲过末端最大短路电流。

(4) 接地故障保护

线路较短时，通常瞬动保护可兼作接地保护；线路较长时，热脱扣器可兼作接地保护，但要校验分断时间是否满足要求，即固定安装设备$t \leqslant 5s$。

5.1.4.3 计算示例

某空调机供电回路，69kW，工作电流$I_s = 121A$，选用$3 \times 50 + 1 \times 25mm^2$交联聚乙烯铜芯电缆，埋地敷设，长175m电缆允许载流量$I_z = 136A$，末端三相短路电流约2340A。

以ABB配电断路器为例，选择与整定计算如下：

(1) 该回路装有综合保护器(一般用于线路较长时)

选用T3-250S断路器配MA可调单磁脱扣器。

额定不间断电流$I_u = 250A$；

额定工作电流$I_n = 160A$；

瞬动电流$I_3 = 6 \times I_n = 960A$。

(对于空调机、直流电源装置、UPS、EPS、仪表电源、照明箱等无显著启动电流的负载，瞬动倍数取5~6倍)。

灵敏度，$K_L = 0.866 \times 2340/960 = 2.1 > 1.3$，满足GB 50054—2011第6.2.4条要求。

过载保护和接地保护由综合保护器完成。

(2) 该回路没有装设综合保护器

选用T2-160S断路器配TMD可调热磁脱扣器

额定工作电流$I_n = 125A$，

过载长延时　$I_1 = 1.0 \times 125 = 125A$，

短路瞬时　　$I_3 = 10I_n = 1250A$(不可调)

校验：$I_s = 121 < I_1 = 125 < I_z = 136$，满足GB 50054—2011第4.3.4条要求。

$K_L = 0.866 \times 2340/1250 = 1.62 > 1.3$，满足GB 50054—2011第6.2.4条要求。

5.2 控制电器及过载保护电器选择

5.2.1 接触器或启动器

不频繁启动的鼠笼型电动机应选用AC-3类接触器。

(AC-3类——分断电流8倍，接通电流10倍，短时耐受电流8倍，10s)。

接触器额定电流不应小于电动机额定电流，推荐按制造厂提供的接触器电流—电机容量选择表进行选择(按AC-3类列出)。

要注意与短路保护电器断路器的协调配合；一般采用“2型配合”。

常用几种接触器与断路器按“2 型配合”的选择表见表 8－10～表 8－13。

5.2.2 过载保护—热继电器或过载脱扣器

① 有温度补偿的热继电器，整定电流不小于电机额定电流；无温度补偿者，不小于电机额定电流的 1.05 倍。整定范围要有适当余量，宜采用自动复位的热继电器。

② 动作特性：在 7.2 倍整定电流时，应大于电动机的启动时间。

③ 保护电动机用热继电器应带断相保护。

5.3 智能型低压电动机保护装置

智能型低压电动机保护监控装置的选用与整定计算详见第九章第 7 节

5.4 低压回路电流互感器选择

5.4.1 额定电流选择

一次额定电流的选择应使该回路最大工作电流处于电流表刻度 2/3 以上。

二次额定电流选用 1A 或 5A。

5.4.2 装设数量

① 对于有智能保护器的电动机回路

a. 电机容量较小(电流小于 160A)时，通常由保护装置配套电流互感器；如需要接入现场电流表，则装设一只二次额定电流为 1A 的互感器。

b. 电机容量较大时，需外配 4 只互感器，其中 3 只用于接入保护装置，二次电流一般为 5A；另外一只用于现场电流表，二次电流为 1A。

c. 有模拟量输出的保护装置，可只装 3 只电流互感器，现场电流表可从该模拟量(4～20mA)引出，现场操作柱上的电流表要与此相配套。

② 进线回路通常装设 3 只电流互感器，母线分段装设 1 只电流互感器。

③ 为其他单元供电的配电回路通常装设 3 只电流互感器；并应装设电度计量装置。

6 电气装置的电击防护

6.1 防直接接触的措施

为了防止人体接触到正常带电导体，通常有以下措施：

① 将带电部分绝缘，例如采用封闭式母线，或为母线加绝缘护套、涂绝缘漆。

② 选用外壳防护等级不低于 IP2X 级的电气设备，如高、低压配电装置。

③ 采用遮栏或外护物，遮栏或外护物与裸带电导体的净距，应符合以下规定：

a. 采用网状遮栏或外护物，不小于 100mm；

b. 采用板状遮栏或外护物，不小于 50mm。

④ 采用阻挡物，在采用遮栏或外护物有困难时，在电气专用房间宜采用阻挡物。

⑤ 在电气专用房间，当未采用或采用的遮栏、外护物或阻挡物防护等级低于 IP2X 时，应将人体可同时触及的可导电部分布置在人体伸臂范围之外。

6.2 间接接触防护－自动切断电源的防护措施

对于石化企业，低压配电系统采用 TN－S 系统，要求预期接触电压限值不大于 50V，当发生带电导体与设备外露可导电部分或与保护导体之间的故障时，间接接触保护电器应能在接触电压超过50V且持续时间在引起对人体有害的病理生理效应前，自动切断该回路或设备的电源。

归纳起来，是从以下两方面采取措施：

6.2.1 限制故障时预期接触电压值

① 电气装置外露可导电部分，应与保护导体相连接，保护导体的截面应满足表8－14的要求。

表8－14 保护导体的最小截面积 mm^2

相导体截面 S	保护导体与相导体使用相同材料	保护导体与相导体使用不同材料
$S \leqslant 16$	S	$S \times k_1/k_2$
$16 < S \leqslant 35$	16	$16 \times k_1/k_2$
$S > 35$	$S/2$	$(S \times k_1)/(2 \times k_2)$

注：（1）相导体系数 k_1，见GB 50054—2011《低压配电设计规范》表A.0.7。

（2）保护导体系数 k_2，见表8－15。

② 相导体与保护导体为同一根电缆的不同芯线，即含保护导体的多芯电缆，此时相导体和保护导体的材质和敷设条件都相同，则应按表8－14左侧栏选择保护导体截面。

③ 电缆外的保护导体，或不与相导体共处于同一外护物的保护导体，其最小截面应符合：

a. 铠装电缆或非铠装电缆穿管保护敷设时，铜导体截面不小于 $2.5mm^2$；非铠装且未穿管保护时，不小于 $4mm^2$，铝导体不小于 $16mm^2$。

b. 当多个回路共用一根保护导体时，应按回路中最大相导体截面并按表8－14的规定确定保护导体截面。常用电缆外保护导体截面按表8－15选择。

表8－15 电缆外保护导体最小截面 mm^2

相导体－交联聚乙烯绝缘铜导体电缆		电缆外保护导体—聚氯乙烯绝缘导体或裸导体						
		敷设方式	系数 k_2			最小截面积		
截面积/mm^2	系数 k_1		铜	铝	钢	铜	铝	钢
$S \leqslant 16$	143	A.0.2	143	95	52	S	1.5S	2.75S
		A.0.3	159	105	58	0.9S	1.36S	2.46S
		A.0.4	115	76	42	1.24S	1.88S	3.4S
		A.0.6	228	125	82	0.63S	1.15S	1.74S
$16 < S \leqslant 35$	143	A.0.2	143	95	52	16	24	44
		A.0.3	159	105	58	14.4	22	39.4
		A.0.4	115	76	42	19.84	30	54.4
		A.0.6	228	125	82	10	18.4	27.8
$S > 35$	143	A.0.2	143	95	52	0.5S	0.75S	1.38S
		A.0.3	159	105	58	0.45S	0.68S	1.23S
		A.0.4	115	76	42	0.62S	0.94S	1.7S
		A.0.6	228	125	82	0.32S	0.58S	0.87S

注：保护导体敷设方式：

A.0.2——保护导体为绝缘导线或单芯电缆，埋地敷设；

A.0.3——保护导体为裸导体，随电缆桥架敷设；

A.0.4——保护导体为绝缘导线或单芯电缆，与其他电缆同桥架敷设；

A.0.6——保护导体为裸导体，埋地敷设或电缆沟敷设。

数据摘自GB 50054—2011《低压配电设计规范》(下同)表A.0.2～A.0.6。

c. 电缆外的保护导体选择举例：

至某装置区的配电电缆线路，最大截面为 $3\times240mm^2$ 交联聚乙烯绝缘铜导体电缆，则保护导体截面及配置有如下几种选择：

（a）选用含保护导体的4芯电缆，即 $3\times240+1\times120mm^2$。

（b）采用电缆外保护导体，有以下4种选择：

ⅰ 选用聚氯乙烯绝缘铜导体单芯电缆，埋地敷设，则截面 $S=0.5\times240=120mm^2$；

ⅱ 选用裸导体镀锌扁钢，随电缆桥架敷设，则截面 $S=1.23\times240=295mm^2$；

可选取扁钢 $60\times5=300mm^2$；

ⅲ 选用聚氯乙烯绝缘单芯铜电缆，随电缆桥架敷设，$S=0.62\times240=148.8mm^2$；

可选取 $1\times150mm^2$ 单芯铜电缆；

ⅳ 选用裸导体镀锌扁钢，埋地敷设或电缆沟敷设，$S=0.87\times240=208.8mm^2$；

选取 60×4 扁钢或 50×5 扁钢。

④ 永久性连接的用电设备，其保护系统预期通过的故障电流超过10mA（一般都会超过）时，则保护导体截面应按以下条件之一确定：

a. 单独敷设的保护导体，铜导体不应小于 $10mm^2$，铝保护导体截面不应小于 $16mm^2$；

b. 对铜保护导体与铜相导体在一根多芯电缆中时，该电缆中所有铜导体截面积总和不应小于 $10mm^2$，例如，一根4芯电缆最小截面应不小于 $4\times2.5mm^2$；

c. 当保护导体安装在金属导管内并与金属导管并接时，应采用不小于 $2.5mm^2$ 的铜导体。

⑤ 建、构筑物内总等电位联接用的保护导体，不应小于配电线路的最大保护导体截面积的1/2，保护连接导体截面积最大和最小值应符合表8－16的规定。

表8－16　保护连接导体截面的最小值和最大值　mm^2

导体材料	最小值	最大值
铜	6	25
铝	16	按载流量与 $25mm^2$ 铜导体的载流量相同确定
钢	50	

6.2.2　TN系统中，间接接触保护电器切断故障回路的时间要求

① 配电线路不宜大于5s。

② 为固定式电气设备供电的末端线路不宜大于5s。

③ 供给手持式电气设备和移动式电气设备的末端线路或插座回路：

相导体对地电压：220V，0.4s（380/220V系统）；

380V，0.2s（660/380系统）。

7　6（10）/0.4kV配电变压器选择

7.1　额定容量与型式

两台变压器同时运行的变电所，每台负荷率42%～50%；一台变压器的变电所，负荷率按75%～80%。一般采用密封性油浸变压器，当需要布置在楼上或与低压配电柜同室布

置室，应采用干式变压器。

7.2 其他额定参数

7.2.1 额定变比

① 降压变压器6(10) ±5%/0.4/0.23kV，对系统终端变电所。

② 降压变压器6.3(10.5) ±5%/0.4/0.23kV，对靠近发电厂或有自备电站或正常电压偏高的变电所。

③ 降压变压器35 ±2 ×2.5%/0.4/0.23kV。

7.2.2 短路阻抗

① 1250kVA及以下，按制造厂标准阻抗选用；

② 1600kVA，推荐选用5.5%(标准阻抗是4.5%，干式变压器为6.0%)；

③ 2000kVA，推荐选用6.5%[标准阻抗是4.5%，干式变压器为(6)8%]；

④ 接线组别　推荐D,yn11。

7.3 配电变压器低压侧导体规格(截面)选择

D，yn接线的配电变压器二次侧及配电屏铜母线规格选择见表8-17。

表8-17　变压器二次侧相导体、中性导体和保护导体(铜)选择

变压器容量/kVA	二次额定电流/A	二次侧工作电流/A	电流互感器/A	相导体和中性导体/mm	允许载流量/A	保护导体规格/mm
250	361	379	500/5	3(40×4) +40×4	550	40×4
315	455	478	600/5	3(50×5) +40×4	756	40×4
400	577	606	800/5	3(63×6.3) +50×5	990	40×5
500	722	758	1000/5	3(80×6.3) +50×5	1300	40×5
630	909	954	1200/5	3(80×8) +63×6.3	1490	50×5
800	1154	1212	1500/5	3(100×8) +80×6.3	1830	50×5
1000	1443	1515	2000/5	3(125×10) +80×8	2330	63×6.3
1250	1804	1894	2000/5	3[2(100×8)] +100×8	2692	80×6.3
1600	2309	2424	3000/5	3[2(100×10)] +100×10	3140	80×6.3
2000	2806	3030	4000/5	3[2(125×10)] +125×10	3567	80×8

注：表中母线载流量是按母线立放、环境温度为35℃。

7.4 配电变压器中性点接地点位置及断路器极数的选择

7.4.1 变压器中性点接地要求

石化企业低压配电系统应为TN-S系统，为了消除或减少杂散电流，接地点应满足：

① 在任何情况下，每台变压器的中性点只有一点接地，并应靠近变压器；

② 正常N线工作电流，只能在本系统的相应回路中流通；

③ 故障接地电流只能在本系统及接地导体(PE线)中流通；

④ 接地导体截面应满足规范要求。

7.4.2 对于两台变压器为一组、正常分列运行的变电所，中性点接地位置选择

① 变压器中性导体(N母线)引出到配电盘，在配电盘分段柜内将N母线与PE母线用

垂直母线连接并接地，即两台变压器中性点共用一个接地点。二次侧进线断路器、分段断路器及出线断路器都选用3极(双电源切换回路用4极)。

② 每台变压器中性点在各自的变压器室接地，二次侧进线及分段断路器选用4极，其他出线回路选用3极断路器(双电源切换回路用4极)。

7.4.3 单台变压器的变电所，中性点接地位置选择

① 将变压器中性导体(N母线)引出至配电盘进线柜，在进线柜内将N母线与保护导体(PE母线)相连接并接地，所有断路器选用3极。

② 在变压器室将中性点接地，所有断路器选用3极。

7.4.4 中性点接地导体截面选择

应按照GB 50054—2011《低压配电设计规范》第3.2.14节式(3.2.14)确定导体截面。

计算时可取保护动作时间0.7s(一次侧过流保护兼作二次侧单相接地保护)，接地故障电流可取《设计手册》表4-28和表4-30中单相接地电流值。常用油浸变压器中性点接地导体截面选择见表8-18。

表8-18 变压器中性点接地导体截面

变压器容量/kVA	500	630	800	1000	1250	1600	2000
电缆截面/mm^2	95	95	120	150	150	185	185
扁钢规格/mm	40×4	40×4	50×5	50×5	60×6	60×6	60×6

注：电缆为单芯铜导体绝缘电缆。

8 装置变电所用35/6.3(10.5)kV变压器选择

大型装置变电所或联合装置变电所，选用35/10.5(6.3)kV变压器的技术要求：

8.1 额定容量及型式

一般是两台变压器，每台容量不宜大于总负荷的50%~52%。采用油浸式变压器。

8.2 电压比及短路阻抗

一般为35±2×2.5%/10.5(6.3)kV，若35kV侧正常运行电压在37kV及以上，变比宜选为：38.5±2×2.5%/10.5(6.3)kV，或非标37±2×2.5%/10.5(6.3)kV。无载调压，标准阻抗。

8.3 测量与保护装置

变压器的主保护、测量一般在上一级变电所完成；变压器一次侧不设开关，但在变压器上及变压器二次侧或进线柜上要装设差动保护用电流互感器，在控制室要布置差动保护屏。(如果要求设置差动保护的话)

8.4 接地电容电流补偿装置

变压器二次侧10(6)kV电缆较短、截面较小(大多数为满足热稳定要求的最小截面)，

10(6)kV 系统单相接地电容电流不大(不会超过 30A)，一般不用装设接地电容电流补偿装置。

8.5 变压器布置

变压器宜采用户内高式布置，或半敞开式地面布置。并按 GB 50229—2006《火力发电厂与变电站设计防火规范》设置贮油坑和总事故油池。

附录　电流互感器二次负载计算

1　测量用互感器二次负载准确度效验

1.1　单相互感器单电流表（如低压电机机旁电流表）

互感器的实际二次负荷按下式计算：

一个0.5级，额定二次负荷 $S_2=10\text{VA}$ 的互感器：

二次额定电流为 $I_{2n}=5\text{A}$，$S_2=10\text{VA}=5^2\times Z_2=25Z_2\backsimeq 25R_2$。二次额定电流为1A，$S_2=10\text{VA}=1^2\times Z_2=Z_2\backsimeq R_2$。

在额定负荷电流下，满足0.5级准确度的二次回路总电阻不能大于：

$R_2\leqslant S_2/25=10/25=0.4\Omega$，对二次侧为5A互感器；

$R_2\leqslant S_2/1^2=10/1=10\Omega$，对二次侧为1A互感器。

实际二次负荷电流都小于额定电流，因为轴功率一般小于电动机额定功率，例如：一台55kW电机，$I_n=102.5\text{A}$，选用LMZJ1－0.5，150/5(1)A互感器供机旁电流表用，轴功率42kW，控制电缆长度230m，实际负荷电流约78.5A。

即二次负荷电流分别为：

$I_{2sj}=2.62\text{A}$，对二次侧为5A互感器；

$I_{2sj}=0.523\text{A}$，对二次侧为1A互感器。

在实际负荷电流下，满足0.5级准确度的二次回路总电阻分别为：

$R_2\leqslant 10/2.62^2=1.46\Omega$，对二次侧为5A互感器；

$R_2\leqslant 10/0.523^2=36.5\Omega$，对二次侧为1A互感器。

互感器二次回路总电阻按式(F－1)计算：

$$Z_2=K_{jx1}\times R_{dx}+K_{jx2}\times Z_{cj}+R_{jc} \qquad (F-1)$$

式中　K_{jx1}——连接导线的接线系数，见《设计手册》表8－21，本例中，$K_{jx1}=2$；

R_{dx}——连接导线的电阻，Ω；$R_{dx}=\rho\times L/S$，铜导体 $\rho=0.0184\Omega\cdot\text{mm}^2/\text{m}$；

L，S——连接导线的长度(m)和截面(mm^2)；

K_{jx2}——测量仪表接线系数，见《设计手册》表8－21，本例中，$K_{jx2}=1$；

Z_{cj}——测量仪表的内阻抗，Ω，见《设计手册》表8－22，本例中，取 $S_{cj}=1\text{VA}$，（实际负荷约0.5VA）；

于是　$Z_{cj}\backsimeq R_{cj}=1\text{VA}/5^2=0.04\Omega$

或　　$Z_{cj}\backsimeq R_{cj}=1\text{VA}/1^2=1.0\Omega$

R_{jc}——导线接触电阻，取 $R_{jc}=0.05\Omega$。

于是，总的二次侧阻抗：

$Z_2=K_{jx1}\times R_{dx}+K_{jx2}\times Z_{cj}+R_{jc}=2\times\rho\times L/S+1\times 0.04+0.05=2\times\rho\times L/S+0.09\Omega$

或　$Z_2=2\times\rho\times L/S+1\times 1.0+0.05=2\times\rho\times L/S+1.05\Omega$

将 $L=230\text{m}$，$S=1.5(2.5)\text{mm}^2$，$\rho=0.0184\Omega\cdot\text{mm}^2/\text{m}$ 代入上式，得：

对5A互感器、1.5mm² 电缆：

$Z_2=2\times\rho\times L/S+0.09=2\times 0.0184\times 230/1.5+0.09=5.73\Omega>1.46\Omega$，不满足要求！

对 1A 互感器、1.5mm^2 电缆：

$Z_2 = 2 \times \rho \times L/S + 1.05 = 2 \times 0.0184 \times 230/1.5 + 1.05 = 6.69\Omega < 36.5\Omega$，满足要求。

对 5A 互感器、2.5mm^2 电缆：

$Z_2 = 2 \times \rho \times L/S + 0.09 = 2 \times 0.0184 \times 230/2.5 + 0.09 = 3.47\Omega > 1.46\Omega$，不满足要求！

对 1A 互感器、2.5mm^2 电缆：

$Z_2 = 2 \times \rho \times L/S + 1.05 = 2 \times 0.0184 \times 230/2.5 + 1.05 = 4.43\Omega < 36.5\Omega$，满足要求。

控制电缆最大允许长度按式(F－2)计算：

$$L_{max} = \frac{\left[\left(\frac{S_2}{I_{2n}^2}\right) \times \left(\frac{I_{1n}}{I_1}\right)^2 - \left(\frac{K_{jx2}S_{cj}}{I_{2n}^2}\right) - 0.05\right] \times S}{K_{jx1} \times 0.0184} \quad (F-2)$$

式中 S_2——互感器额定二次负荷，VA；

S_{cj}——测量仪表负载，VA；

S——连接导线截面，mm^2；

I_{2n}——互感器额定二次电流，1A 或 5A；

I_{1n}——互感器额定一次电流，A；

I_1——互感器实际工作电流(一次)，A；

K_{jx1}——连接导线接线系数，本例中，$K_{jx1} = 2$；

K_{jx2}——测量仪表接线系数，本例中，$K_{jx1} = 1$。

当互感器二次额定电流为 1A、额定二次负载 10VA，控制电缆截面为 1.5mm^2，满足 0.5 级的电缆最大允许长度为：

$$L_{max} = \frac{15 \times (I_{1n}/I_1)^2 - 1.575}{0.0368} = 407.6 \times (I_{1n}/I_1)^2 - 42.8 \text{ m}$$

当互感器实际负荷电流不大于 80% 额定电流时，即 $I_{1n} \div I_1 = 1.25$ 时，$L_{max} = 594$m。

当二次额定电流为 1A、额定二次负载 10VA，控制电缆截面为 2.5mm^2，满足 0.5 级的电缆最大允许长度为：

$$L_{max} = \frac{25 \times (I_{1n}/I_1)^2 - 2.625}{0.0368} = 679.3 \times (I_{1n}/I_1)^2 - 71.3 \text{ m}$$

当二次额定电流为 5A、额定二次负载 10VA，控制电缆截面为 1.5mm^2，满足 0.5 级的电缆最大允许长度为：

$$L_{max} = \frac{0.6 \times (I_{1n}/I_1)^2 - 0.135}{0.0368} = 16.3 \times (I_{1n}/I_1)^2 - 3.6 \text{ m}$$

当二次额定电流为 5A、额定二次负载 10VA，控制电缆截面为 2.5mm^2，满足 0.5 级的电缆最大允许长度为：

$$L_{max} = \frac{1.0 \times (I_{1n}/I_1)^2 - 0.225}{0.0368} = 27.2 \times (I_{1n}/I_1)^2 - 6.1 \text{ m}$$

1.2 互感器两相(A、C 相)星形接线、接于 B 相的电流表(如高压电动机机旁电流表)

互感器的实际二次负荷按下式计算(二次 1A 的互感器)：

$$Z_2 = K_{jx1} \times R_{dx} + K_{jx2} \times Z_{cj} + R_{jc}$$
$$= \sqrt{3} \times \rho \times L/S + \sqrt{3} \times 1.0 + 0.05 = 1.732 \times \rho \times L/S + 1.782\ \Omega$$

当 $L = 230$m，$S = 1.5mm^2$：

$Z_2 = 1.732 \times 0.0184 \times 230/1.5 + 1.782 = 6.67\Omega < 36.5\Omega$，满足要求。

控制电缆最大允许长度按式(F－2)计算，但接线系数不同。

当 $I_{2n} = 1A$，$S = 1.5mm^2$，$S_2 = 10VA$ 并将 $K_{jx1} = \sqrt{3}$，$K_{jx2} = \sqrt{3}$，$S_{cj} = 1.0VA$，代入上式，得：

$$L_{max} = \frac{15 \times (I_{1n}/I_1)^2 - 2.673}{0.0318} = 471.7 \times (I_{1n}/I_1)^2 - 84 \text{ m}$$

当 $I_{2n} = 5A$，$S = 1.5mm^2$，$S_2 = 10VA$ 并将 $K_{jx1} = \sqrt{3}$，$K_{jx2} = \sqrt{3}$，$S_{cj} = 1.0VA$，代入上式，得：

$$L_{max} = \frac{0.6 \times (I_{1n}/I_1)^2 - 0.179}{0.0318} = 18.87 \times (I_{1n}/I_1)^2 - 5.63 \text{ m}$$

当 $I_{2n} = 1A$，$S = 2.5mm^2$，$S_2 = 10VA$ 并将 $K_{jx1} = \sqrt{3}$，$K_{jx2} = \sqrt{3}$，$S_{cj} = 1.0VA$，代入上式，得：

$$L_{max} = \frac{25 \times (I_{1n}/I_1)^2 - 4.45}{0.0318} = 786 \times (I_{1n}/I_1)^2 - 140 \text{ m}$$

当 $I_{2n} = 5A$，$S = 2.5mm^2$，$S_2 = 10VA$ 并将 $K_{jx1} = \sqrt{3}$，$K_{jx2} = \sqrt{3}$，$S_{cj} = 1.0VA$，代入上式，得：

$$L_{max} = \frac{1.0 \times (I_{1n}/I_1)^2 - 0.298}{0.0318} = 31.4 \times (I_{1n}/I_1)^2 - 9.4 \text{ m}$$

结论：供机旁电流表的互感器，二次额定电流为1A时，一般都能满足准确度要求，二次额定电流为5A时，一般不满足准确度要求。

2 保护用电流互感器10%误差曲线校验计算

根据保护装置类型确定的一次电流倍数 m，在选定的互感器10%误差曲线上求得互感器的最大允许二次负荷，当互感器的实际二次负荷小于最大允许二次负荷时，即认为满足误差不大于10%的要求。校验计算见《设计手册》P342。

2.1 计算举例

配电变压器保护，变压器1000kVA，4.5%，6/0.4kV，96.2/1443A，低压配电盘母线上最大三相短路电流26.81kA，最小24.5kA。

保护用互感器LZZJB6－10，150/5A，准确级别10P15，查《设计手册》P366图7－37，该互感器满足10%误差曲线的额定($m = 15$)二次负荷为 $0.6\Omega(5^2 \times 0.6 = 15VA)$。

2.1.1 电流速断保护

速断保护动作电流：一次动作电流 $I_{11} = (1.3 \times I_{23max}) \div N_t = 1.3 \times 26810 \div 15 = 2323.5A$。

继电器动作电流 $I_{12} = 2323.5 \div 30 = 77.45$，取 $I_{12} = 77.5A$。

互感器一次电流倍数 $m = 1.1 \times (77.5 \times 30) \div 150 = 17.05 \cong 17$。

查《设计手册》P366该互感器10%倍数曲线，当 $m = 17$，允许二次负荷为 0.5Ω。

实际二次负荷计算：

保护接线方式：3互感器、3继电器完全星形或2互感器、3继电器的不完全星形接线。

互感器二次回路总电阻按式(F－3)计算：

$$Z_{fh} = R_{dx} + Z_k + R_{jc} \quad (F-3)$$

式中　连接导线电阻 $R_{dx}=(\rho\times L)\div S=(0.0184\times 2)\div 2.5=0.0147\Omega$；

继电器阻抗　$Z_k=0.02\Omega$（取微机保护器中最大者）；

接触电阻　$R_{jc}=0.05\Omega$。

保护继电器安装在高压开关柜上，导线长度取2m，接线系数为1.0。

选用150/5A互感器：

$Z_{fh}=0.0147+0.02+0.05=0.0847\Omega<0.5\Omega$，满足10%误差曲线要求！

选用150/1A互感器：

满足10%倍数曲线的额定二次负荷为$15\Omega(15VA\div 1^2=15\Omega)$。

当互感器一次电流倍数$m=17$，允许二次负荷为：$(5^2\times 0.5\Omega)\div 1^2=12.5\Omega$。

$Z_{fh}=0.0147+0.1+0.05=0.165\Omega<12.5\Omega$，满足10%误差曲线要求。

2.1.2　反时限过电流保护

互感器一次电流倍数 $m=[(1.1\times 26810)\div(6/0.4)]\div 150=13.1<15$。

由以上计算可知，满足10%误差曲线要求！

常见微机保护装置电流线圈的功耗及电阻见附表1。

附表1　微机保护装置电流线圈的功耗及电阻

额定电流/A	ABB		施耐德		西门子	
	功耗/VA	电阻/Ω	功耗/VA	电阻/Ω	功耗/VA	电阻/Ω
1	0.05	0.05	0.001	0.001	0.1	0.1
5	0.3	0.012	0.025	0.001	0.5	0.02

如果互感器选用LFZB6－10，150/5A，准确级别10P10，查《设计手册》P366图7－36，该互感器满足10%倍数曲线的额定（$m=10$）二次负荷为$0.6\Omega(5^2\times 0.6=15VA)$。

当$m=1.1\times(77.5\times 30)\div 150=17.05\cong 17$，查该曲线得允许的二次负荷为$0.22\Omega$。

$Z_{fh}=0.0147+0.02+0.05=0.0847\Omega<0.22\Omega$，满足10%误差曲线要求。

实际工程设计中，由于现在许多电流互感器制造厂不提供10%误差曲线，只提供伏安特性，要从伏安特性转换求得10%误差曲线需要通过实验测出一系列数据再进行换算，非常麻烦。

结论：对于安装在开关柜上的微机保护装置，常规电流保护（过电流或电流速断），其电流互感器准确级别选用10P15、5P10、10P10（最低为10P10），通常都能满足误差不大于10%的要求。

第九章　继电保护和自动装置

1　设计规范

GB 50062—2008 《电力装置的继电保护和自动装置设计规范》
GB/T 14285—2006 《继电保护和安全自动装置技术规程》
DL/T 584—2007 《3～110kV 电网继电保护装置运行整定规程》
DL/T 648—1999 《大型发电机变压器继电保护整定计算导则》
GB 50054—2011 《低压配电设计规范》
GB 50055—2011 《通用用电设备配电设计规范》

2　内容概述

本章所述内容，指的是企业内部变配电系统，从受电电压到低压配电系统各电气设备继电保护和自动装置的设置与整定计算，包括：6(10)kV 配电装置的电动机、配电变压器、电容补偿装置、接地变压器、厂内配电线路、电源进线、母线分段；总变电所或区域变电所的主变压器；企业自备发电机；也包括低压配电装置的电动机、配电线路。不包括厂外电源线路的保护。

3　保护功能配置

3.1　保护配置原则

① 满足现行规范要求；

② 在满足可靠性、选择性、速动性和灵敏性的前提下，力求简明、直观，易于整定和操作；

③ 选用技术成熟、性能可靠的智能型保护装置；

④ 与配电系统一次接线和二次原理接线相适应。

3.2　保护功能配置

3.2.1　中压电动机

电流速断保护、过负荷保护、热过载保护(如果可取得制造厂数据)、接地保护、低电压保护、同步电动机失步保护、机组故障联锁保护。

除上述保护外，容量等于大于2000kW 的电动机还应装设磁平衡式差动(或纵联差动)保护和负序过电流保护。

3.2.2　配电变压器

电流速断保护、过电流保护、过负荷保护、一次及二次接地保护、温度和压力保护(开关量输入，由二次接线及保护器编程实现)。

3.2.3 电力电容器组

短延时电流速断保护、过电流保护、过负荷保护、中性线电流平衡保护（双星型接线的电容器组）、接地保护、低电压保护、过电压保护。

3.2.4 配出线

延时速断保护（或/及综联差动保护）、过负荷保护、单相接地保护。

3.2.5 进线开关

母线充电保护（速断，合闸成功后退出）、延时速断保护、过负荷保护。

3.2.6 分段开关

母线充电保护（速断，合闸成功后退出）或延时速断保护。

3.2.7 接地变压器

电流速断保护、定时限过电流保护、接地保护。

3.2.8 主变压器

纵联差动保护、高后备及低后备过流保护、过负荷保护、负序过流保护、中性点过电压保护及中性点间隙电流保护（110～220kV 变压器）、温度及压力保护（开关量输入，由二次接线及保护器编程实现）。

3.2.9 发电机组

纵联差动保护、过电流后备保护、定子绕组接地保护、过负荷保护、负序过电流保护、转子接地保护、失磁保护、逆功率保护、过电压保护。

4 6（10）kV 配电装置保护整定

4.1 可靠系数、返回系数、灵敏系数和接线系数

4.1.1 各种保护功能的可靠系数 K_k

见表 9－1。

表 9－1 各种保护功能的可靠系数 K_k

被保护设备和保护名称	中小型电动机	大型电动机	变压器	电容器组	进线	配出线	母分
电流速断	1.6	1.6	1.3				
短延时速断		1.4			1.2	1.2	1.2
定时限过流			1.2	1.2			
定时限过负荷	1.05(1.2)	1.05(1.2)	1.05	1.2	1.05	1.05	
反时限过流（过负荷）	1.05	1.05	1.05				
负序过流（定时限）							
负序过流（反时限）							
接地（不接地系统）	$K_L \geqslant 1.5$	$K_L \geqslant 1.5$	$K_L \geqslant 1.5$	$K_L \geqslant 1.5$		$K_L \geqslant 1.5$	
接地（小电阻接地）	0.3	0.3	0.3	0.3		0.3	
电动机纵差		1.3					
电动机自平衡差动		0.50					
线路纵差							
低电压保护（闭锁）							

注：K_L 为灵敏系数，即不接地系统（含经消弧线圈接地）按灵敏系数不小于 1.5 整定；

表中未注明可靠系数者，表示整定值是按额定电流的某个固定百分比整定。

4.1.2 返回系数 K_{fh}

① 反应过量动作的返回系数，各种品牌的微机保护装置不完全相同，0.93 ~0.98；对过电流保护而言，西门子公司为0.95，ABB公司为0.96，施耐德公司为0.935，GE公司为0.97，南京自动化研究所为0.98。

工程中应按选定的保护装置的返回系数计算，当不能取得返回系数实际数据时，一般可取 $K_{fh}=0.93$。

② 反应欠量动作的保护装置，如低电压和欠电流、低频率保护等，一般可取1.05 ~1.07。由于这些保护，本计算中都是直接给出设定值，其返回系数在公式中并不出现。

4.1.3 灵敏系数 K_L

① 用于校验保护灵敏度。差动、速断及短延时速断取2.0；过电流1.5，接地1.25 ~1.5。

② 用于保护整定计算(即按灵敏系数整定)。差动、速断或短延时速断2.0或2.2；接地保护1.5。

灵敏度校验结果要在整定结果表中体现，但整定值按灵敏度要求计算时除外。

4.1.4 电流互感器接线系数 K_{jx}

用于石化企业变配电系统，电流互感器一般采用两相星形或三相完全星形接线，其接线系数 $K_{jx}=1.0$，在计算公式中可以不体现。

4.2 整定计算公式

4.2.1 电动机

4.2.1.1 电流速断50

① 一次动作电流按式(9 -1)计算：

$$I_{11} = K_k \times K_{st} \times I_n \tag{9-1}$$

二次动作电流 $I_{12} = I_{11} \div n_{ct}$

② 动作时间 $t_1=0s$。

③ 保护灵敏度按式(9 -2)计算：

$$K_L = (0.866 \times I_{3min}) \div I_{11} \tag{9-2}$$

4.2.1.2 定时限过负荷51 -1

① 一次动作电流按式(9 -3)计算：

$$I_{21} = (K_k \times I_n) \div K_{fh} \tag{9-3}$$

二次动作电流 $I_{22} = I_{21} \div n_{ct}$

② 动作时间按式(9 -4)计算，保护动作于跳闸。

$$t_2 = 1.2 \times T_{st}\,s \tag{9-4}$$

4.2.1.3 反时限过电流51 -2

① 选用曲线IEC—LTI曲线，长延时反时限：

对西门子、ABB、南京自动化所的保护器，保护动作特性如式(9 -5)：

$$t_3 = \frac{120}{(I/I_{42})^1 - 1} \times T_p \tag{9-5}$$

对施耐德保护器，保护动作特性如式(9 -6)：

$$t_3 = \frac{120}{(I/I_{42})^1 - 1} \times \frac{T_{p10}}{13.33} \qquad (9-6)$$

② 一次动作电流按式(9－7)计算：

$$I_{31} = (K_k \times I_n) \div K_{fh} \qquad (9-7)$$

二次动作电流 $I_{32} = I_{31} \div n_{ct}$

③ 时间倍乘因子，对西门子、ABB、南自所保护器按式(9－8)计算：

$$T_p = \frac{1.2 \times T_{st} \times [(K_{st} \times I_n) \div (I_{32} \times n_{ct}) - 1]}{120} \qquad (9-8)$$

对施耐德保护器，10 倍动作电流时间 T_{p10} 按式(9－9)计算：

$$T_{p10} = \frac{1.2 \times 13.33 \times T_{st} \times [(K_{st} \times I_n) \div (I_{32} \times n_{ct}) - 1]}{120} \qquad (9-9)$$

以上式中 I_n——电动机额定电流，A；

K_{st}——电动机启动电流倍数；

T_{st}——机组预期启动时间，s；

K_k——可靠系数，速断保护取 1.6；过负荷定时限(跳闸)取 1.2；过负荷反时限取 1.05；

K_{fh}——保护装置返回系数；

n_{ct}——电流互感器变比。

4.2.1.4 接地保护 51G

(1) 不接地或经消弧线圈接地系统

定时限过流，按灵敏系数 1.5 整定，即：

一次动作电流按式(9－10)计算：

$$I_{jd1} = (I_{c\Sigma} - I_{cn}) \div 1.5 \qquad (9-10)$$

二次动作电流 $I_{jd2} = I_{jd1} \div n_j$。

动作时间 $t_{jd} = 0.15s$。

式中 I_{cn}——本回路接地电容电流，A；

$I_{c\Sigma}$——本系统总的电容电流或补偿后剩余电流，A；

n_j——零序互感器变比。

(2) 小电阻接地系统 51G

定时限过流－当系统接地电流限制在 I_{jdx}(A)，则：

一次动作电流按式(9－11)计算：

$$I_{jd1} = K_k \times I_{jdx} \qquad (9-11)$$

二次动作电流 $I_{jd2} = I_{jd1} \div n_j$。

动作时间 $t_{jd} = 0s$。

保护灵敏度按式(9－12)计算：

$$K_L = I_{jdx} \div I_{jd1} \qquad (9-12)$$

式中 I_{jdx}——系统接地故障电流，A；

其余符号同上。

4.2.1.5 低电压保护 27

(1) 不自启动电动机

二次动作电压 $U_{lv}=65V$。

动作时间 $t_{lv}=0.5s$。

(2) 自启动电动机

二次动作电压 $U_{lv}=45V$。

动作时间 $t_{lv}=5\sim9s$。

4.2.1.6 差动保护 87(≥2000kW)

(1) 自平衡差动保护

动作电流:

一次动作电流按式(9-13)计算，即按电动机额定电流的20%整定。

$$I_{dif1}=0.2I_n \tag{9-13}$$

二次动作电流 $I_{dif2}=0.2I_n/n_{ctz}$。

动作时间 $t=0.05\sim0.1s$。

式中 n_{ctz}——自平衡互感器变比;

I_n——电动机额定电流，A。

保护灵敏度按式(9-14)计算:

$$K_L=\frac{0.866\times I_{3min}}{I_{dif1}} \tag{9-14}$$

式中 I_{3min}——电动机端最小三相短路电流，A。

(2) 纵联差动保护

最小一次动作电流 I_{dif1} 按式(9-15)计算:

$$I_{dif1}=(0.2-0.4)I_n \tag{9-15}$$

一般可取 $I_{dif1}=0.3I_n$，即按电动机额定电流的30%整定。

最小二次动作电流 $I_{dif2}=I_{dif1}/n_{ct}$。

差动速断一次动作电流按式(9-16)计算:

$$I_{dif1.i}=5.0I_n \tag{9-16}$$

差动速断二次动作电流 $I_{dif2.i}=5.0I_n/n_{ct}$。

比例制动系数0.35。

保护灵敏度按式(9-17)计算:

$$K_L=\frac{0.866\times I_{3min}}{I_{dif1}} \tag{9-17}$$

或

$$K_L=\frac{0.866\times I_{3min}}{I_{dif1.i}}$$

说明：施耐德差动继电器 M87 差动速断动作电流和比例制动系数无需设定；西门子 7UT612 差动继电器，最小动作电流比 $I_{dif1}/I_n=0.30$，差动速断动作电流比 $I_{dif1.i}/I_n=5.5$。

4.2.1.7 不平衡保护——负序电流保护 46

容量在2MW及以上的重要电动机应装设负序电流保护。

ABB保护装置按不平衡度整定，施耐德保护装置按负序电流的百分数整定，西门子保护装置按负序电流整定，都有定时限和反时限功能。

(1) 定时限

a. 定时限Ⅰ段：

负序动作电流取电动机额定电流20%，即负序动作电流一次值按式(9-18)计算：

$$I_{21.1}=0.2\times I_n \qquad (9-18)$$

负序动作电流二次值 $I_{21.2}=0.2\times I_n/n_{ct}$。

不平衡度动作值 $\Delta_1=15\%/(1/\sqrt{3})=26\%$（对ABB保护装置）。

动作时限 $t_{21}=0.5s$。

b. 定时限Ⅱ段：

负序动作电流按电动机额定电流80%，即负序动作电流一次值按式(9-19)计算：

$$I_{22.1}=0.80\times I_n \qquad (9-19)$$

负序动作电流二次值 $I_{22.2}=0.80\times I_n/n_{ct}$。

不平衡度动作值 $\Delta=50\%/(1/\sqrt{3})=86.6\%$（对ABB保护装置）。

动作时限 $t_{22}=0.2s$。

保护装置应有外部不平衡短路故障闭锁功能。

(2) 反时限

a. 负序动作电流按电动机额定电流15%，即负序一次动作电流按式(8-20)计算：

$$I_{21}=0.15\times I_n \qquad (9-20)$$

负序二次动作电流 $I_{22}=0.15\times I_n/n_{ct}$。

不平衡度动作值 $\Delta=20\%$（对ABB保护装置）。

b. 选用曲线IEC-SIT曲线，即标准反时限（ABB除外），动作特性如式(9-21)：

$$t_{21}=\frac{0.14}{(I_2\div I_{21})^{0.02}-1}\times T_p \qquad (9-21)$$

c. 时间倍乘因子 T_p 整定按式(9-22)计算：

$$T_p=\frac{t_2\times[(I_2\div I_{21})^{0.02}-1]}{0.14} \qquad (9-22)$$

可按负序电流为额定电流的80%，保护动作时间 $t_2\geqslant0.2s$ 来计算 T_p 值，即与定时限配合。

说明：上述不平衡保护给出了三段整定值，如果保护装置只能设定两段，则可取其中任意两段，推荐一个定时限加一个反时限。当定时限Ⅰ段保护的二次动作电流整定值太小，超出保护装置整定范围下限时，可只保留定时限Ⅱ段。

4.2.2 配电变压器

4.2.2.1 电流速断50

(1) 一次动作电流

按式(9-23)计算：

$$I_{11}=(K_k\times I_{23max})\div N_t \qquad (9-23)$$

二次动作电流 $I_{12}=I_{11}\div n_{ct}$。

(2) 动作时间

$t_1=0s$

保护灵敏度按式(9－24)计算：

$$K_L = (0.866 \times I_{13min}) \div I_{11} \tag{9-24}$$

式中 K_k——可靠系数，取1.3；

n_{ct}——电流互感器变比；

I_{13min}——变压器一次侧最小三相短路电流，A；

I_{23max}——变压器二次侧最大三相短路电流，A；

N_t——变压器的变比。

4.2.2.2 定时限过流51－1

（1）一次动作电流

按式(9－25)计算：

$$I_{21} = K_k \times \frac{K_{gh} \times I_{1n}}{K_{fh}} \tag{9-25}$$

二次动作电流 $I_{22} = I_{21} \div n_{ct}$

（2）动作时间

$t_2 = 0.7s$(与二次侧断路器短延时脱扣器配合)；

或 $t_2 = 0.4s$(与二次侧断路器短延时脱扣器不配合)。

保护灵敏度按式(9－26)计算：

$$K_L = (0.866 \times I_{23min}) \div (N_t \times I_{21}) \tag{9-26}$$

式中 I_{1n}——变压器一次侧额定电流，A；

I_{23min}——变压器二次侧最小三相短路电流，A；

K_{gh}——变压器可能的过负荷系数，可取1.5～3.0，推荐取2.5；

K_k——可靠系数，取1.2，反时限取1.05

N_t——变压器额定变比，$N_t = 15$(或25)，括号内为10/0.4kV变压器。

4.2.2.3 反时限过电流51－2

（1）一次动作电流

按式(9－27)计算：

$$I_{31} = K_k \times \frac{I_{1n}}{K_{fh}} \tag{9-27}$$

二次动作电流 $I_{32} = I_{31} \div n_{ct}$。

（2）选用IEC曲线VIT，即非常反时限

对西门子、ABB保护装置保护动作特性见式(9－28)：

$$t_3 = \frac{13.5}{(I/I_{31})^1 - 1} \times T_p \tag{9-28}$$

对施耐德保护装置见式(9－29)：

$$t_3 = \frac{13.5}{(I/I_{31})^1 - 1} \times \frac{T_{p10}}{1.5} \tag{9-29}$$

（3）时间倍乘因子整定

对西门子、ABB保护装置按式(9－30)计算：

$$T_p = \frac{t_2 \times \{[(I_{23max}/N_t) \div I_{31}] - 1\}}{13.5} \tag{9-30}$$

对施耐德保护装置10倍动作电流时间，按式(9-31)计算：

$$T_{p10} = \frac{1.5 \times t_2 \times \{[(I_{23max} \div N_t) \div I_{31}] - 1\}}{13.5} \quad (9-31)$$

注：如果选用IEC/A标准反时限SIT，则动作时间：

$$t = \frac{0.14}{(I/I_{p2})^{0.02} - 1} \times T_p$$

时间因子 $T_p = \frac{t_2 \times \{[(I_{23max}/N_t) \div I_{31}]^{0.02} - 1\}}{0.14}$

式中 t_2——二次侧最大三相短路时，保护动作时间；应与定时限保护相配合，可取 $t_2 = 0.8s$ 或 $0.5s$(分别对应0.7s和0.4s)；

其余符号意义同前。

4.2.2.4 一次侧接地保护51G

(1) 不接地或经消弧线圈接地系统

计算公式同电动机。

(2)小电阻接地系统

计算公式同电动机。

4.2.2.5 二次侧母线或母干线接地保护

动作电流、动作时间同过流保护51-1。

对D，yn接线变压器，保护灵敏度按式(9-32)计算：

$$K_L = \frac{\sqrt{3} \times I_{21min}}{3 \times I_{21} \times N_t} \quad (9-32)$$

对Y，yn接线变压器，保护灵敏度按式(9-33)计算：

$$K_L = \frac{2 \times I_{21min}}{3 \times I_{21} \times N_t} \quad (9-33)$$

要求灵敏度不小于1.5。

式中 I_{21min}——变压器二次侧母线最小单相短路电流，A；

其余符号同前。

4.2.3 电容器

4.2.3.1 电流速断50

按保护灵敏度整定，即：

(1) 一次动作电流

按式(9-34)计算：

$$I_{11} = \frac{0.866 \times I_{3min}}{K_L} \quad (9-34)$$

取 $K_L = 2.0 \sim 2.2$。

二次动作电流 $I_{12} = I_{11} \div n_{ct}$。

(2) 动作时间

$t_1 = 0.2s$

式中 I_{3min}——6(10)kV系统最小三相短路电流，A。

4.2.3.2 定时限过流 51

（1）一次动作电流

按式(9－35)计算：

$$I_{21} = K_k \times \frac{K_{gh} \times I_n}{K_{fh}} \tag{9-35}$$

（2）二次动作电流

$$I_{22} = I_{21} \div n_{ct}$$

（3）动作时间

$t_2 = 0.5s$

（4）保护灵敏度

按式(9－36)计算：

$$K_L = \frac{0.866 \times I_{3min}}{I_{21}} \tag{9-36}$$

式中 I_{3min}——6(10)kV 系统最小三相短路电流，A；

I_n——电容器组额定电流；

K_{gh}——过负荷系数，取 1.3；

K_k——可靠系数，取 1.2；

K_{fh}——返回系数。

4.2.3.3 过负荷定时限

（1）一次动作电流

按式(9－37)计算：

$$I_{31} = K_k \times \frac{I_n}{K_{fh}} \tag{9-37}$$

（2）二次动作电流

$$I_{32} = I_{31} \div n_{ct}$$

（3）动作时间

$t_{p3} = 0.8s$

式中符号意义同前。

4.2.3.4 过电压 59

（1）二次动作电压

$$U_{ov} = 110V$$

（2）动作时间

$t_{ov} = 0.5s$，报警。

4.2.3.5 低电压 27

（1）二次动作电压

$$U_{lv} = 50V$$

（2）动作时间

$t_{lv} = 1.0s$

4.2.3.6 开口三角过电压保护 59N

（1）二次动作电压

$$U_0 = 20V$$

（2）动作时间

$t_0 = 1.0s$

4.2.3.7 接地保护 51G

（1）不接地或经消弧线圈接地系统

计算公式同电动机。

（2）小电阻接地系统

计算公式同电动机。

4.2.4 电源进线

4.2.4.1 延时速断保护

为了与出线短路故障相配合，进线开关不能设速断保护，否则会失去选择性。

(1) 延时速断的动作电流

按躲过以下三种情况的最大者整定：

① 全部负荷计算电流(减去最大一台电机的工作电流)，加上其中最大一台电动机启动电流。

一次动作电流按式(9-38)计算：

$$I_{11} = \frac{K_k \times [(I_{js} - 0.8 \times I_{nmax}) + I_{nmax} \times K_{st}]}{K_{fh}} \tag{9-38}$$

二次动作电流：

$$I_{12} = I_{11} \div n_{ct}$$

式中 I_{nmax}——所供负荷中，最大一台电动机的额定电流；

K_{st}——最大一台电动机的启动电流倍数；

I_{js}——变电所总的计算电流；

K_k——可靠系数，取 1.2；

n_{ct}——电流互感器变比。

最大一台电动机负荷电流按 80% 额定电流计算。

② 所供变电所一段母线的总负荷电流，加另一段母线需要自启动电动机总的自启动电流。

一次动作电流按式(9-39)或式(9-40)计算：

$$I'_{11} = \frac{K_k \times (0.5 \times I_{js} + 0.5 \times I_{zst})}{K_{fh}} \tag{9-39}$$

式中 I_{zst}——总的自启动电流，$I_{zst} = (I_{js} \div 0.75) \times 0.85 \times 5 \times 0.85 = 4.81 I_{js}$

$(I_{js} \div 0.75)$——变电所运行的电动机额定电流之总和。

0.85——系数，只考虑 85% 的负荷需要自启动和分批自启动的影响。

5——系数，自启动电机平均启动电流倍数。

I_{js}——变电所总的计算电流，A；

K_k——可靠系数，取 1.2；

其余符号同前。

即 $$I'_{11} = \frac{K_k \times (0.5 \times I_{js} + 0.5 \times 4.81 I_{js})}{K_{fh} \times n_{ct}} = \frac{K_k \times 2.91 I_{js}}{K_{fh}} \quad (9-40)$$

保护二次动作电流 $I'_{12} = I'_{11} \div n_{ct}$

③ 所供最大一台配电变压器二次侧最大短路电流，即变压器二次侧短路，进线开关不应动作。

一次动作电流按式(9－41)计算：

$$I''_{11} = \frac{K_k \times (I_{23max} \div N_t)}{K_{fh}} \quad (9-41)$$

二次动作电流 $I''_{12} = I''_{11} \div n_{ct}$。

式中 I_{23max}——变压器二次侧最大三相短路电流，A；

K_k——可靠系数，取1.3；

其余符号意义同前。

(2) 动作时间

$t_1 \geqslant 0.6s$(对末端变电所)

(3) 保护灵敏度

按式(9－42)计算：

$$K_L = (0.866 \times I_{3min}) \div I_{11} \quad (9-42)$$

或 $K_L = (0.866 \times I_{3min}) \div I'_{11}$

或 $K_L = (0.866 \times I_{3min}) \div I''_{11}$

式中，I_{3min} 为6(10)kV母线最小三相短路稳态电流，A。

4.2.4.2 过负荷保护

(1) 一次动作电流

按式(9－43)计算：

$$I_{21} = K_k \times \frac{I_{js}}{K_{fh}} \quad (9-43)$$

二次动作电流 $I_{22} = I_{21} \div n_{ct}$。

注：动作电流也可按进线电缆的允许载流量整定。

(2) 动作时间

按式(9－44)计算，动作于报警：

$$t_{p3} = 1.2 \times t_{yq} \quad \text{s} \quad (9-44)$$

式中 t_{yq}——最大一台电动机启动时间，s；

其余符号意义同前。

4.2.4.3 母线充电保护

该保护在进线开关合闸时投入，合闸成功后退出。合闸在故障线路或母线，0s跳闸。

动作电流与短延时速断相同。动作时间0s。

4.2.5 配出线

4.2.5.1 延时速断保护

整定计算公式同进线，只是相应数据应按该配电线路所供负荷的实际情况确定。如总的计算电流、最大一台电动机、最大一台变压器等数据。

另外，保护灵敏度校验采用该线路末端最小短路电流，即按式(9－45)计算：

$$K_L = (0.866 \times I_{3min}) \div I_{11} \tag{9-45}$$

或 $K_L = (0.866 \times I_{3min}) \div I'_{11}$

或 $K_L = (0.866 \times I_{3min}) \div I''_{11}$

式中，I_{3min}为线路末端最小三相短路稳态电流，A。

动作时间 $t_1 = 0.6s$（或 $0.6 + 0.3 = 0.9s$）。

4.2.5.2 过负荷保护

计算公式同进线。

4.2.5.3 线路差动保护

简单的电流保护可能使上一级出线保护时间整定过长，特别是供电级数较多时。当上级线路故障时，切除故障时间过长，也不利于系统稳定。重要的厂内供电线路宜设纵联差动保护(采用导引线通信)。不同的保护装置，整定方式略有区别，以西门子公司 7SD610 差动继电器为例，对于电缆线路，动作电流要躲过线路合闸时的充电电容电流，且不小于计算电流的 15%。由于厂区内电缆较短，充电电容电流较小，一般按后者整定。

实际整定值在保证灵敏度的前提下可适当加大。

(1) 差动保护始动电流

按式(9-46)计算：

一次动作电流 $I_{dif1} = (0.15 \sim 0.3) \times I_{js}$ (9-46)

二次动作电流 $I_{dif2} = I_{dif1} / n_{ct}$

(2) 高定值动作电流

按式(9-47)计算：

一次动作电流 $I_{dif1.i} = 5.5 \times I_{dif1} = (0.825 \sim 1.65) \times I_{js}$ (9-47)

二次动作电流 $I_{dif2.i} = (0.825 \sim 1.65) \times I_{js} / n_{ct}$

(3) 二次谐波电流制动系数

二次谐波电流制动系数为 15%。

(4) 动作时间

$t = 0s$ 或 $0.05s$

(5) 保护灵敏度

按式(9-48)计算：

$$K_L = \frac{0.866 \times I_{3min}}{I_{dif1}} \tag{9-48}$$

或
$$K_L = \frac{0.866 \times I_{3min}}{I_{dif1.i}}$$

式中 I_{3min}——线路末端最小三相短路电流，A。

4.2.5.4 接地保护 51G

(1) 不接地或经消弧线圈接地系统

计算公式同电动机，但时间整定要与下级出线回路的接地保护相配合，即增加一级级差(0.3s)。

(2) 小电阻接地系统

计算公式同电动机，但时间整定要与下级出线回路的接地保护相配合，即增加一级级差(0.3s)。

4.2.6 母线分段

4.2.6.1 电流延时速断

动作电流同进线延时速断整定值。

动作时间 $t=0.3\text{s}$。

4.2.6.2 充电保护

动作电流同进线延时速断整定值。

动作时间 $t=0\text{s}$。

合闸成功后，保护功能退出；合闸在故障线路或母线，0s 跳闸。

4.2.7 接地变压器(消弧线圈)

4.2.7.1 电流速断

(1) 一次动作电流

可按一次额定电流的 3.5 倍整定，即按式(9-49)计算：

$$I_{11}=K_{\mathrm{k}}\times 3.5\times I_{1\mathrm{n}} \tag{9-49}$$

二次动作电流　$I_{12}=I_{11}/n_{\mathrm{ct}}$。

(2) 动作时间

$t=0\text{s}$。

4.2.7.2 定时限过电流

(1) 一次动作电流

按式(9-50)计算：

$$I_{21}=K_{\mathrm{k}}\times I_{1\mathrm{n}} \tag{9-50}$$

二次动作电流　$I_{22}=I_{21}/n_{\mathrm{ct}}$。

(2) 动作时间

$t=0.6\text{s}$

式中　K_{k}——可靠系数，速断保护取 1.5，过电流保护取 1.3；

$I_{1\mathrm{n}}$——接地变额定电流，A；

n_{ct}——互感器变比。

4.2.7.3 一次接地保护

计算公式同电动机(不接地系统)。

4.3 计算示例

4.3.1 电动机(<2000kW)

某异步电动机 YB710S1-2，1250kW，6kV，139.2A，$k_{\mathrm{s}}=5.8$，电流互感器 200/5A，机组预期启动时间 $t_{\mathrm{st}}=8\text{s}$，母线最大(最小)三相短路电流 17.4(13.7)kA，选用施耐德保护器 M20 或 M41，返回系数 0.935，不接地系统总的单相接地电容电流为 16A，主变分列运行时最小 7.5A，本回路接地电容电流 0.3A，零序 CT=50/5A。要求自启动。

4.3.1.1 电流速断 50

一次动作电流 $I_{11}=1.6\times K_{\mathrm{st}}\times I_{\mathrm{n}}=1.6\times 5.8\times 139.2=1291.8\text{A}$。

二次动作电流 $I_{12}=I_{11}\div n_{\mathrm{ct}}=1291.8\div 40=32.3\text{A}$ 取 33A。

动作时间 $t_1=0\text{s}$。

灵敏度 $K_L=(0.866\times I_{3\min})\div I_{11}=0.866\times13700\div(33\times40)=8.98>2.0$。

式中　$I_{3\min}$——电动机端最小三相短路电流，A，当电缆线路较短时，可取供电母线上的最小三相短路电流。

4.3.1.2　定时限过负荷 51-1

一次动作电流 $I_{21}=1.2\times\dfrac{139.2}{0.935}=178.6$ A。

二次动作电流 $I_{22}=178.6\div40=4.46$ A，取 4.4A。

动作时间 $t_2=1.2\times T_{st}=1.2\times8=9.6$s，跳闸。

4.3.1.3　反时限过电流 51-2

应用曲线 IEC-LTI 曲线，长延时反时限，动作特性见式(9-6)。

一次动作电流 $I_{31}=1.05\times\dfrac{139.2}{0.935}=156.3$ A。

二次动作电流 $I_{32}=156.3\div40=3.9$ A。

10 倍动作电流时间：

$$T_{p10}=\frac{13.33\times1.2\times T_{st}\times[(K_{st}\times I_n)\div(I_{42}\times n_{ct})-1]}{120}$$

即：$T_{p10}=0.133\times T_{st}\times[(K_{st}\times I_n)\div I_{41}-1]=0.133\times8\times[(5.8\times139.2)\div156.3-1]=4.432$

取 $T_{p10}=4.5$s。

验算电机启动时保护动作时间：

$$t=\frac{120}{(I/I_{31})^1-1}\times\frac{T_{p10}}{13.33}=\frac{120}{(5.8\times139.2/156)^1-1}\times\frac{4.5}{13.33}=9.7\text{ s}\geqslant9.6\text{s}$$

即与定时限保护能配合。

4.3.1.4　接地保护 51G

此为不接地系统，定时限过流，按灵敏系数 1.5 整定，见式(9-10)。

一次动作电流 $I_{jd1}=(I_{c\Sigma}-I_{cn})\div1.5=(7.5-0.3)\div1.5=4.8$A，取 $I_{jd1}=4.5$A。

二次动作电流 $I_{jd2}=4.5\div10=0.45$A。

动作时间 $t_{jd}=0.15$s。

4.3.1.5　低电压保护 27

该电机要求自动再启动

二次动作电压 $U_{lv}=45$V。

动作时间 $t_{lv}=5$s。

4.3.2　电动机(≥2000kW)

某同步电动机 TAKW3600-20，3600kW，6kV，398.9A，$k_s=4.1$　CT=500/1A，自平衡差动互感器 50/5A，机组预期启动时间 $t_{st}=8$s，母线最大(最小)三相短路电流 17.4(13.7)kA，单相接地电流同前。选用施耐德保护器 M87。

4.3.2.1　自平衡差动保护

动作电流按式(9-13)计算。

一次动作电流 $I_{dif1}=0.2I_{n1}=0.2\times398.9=79.8$A。

二次动作电流 $I_{dif2}=79.8/10=7.98$A，取 8A。

动作时间 $t_{dif}=0.05\sim0.1s$。

式中，I_n 为电动机额定电流，n_{ctz} 为自平衡互感器变比。

保护灵敏度 $K_L=\dfrac{0.866\times I_{3min}}{I_{dif1}}=0.866\times13700\div80=148>2.0$

式中，I_{3min} 为电动机端最小三相短路电流，A；取母线短路电流有一定的误差，但误差很小。由于互感器在短路条件下的饱和，实际灵敏度比计算值要小，但肯定远大于2。

4.3.2.2 纵差保护

如果采用纵差保护，则：

最小一次动作电流按式(9-15)计算，即 $I_{dif1}=0.3\times398.9=119.7A$。

最小二次动作电流 $I_{dif2}=119.7/500=0.24A$（最小一次动作电流 $0.24\times500=120A$）。

差动速断一次动作电流 $I_{dif1.i}=5.0I_n=5\times398.9=1994.5A$，取2000A。

差动速断二次动作电流 $I_{dif2.i}=2000/500=4.0A$。

比例制动系数0.35。

保护灵敏度按式(9-17)计算：

差动速断 $K_L=\dfrac{0.866\times I_{3min}}{I_{dif1.i}}=0.866\times13700\div2000=5.93>2.0$。

比例制动 $K_L=\dfrac{0.866\times I_{3min}}{I_{dif1}}=0.866\times13700\div120=98.8>2$。

动作时间 $t_{dif}=0.05\sim0.1s$。

4.3.2.3 不平衡保护——负序电流保护46

施耐德保护装置，按负序电流的百分数整定，有定时限和反时限。

(1) 负序定时限

a. 定时限Ⅰ段：

负序动作电流百分数 $I_{21.1}\%=20\%$；

负序动作电流一次值 $I_{21.1}=0.2\times I_n=0.2\times398.9=79.8A$，取80A；

负序动作电流二次值 $I_{21.2}=80/500=0.16A$；

动作时限 $t_{21}=0.5s$

b. 定时限Ⅱ段：

负序动作电流百分数 $I_{22.1}\%=80\%$；

负序动作电流一次值 $I_{22.1}=0.80\times I_n=0.8\times398.9=319.12A$，取320A；

负序动作电流二次值 $I_{22.2}=320/500=0.64A$；

动作时限 $t_{22}=0.2s$。

(2) 负序反时限

a. 负序动作电流百分数 $I_{21}\%=15\%$；

负序一次动作电流 $I_{21}=0.15\times398.9=59.84A$，取60A；

负序二次动作电流 $I_{22}=60/500=0.12A$。

b. 选用曲线 IEC-SIT 曲线，即标准反时限，动作特性如式(9-21)。

c. 时间倍乘因子 T_p 按式(9-22)计算：

当负序电流达到 $80\%I_n$ 时，动作时间不小于0.2s，则求得：

$$T_p = \frac{0.2 \times [(0.8 \div 0.15)^{0.02} - 1]}{0.14} = 0.049\ s$$

取 $T_p = 0.06s$。

校验1：

当负序电流达到80% I_n 时，保护动作时间：

$$t_{2>} = \frac{0.14}{(0.80 \div 0.15)^{0.02} - 1} \times 0.06 = 0.25\ s > 0.2s，满足要求。$$

校验2：

当负序电流达到57.7% I_n 时，即一相断线后，保护动作时间：

$$t_{2>} = \frac{0.14}{(0.577 \div 0.15)^{0.02} - 1} \times 0.06 = 0.31\ s$$

说明：上述不平衡保护给出了三段整定值，如果保护装置只能设定两段，则可取其中任意两段，推荐一个定时限加一个反时限。当定时限Ⅰ段的二次动作电流整定值太小，超出保护装置整定范围下限时，可只保留定时限Ⅱ段。

其他保护功能的整定计算同4.3.1。

4.3.3 配电变压器

配电变压器S10－M－1250/10，1250kVA，6±5%/0.4kV，4.5%，$I_{1n} = 120.3A$，电流互感器150/5A，D，yn，$\Delta P_k = 11.4kW$，一次侧最大（最小）短路电流17.4（13.7）kA，二次侧母线最大（最小）三相短路电流28.15kA（26.88kA），二次侧母线单相接地电流25.95A。选用施耐德保护器T20或T40。

4.3.3.1 电流速断50

按式（9－23）计算：

一次动作电流 $I_{11} = (1.3 \times I_{23max}) \div N_t = 1.3 \times 28150 \div 15 = 2439.7A$。

二次动作电流 $I_{12} = 2439.7 \div 30 = 81.3A$。

动作时间 $t_1 = 0s$。

保护灵敏度按式（9－24）计算：

$K_L = (0.866 \times I_{13min}) \div I_{11} = 0.866 \times 13700 \div 2439 = 4.86 > 2.0$，满足要求。

4.3.3.2 定时限过流51－1

按式（9－25）计算：

一次动作电流 $I_{21} = 1.2 \times 2.5 \times 120.3 \div 0.935 = 386\ A$

二次动作电流 $I_{22} = 386 \div 30 = 12.87A$，取12.9A。

动作时间 $t_2 = 0.7s$。

保护灵敏度按式（9－26）计算：

$K_L = (0.866 \times 26880) \div (15 \times 12.9 \times 30) = 4.0 > 1.5$，满足要求。

4.3.3.3 反时限过负荷（过电流）51－2

按式（9－27）计算：

一次动作电流 $I_{31} = 1.05 \times \frac{120.3}{0.935} = 135\ A$。

二次动作电流 $I_{32} = 135 \div 30 = 4.5A$。

选用IEC曲线VIT，即非常反时限，动作特性见式（9－29）。

10 倍动作电流时间 T_{p10} 见式(9－31)：

$$T_{p10}=\frac{1.5\times 0.7\times\{[(28150\div 15)\div 135]^{1}-1\}}{13.5}=1.0\ \text{s}\ 取\ T_{p10}=1.10\text{s}。$$

校验二次侧最大短路时，与定时限保护是否配合：

$$t_3=\frac{13.5}{(I/I_{31})^{1}-1}\times\frac{T_{p10}}{1.5}=\frac{13.5}{[(28150\div 15)\div 135]^{1}-1}\times\frac{1.1}{1.5}=0.77\ \text{s}\geqslant 0.7\text{s}，满足要求。$$

4.3.3.4　一次侧接地保护 51G

整定内容同电动机接地保护、动作与报警。

4.3.3.5　二次侧母线或母干线接地保护

动作电流值、动作时间同过流保护 51－1。

保护灵敏度计算见式(9－32)，即：

$K_L=(\sqrt{3}\times I_{21\min})\div(3\times I_{21}\times N_t)=(\sqrt{3}\times 25950)\div(3\times 387\times 15)=2.58>1.5$，满足要求。

4.3.4　电容器组

补偿电容器成套装置，900kvar，6.3kV/$\sqrt{3}$，Y 接线，82.5A，CT＝150/5 系统短路电流及接地电容电流数据同前。选用施耐德保护器 S40。

4.3.4.1　电流速断 50

按灵敏系数 2.2 整定：

一次动作电流 $I_{11}=\dfrac{0.866\times 13700}{2.2}=5392\ \text{A}$。

二次动作电流 $I_{12}=5392\div 30=179.73\text{A}$，取 180A。

动作时间 $t_1=0.2\text{s}$。

4.3.4.2　定时限过流 51

按式(9－35)计算：

一次动作电流 $I_{21}=\dfrac{1.3\times 82.5}{0.935}=137.6\ \text{A}$。

式中　1.3 为过负荷系数 K_{gh}。

二次动作电流 $I_{22}=137.6\div 30=4.59\text{A}$，取 4.6A。

动作时间 $t_2=0.5\text{s}$。

保护灵敏度 $K_L=\dfrac{0.866\times I_{3\min}}{I_{21}}=0.866\times 13700\div(4.6\times 30)=86>1.5$。

4.3.4.3　过负荷(定时限)

按式(9－37)计算：

一次动作电流 $I_{31}=1.2\times\dfrac{82.5}{0.935}=105.9\ \text{A}$。

二次动作电流 $I_{32}=105.9\div 30=3.53\text{A}$。

动作时间 $t_3=0.8\text{s}$。

4.3.4.4　过电压 59

二次动作电压 $U_{ov}=1.1\times U_n=110\text{V}$。

动作时间 $t_{ov}=5s$ 报警。

4.3.4.5 低电压 27

二次动作电压 $U_{lv}=0.5U_n=50V$。

动作时间 $t_{lv}=1.0s$。

4.3.4.6 开口三角电压保护 59N

二次动作电压 $U_0=20V$（或按躲过最大不平衡电压整定）

注：该保护通常由补偿装置制造厂成套，提供电压继电器干接点接入保护装置。

动作时间 $t_0=2.0s$。

4.3.4.7 接地保护 51G

整定内容同电动机。

4.3.5 电源进线

这里指的电源进线，是装置变电所的6(10)kV 电源开关的保护设置，实际上与总变电所配出开关的保护是相同的，由于石化企业内部线路较短，上下级短路电流差别很小，故电流速断没有保护区。

某6kV 配电所总计算负荷6200kW，$\cos\varphi=0.9$；$I_{js}=662.9A$，互感器1000/5，母线最大(最小)三相短路电流17.4(13.7)kA。所供负荷中，最大一台电动机1250kW，139.2A，$k_s=5.8$，运行负荷率80%，启动时间 $t_s=10s$；所供最大一台配电变压器1600kVA，$u_k=5.5\%$，二次侧最大(最小)三相短路电流为35.4(34.2)kA。选用施耐德保护器S20或S40。

4.3.5.1 过负荷保护

按总计算负荷整定，按式(9-43)计算：

一次动作电流 $I_{11}=1.05\times\dfrac{662.9}{0.935}=744.4\ A$。

二次动作电流 $I_{12}=\dfrac{744.4}{200}=3.72\ A$。

注：过负荷保护(报警)，也可按进线电缆的允许载流量整定，此时可靠系数取1.0动作延时按躲过最大一台电动机的启动时间，即：

动作时间 $t_{p1}=1.2\times t_s=1.2\times10=12s$。

4.3.5.2 延时速断保护

(1) 动作电流

按躲过以下三种情况的最大者整定：

① 一回进线带全部负荷，加上其中最大一台电动机启动电流。

一次动作电流按式(9-38)计算：

$$I_{21}=\frac{1.2[(662.9-0.8\times139.2)+139.2\times5.8]}{0.935}=1744\ A$$

二次动作电流 $I_{22}=1744\div200=8.72\ A$。

② 所供变电所一段母线的总负荷电流加另一段母线需要自启动电动机总的自启动电流。

保护装置一次动作电流按式(9-39)计算：

$$I'_{21}=\frac{1.2\times(0.5\times662.9+0.5\times4.81\times662.9)}{0.935}=2472\ A$$

式中，总的自启动电流 $I_{zst}=(I_{js}\div0.75)\times0.85\times5\times0.85=4.81I_{js}$

二次动作电流 $I'_{22}=2472\div200=12.36\text{A}$。

③ 所供最大一台配电变压器二次侧最大短路电流。

一次动作电流按式(9-41)计算：

$$I''_{21}=\frac{1.2\times(35400\div15)}{0.935}=3028.9\text{ A}$$

二次动作电流 $I'_{22}=3028.9\div200=15.14\text{A}$，取 15.15A。

式中，变压器二次侧最大三相短路电流 $I_{2\max}=35400\text{A}$。

三者比较，取③，即：

一次动作电流 $I''_{21}=15.15\times200=3030\text{A}$。

二次动作电流 $I''_{22}=15.15\text{A}$。

(2) 保护灵敏度

$K_L=(0.866\times I_{3\min})\div I_{21}=0.866\times13700\div3030=3.92>2.0$，满足要求。

式中，$I_{3\min}$ 为 6(10) kV 母线最小三相短路稳态电流，A。

(3) 动作时间 t

比配出回路的主保护时间长一个级差，对末端变电所：

$t=0.2+0.3=0.5\text{s}$，(与电容器补偿装置主保护相配合)

或 $t=0.3+0.3=0.6\text{s}$(与分段开关延时速断相配合)

保护装置的其他功能关断。

4.3.5.3 母线充电保护

动作电流同延时速断保护。

动作时间 $t=0\text{s}$，合闸成功后，该保护退出。

4.3.6 配电线路

无差动保护的配电线路，其保护的设置和整定计算与“电源进线”完全相同。例如总变电所的某个“配出线路”，也就是下级变电所的“电源进线”。以下仅就线路差动保护和接地保护作整定示例。

4.3.6.1 线路差动保护 87

仍以上述负荷为例，线路采用综差保护。选用西门子公司 7SD610 差动继电器。

(1) 差动保护始动电流

按式(9-46)计算：

一次动作电流 $I_{\text{dif1}}=0.2\times I_{\text{js}}=0.2\times662.9=132.6\text{A}$。

二次动作电流 $I_{\text{dif2}}=132.6/200=0.66\text{A}$。

(2) 高定值动作电流

按式(9-47)计算：

一次动作电流 $I_{\text{dif1.i}}=5.5\times132.6=729.3\text{A}$。

二次动作电流 $I_{\text{dif2.i}}=729.3/200=3.65\text{A}$。

(3) 二次谐波电流制动系数

二次谐波电流制动系数 15%。

(4) 动作时间：

$t=0\text{s}$ 或 0.05s。

（5）保护灵敏度

按式(9－48)计算：

比例制动 $$K_L = \frac{0.866 \times 13700}{132.6} = 89.5。$$

或 高定值 $$K_L = \frac{0.866 \times 13700}{729.3} = 16.2$$

式中 I_{3min}——线路末端最小三相短路电流，A。

4.3.6.2 接地保护 51G

此为不接地系统，定时限过流，按灵敏系数 1.5 整定，见式(9－10)：

一次动作电流 $I_{jd1} = (I_{c\Sigma} - I_{cn}) \div 1.5 = (7.5 - 0.7) \div 1.5 = 4.5A$。

二次动作电流 $I_{jd2} = 4.5 \div 10 = 0.45A$。

动作时间 $t_{jd} = 0.5s$。

式中，$I_{cn} = 0.7A$，是该线路本身的电容电流。

4.3.7 母线分段

保护设置：短延时速断保护及母线充电保护动作电流设定值同进线，即：

一次动作电流值 $I_1 = 3030A$。

二次动作电流 $I_2 = 15.15A$。

动作时间：

对延时速断保护 $t = 0.3s$(与进线动作时间 $t = 0.6s$ 相配合)。

母线充电保护 $t = 0s$，合闸成功后，该保护退出。

保护灵敏度校验同进线。

保护装置的其他功能关断。

5 主变压器保护整定计算

本节所述变压器，容量在 10MVA 及以上，电压为 35(110)/6.3(10.5)kV，通常是指企业内部总变电所或区域变电所内的变压器。整定计算举例如下：

某主变压器 SF9－25000kVA，35/6.3kV，Yn，d11 接线，$U_k = 8\%$，一次侧(二次侧)额定电流 412.4A(2291A)，35kV 侧三相短路电流：最大 21.5kA，最小 17.2kA。35kV 系统中性点经消弧线圈接地；6kV 系统不接地，无发电机接入，所供最大电动机 4000kW，全压直接启动，预期启动时间约 12s。

5.1 保护装置选型及设置原则

选用智能型保护装置，保护设置原则如下：

差动保护与过流后备保护分别设置——分开的保护装置和电流互感器；

差动保护专用互感器准确度要求 5P10；

高压侧过流后备保护(高后备)和过负荷保护共用一套保护装置和互感器(准确级不低于 10P10)；低压侧过流后备保护(低后备)和过负荷保护共用一套保护装置和互感器(准确级不低于 10P10)。

注：对于变压器低压侧无电源的终端变电所，低后备也可取消。

以施耐德公司保护装置为例，差动保护装置 T87，过流后备保护 S40(或 S42 - 带方向保护)。

5.2 整定计算

5.2.1 基本设定值

① 35kV 侧互感器一次额定电流 $I_n = 600A$(二次额定电流 $I_{n2} = 5A$)，6.3kV 侧互感器一次额定电流 $I'_n = 3000A$(二次额定电流 $I'_{n2} = 5A$)。

② 基本电流 $I_b = 412.4A$，$I'_b = 2291A$。

③ 电压互感器额定初级线电压 $U_{np} = 35kV$，额定初级相电压 $V_{np} = 35kV/\sqrt{3}$。

④ 电压互感器额定次级线电压 $U_{ns} = 100V$，次级零序电压 $U_{nso} = 100/3V$。

⑤ 变压器额定容量 $S = 25MVA$。

⑥ 绕组 1 额定电压 $U_{n1} = 35kV$。

⑦ 绕组 2 额定电压 $U_{n2} = 6.3kV$。

⑧ 绕组 1 额定电流 $I_{n1} = 412.4A$。

⑨ 绕组 2 额定电流 $I_{n2} = 2291A$。

5.2.2 系统短路数据

外部短路时，穿越变压器的短路电流：

6.3kV 侧短路：最大 23.33kA；最小 22.3kA。

折算到 35kV 侧：最大 4.2kA；最小 4.0kA。

5.2.3 保护设定值

5.2.3.1 差动保护 87

选用施耐德保护装置 T87。

(1) 最小动作电流 I_{ds}设定

按式(9 - 51)计算：

$$I_{ds} = k(2f + \Delta U + \Delta m)I_n \tag{9-51}$$

即 $I_{ds} = 1.2 \times (2 \times 0.1 + 0.1 + 0.05) \times 412.4 = 173.2A = 0.29I_n$。

考虑返回/动作比(90 ± 5)% 的误差，$I_{ds} = 0.29I_n/0.85 = 0.34I_n$；取 $I_{ds} = 40\% I_n = 240A$ [设定范围(30% ~100%)I_n]。

(2) 计算 I_d/I_t

外部短路时出现的最大不平衡电流按式(9 - 52)计算：

$$I_{diff} = (k_{st}k_a f + \Delta U + \Delta m)I_s \tag{9-52}$$

即：$I_{diff} = (1 \times 2.0 \times 0.1 + 0.1 + 0.05) \times 4200 = 0.35 \times 4200 = 1470A$

外部短路时出现的最大穿越电流：

$I_{tx} = 4200\ A$

所以，$I_d/I_t = 1470/4200 = 35\%$。

考虑返回系数(90 ±5)%，$I_d/I_t = 35/0.90 = 38.9\%$。

取 $I_d/I_t = 40\%$(设定范围 15% ~50%)。

式中 f——互感器的比值误差，取 0.1；

k_a——互感器的非周期系数，1.5~2.0(对 5p 或 10p)；

k_{st}——互感器的同型系数，不同型取 1.0；

ΔU——变压器调压分接头引起的误差，取 0.1；

Δm——互感器变比不完全匹配产生的误差，取 0.05；

I_n——一次侧电流互感器额定电流，$I_n = 600A$。

(3) 最小制动电流

$1.0I_n$。

(4) 电流互感器断线检测

投入。

差动保护灵敏度 $K_L = 0.866 \times 4000/240 = 14.4 > 2.0$，满足要求。

T87 保护装置的其他功能关断。

5.2.3.2 高压侧后备保护 S40 - A

(1) 复合电压启动的过流保护

电压设定：

负序电压动作值 $U_{21} = 360V = 6\% U_n$[整定范围$(1\% \sim 50\%) U_n$]；

低电压动作值 $U_{lv} = 0.5U_n = 3000V = 50\% U_n$。

注：电压信号取自 6kV 侧。

电流设定：

按躲过最大可能出现的过负荷电流整定，取过载系数 2.2；

一次动作电流 $I_{op1} = (1.2 \times 2.2 \times 412.4)/0.935 = 1164.3A = 1.94I_n$；

取 $I_{op} = 2.0I_n = 1200A$(设定范围 $0.1I_n \sim 24I_n$)。

二次动作电流 $I_{op2} = 1200 \div 120 = 10A$；

动作时间 $t = 1.5s$(设定范围 0.05 ~ 300s)。

保护灵敏度 $K_L = 0.866 \times 4000/1200 = 2.88 > 1.5$，满足要求。

(2) 高压侧过负荷保护 S40 - A

a. 反时限保护

动作电流 $I_{op} = (1.05 \times 1 \times 412.4)/0.935 = 463A = 0.77I_n$(设定范围 $0.1I_n \sim 2.4I_n$)。

选用曲线 IDMT 极端反时限 EIT(IEC/C)曲线，动作特性如式(9 - 53)：

动作时间
$$t = \frac{80}{(I/I_s)^2 - 1} \times \frac{T_{s10}}{0.808} \tag{9-53}$$

计算 10 倍动作电流时间 T_{s10}：当二次侧在最大方式下短路时，即保护过载 4200/463 = 9.07 倍时，动作时间不应小于 1.5s，代入上式求得 $T_{s10} = 1.236s$，取 $T_{s10} = 1.40s$(整定范围 100ms ~ 12.50s)。

校验是否满足：

二次侧最大穿越性短路电流时的动作时间：

$$t = \frac{80}{9.07^2 - 1} \times \frac{1.4}{0.808} = 1.7\ s > 1.5s$$，满足要求。

最大可能的过负荷时(如最大一台电动机启动时或另一段电机的自启动时)，保护不应误动，例如当一台 4000kW 电动机启动时($I_{nm} = 459A$，$K_{st} = 6.5$)。

二次侧总负荷电流折算到一次侧：

$I = [(2291 - 0.8 \times 459) + 6.5 \times 459]/5.56 = 882.6A$(变比 $n_t = 35/6.3 = 5.56$)

即 $I/I_s = 882.6/463 = 1.91$，代入式(9 - 53)得：

$$t=\frac{80}{1.91^2-1}\times\frac{1.4}{0.808}=52\ s>1.2\times12=14.4s$$

满足启动或自启动要求。

(另外，查油浸变压器在过载2倍时，不应超过10min)。

注：ⅰ 也可将时间常数 T_{s10} 再适当加长，例如取1.5s或1.6s；

ⅱ 间常数 T_{s10} 也可从施耐德保护装置产品样本中的曲线求得。

b. 定时限过负荷保护

动作电流 $I_{op}=(1.05\times1\times412.4)/0.935=463A=0.77I_n$(设定范围 $0.1I_n\sim24I_n$)。

动作时间 $t=1.2\times12=14.4s$，报警(躲过最大一台电动机启动时间，按12s)。

(3) 接地故障保护51G

零序电流取自35kV侧CSH传感器，额定电流值5A(35kV系统总的电容电流<10A)。采用定时限保护DT。

保护1次侧动作电流 $I_{s0}=3A$(设定范围0.5~75A)；

动作时间 $t_0=2s$，动作于报警。

(4) 不平衡保护46

采用施耐德IDMT反时限保护。

动作电流 $I_{op}=15\%I_b=0.15\times412.4=62A$(设定范围 $10\%I_b\sim50\%I_b$)；

动作时间系数 $T=0.6s$(T 为 $5I_b$ 时的动作时间，设定范围0.1~1.0s)。

这样，当负序电流为 $35\%I_b=144A$ 时，保护动作时间为：$t=K\times T=15.34\times0.6=9.2s$，当负序电流为 $57.7\%I_b$，$t=7.84\times0.6=4.7s$，其余查曲线类推。

详见施耐德S40系列保护装置样本资料中“负序/不平衡”功能中的曲线及使用说明。

5.2.3.3 低压侧后备保护S40-B

(1) 复合电压启动的过流保护

a. 电压设定：

负序电压动作值 $U_{21}=360V=6\%U_n$(整定范围 $1\%U_n\sim50\%U_n$)；

低电压动作值 $U_{lv}=0.5U_n=3000V=50\%U_n$。

注：电压信号取自6kV侧。

b. 电流设定：

按躲过最大可能的过负荷电流整定，设过负荷系数为2.2；

动作电流 $I_{op}=(1.2\times1\times2.2\times2291)/0.935=6468.7A=2.15I'_n$

取 $I_s=2.2I'_n=6600A$(设定范围 $0.1I_n\sim24I_n$)；

动作时间 $t=1.2s$(设定范围0.05~300s)；

保护灵敏度 $K_s=0.866\times22300/6600=2.92>1.5$，满足要求。(6kV母线短路)

(2) 低压侧过负荷保护

动作电流 $I_{op}=(1.05\times1\times2291)/0.935=2573A=0.858I'_n$，取 $I_{op}=0.86I'_n=2580A$(设定范围 $0.1I_n\sim2.4I_n$)。

a. 反时限保护：

选IDMT极端反时限EIT(IEC/C)曲线。

计算10倍动作电流时间 T_{s10}：

当二次侧在最大方式下短路时，即保护过载 $I/I_{op}=23330/2580=9.0$ 倍时，动作时间不应小于1.2s，查上述曲线得 $k=1.238$。于是，$T_{s10}=1.20/1.238=0.97s$，取1.10s（整定范围100ms ~12.50s）。

校验是否满足：

二次侧最大穿越性短路电流时的动作时间，即 $I/I_{op}=23330/2580=9.0$，查曲线得：$k=1.238$，$t=k\times T_{s10}=1.238\times1.1=1.36s>1.20s$，满足要求。

最大可能的过负荷时（如最大一台电动机启动时或另一段电机的自启动时）保护不误动，例如当一台4000kW电动机启动时（$I_{nm}=459A$，$K_{st}=6.5$），$I\geqslant[(2291-0.8\times459)+6.5\times459]=4907A$

即 $I/I_{op}=4907/2580=1.9$，查曲线得：$k=42$，$t=1.1\times42=46.2s>14.4s$，满足启动或自启动要求。

b. 定时限过负荷保护：

动作电流 $I_{op}=0.86I'_n=2580A$（设定范围 $0.1I_n\sim24I_n$）。

动作时间 $t=1.2\times12s=14.4s$，报警。

S40—B的其他功能关断。

主变压器保护整定结果汇总，见表9-2。

表9-2　变压器保护整定结果表

<table>
<tr><td rowspan="3">变压器数据</td><td>型　号</td><td>SF9—25000</td><td>电流互感器</td><td>600/5，3000/5</td></tr>
<tr><td>额定电流</td><td colspan="3">$I_b=412.4A$，$I'_b=2291A$</td></tr>
<tr><td>额定电压</td><td>35/6.3kV</td><td>电压互感器</td><td>35/0.1，6/0.1kV</td></tr>
<tr><td>保护名称</td><td colspan="2">保护装置及整定范围</td><td>整定值</td><td>动作开关</td></tr>
<tr><td>一　差动保护</td><td colspan="2">T87</td><td></td><td></td></tr>
<tr><td>1.1　最小动作电流 I_{ds}</td><td colspan="2">$30\%I_n\sim100\%I_n$</td><td>$40\%I_n$（240A）</td><td rowspan="4">跳高、低压侧断路器</td></tr>
<tr><td>1.2　比率制动系数</td><td colspan="2">整定范围15% ~50%</td><td>40%</td></tr>
<tr><td>1.3　最小制动电流</td><td colspan="2"></td><td>$1.0I_n$</td></tr>
<tr><td>1.4　CT断线检测</td><td colspan="2"></td><td>ON</td></tr>
<tr><td>二　高压侧后备过流保护</td><td colspan="2">S40-A</td><td></td><td></td></tr>
<tr><td>2.1　复合电压启动的过流保护</td><td colspan="2"></td><td></td><td rowspan="5">跳高、低压侧断路器
电压信号取自6kV侧PT</td></tr>
<tr><td>负序电压动作值</td><td colspan="2">$1\%U_n\sim50\%U_n$</td><td>6%</td></tr>
<tr><td>低电压动作值</td><td colspan="2">$5\%U_n\sim100\%U_n$</td><td>50%（3000V）</td></tr>
<tr><td>动作电流 I_s</td><td colspan="2">$0.05I_n\sim24I_n$</td><td>$2.0I_n$（1200A）</td></tr>
<tr><td>动作时间 t</td><td colspan="2">0.05 ~300s</td><td>1.5s</td></tr>
<tr><td></td><td colspan="2"></td><td></td><td></td></tr>
<tr><td>2.2　过负荷（定时限）动作电流</td><td colspan="2">$0.05I_n\sim24I_n$</td><td>$0.77I_n$（463A）</td><td rowspan="2">报警</td></tr>
<tr><td>动作时间</td><td colspan="2">0.05 ~300s</td><td>14.4s</td></tr>
<tr><td>2.3　过负荷（反时限）动作电流</td><td colspan="2">$0.1I_n\sim2.4I_n$</td><td>$0.77I_n$</td><td rowspan="3"></td></tr>
<tr><td>10倍动作时间 T_{s10}</td><td colspan="2">100ms ~12.50s</td><td>1.4s</td></tr>
<tr><td>选择曲线</td><td colspan="2">极端反时限EIT</td><td>IEC/C</td></tr>
<tr><td>2.4　接地保护（35kV侧）</td><td colspan="2"></td><td></td><td rowspan="2"></td></tr>
<tr><td>动作电流</td><td colspan="2">0.5 ~75A</td><td>3A</td></tr>
</table>

续表

<table>
<tr><td rowspan="3">变压器数据</td><td>型　号</td><td>SF9—25000</td><td>电流互感器</td><td>600/5，3000/5</td></tr>
<tr><td>额定电流</td><td colspan="3">$I_b=412.4A$，$I'_b=2291A$</td></tr>
<tr><td>额定电压</td><td>35/6.3kV</td><td>电压互感器</td><td>35/0.1，6/0.1kV</td></tr>
<tr><td>保护名称</td><td colspan="2">保护装置及整定范围</td><td>整定值</td><td>动作开关</td></tr>
<tr><td>动作时间</td><td colspan="2">0.05～300s</td><td>2s</td><td>报警</td></tr>
<tr><td>三　低压侧后备过流保护</td><td colspan="2">S40－B</td><td></td><td></td></tr>
<tr><td>3.1　复合电压启动的过流保护</td><td colspan="2"></td><td></td><td rowspan="5">跳高、低压侧断路器
电压信号取自6kV侧PT</td></tr>
<tr><td>负序电压动作值</td><td colspan="2">$1\%U_n$～$50\%U_n$</td><td>6%</td></tr>
<tr><td>低电压动作值</td><td colspan="2">$5\%U_n$～$100\%U_n$</td><td>50%(3000V)</td></tr>
<tr><td>动作电流 I_s</td><td colspan="2">$0.05I_n$～$24I_n$</td><td>$2.2I'_n$(6600A)</td></tr>
<tr><td>动作时间 t</td><td colspan="2">0.05～300s</td><td>1.2s</td></tr>
<tr><td>3.2　过负荷(定时限)动作电流</td><td colspan="2">$0.05I_n$～$24I_n$</td><td>$0.86I'_n$(2580A)</td><td rowspan="2">报警</td></tr>
<tr><td>动作时间</td><td colspan="2">0.05～300s</td><td>14.4s</td></tr>
<tr><td>3.3　过负荷(反时限)动作电流</td><td colspan="2">$0.1I_n$～$2.4I_n$</td><td>$0.86I'_n$(2580A)</td><td rowspan="3">报警</td></tr>
<tr><td>10倍动作时间 T_{s10}</td><td colspan="2">100ms～12.50s</td><td>1.1s</td></tr>
<tr><td>选择曲线</td><td colspan="2">极端反时限 EIT</td><td>IEC/C</td></tr>
</table>

6　发电机保护整定计算

石化企业大多数发电机是以汽定电的节能机组，单机容量一般在50MW以下。整定计算举例如下。

某炼厂自备电站，装设两台汽轮发电机，容量分别为18MW和6MW，接入总变电所10kV母线，现对其中18MW发电机的保护整定计算如下：

6.1　基础数据

6.1.1　发电机数据

$QF_2-18-2A$，18MW汽轮发电机，10.5kV，$\cos\varphi=0.8$，1237.2A，50Hz，Y接，$X_d''=10.01\%$，$X_d'=12.8\%$，$X_d=130\%$，$X_2=10.6\%$，$X_0=5.1\%$，短路比0.87。

6.1.2　系统短路电流数据

炼油厂电站10kV母线最大(最小)三相短路电流29.58(25.8)kA。发电机最大穿越短路电流12.6kA。

6.2　基本设置

① 电流互感器(机端)2000/5，电流互感器(中性点侧)2000/5，PT＝10000/100V；各侧电流互感器一次额定电流：$I_n=2000A$，$I'_n=2000A$。

② 额定容量 $S=22.5MVA$，$I_b=1237.2A$，$U_n=10.5kV$，$U'_n=10.5kV$。

③ 保护装置配置。选用施耐德保护装置，有两种配置方案：

方案 1——D21 + G82 + CCA630 + MES120G + ACE949 − 2；

方案 2——G87 + MES120G × 2 + CCA630 + CCA634 + ACE949 − 2。

注：G87 − 差动继电器；MES120G − 输入/输出模块；CCA630 − 电流采集模块(电流连接器)，CCA634 − 电流采集模块(带零序)ACE949 − 2 − RS485 网络接口。

a. 按方案 1 配置时，保护功能的分配：

ⅰ 纵联差动保护 − 87　D21；

ⅱ 复合电压启动的过电流保护 50/51　G82；

ⅲ 负序电流保护 46　G82；

ⅳ 定子绕组接地保护 50G/51G　G82；

ⅴ 过负荷 51，49RMS　G82；

ⅵ 定子绕组过电压 59　G82；

ⅶ 失磁保护 40　G82；

ⅷ 励磁回路一点及两点接地　DMP380 或 KBDG60。

b. 按方案 2 配置时，保护功能的分配：

ⅰ 纵联差动保护 − 87　G87；

ⅱ 复合电压启动的过电流保护 50/51　G87；

ⅲ 负序电流保护 46　G87；

ⅳ 定子绕组接地保护 50G/51G　G87；

ⅴ 过负荷 51，49RMS　G87；

ⅵ 定子绕组过电压 59　G87；

ⅶ 失磁保护 40　G87；

ⅷ 励磁回路一点及两点接地　DMP380 或 KBDG60。

6.3　整定计算

6.3.1　纵联差动保护 87，D21(或 G87)

6.3.1.1　最小动作电流

按式(9 − 54)计算：

$$I_{ds} = K_k \times K_{fzq} \times K_{tx} \times f_i \times I_b \tag{9-54}$$

即 $I_{ds} = 1.5 \times 1.5 \times 1.0 \times 0.1 \times 1237.2 = 0.225 I_b = 278.4\text{A}$

或 $I_{ds} = (0.1 \sim 0.3) I_b = (0.1 \sim 0.3) \times 1237.2 = 123.7 \sim 371\text{A}$

$I_{ds} = 371\text{A} = 0.3 I_b = 0.186 I_n$

取 $I_{ds} = 0.2 I_n = 400\text{A} = 0.323 I_b$。

式中　I_b——为发电机额定电流，A；

I_n——为电流互感器一次额定电流，A；

K_k——可靠系数；取 1.5 ~ 2.0，—非周期分量系数；

K_{fzq}——短路电流非周期分量引起的误差，取 1.5；

K_{tx}——电流互感器同型系数；同型——0.5，不同型——1.0；

f_i——电流互感器误差，0.1(10P)；0.05(5P)。

6.3.1.2 差动速断保护——对 G87

$I_{dop}=5.5I_n=11kA$，继电器 G87 固有特性，不可调。

6.3.1.3 比率制动特性(比率制动系数) I_d/I_t 的确定(对 D21)

$I_d/I_t \geq 1.5\times(1.5\sim2.0)\times(0.5\sim1.0)\times0.1=0.11\sim0.30$

取 $I_d/I_t=30\%$(整定范围 15% ~50%)。

最小制动电流：$(0.8\sim1.0)I_b=989.8\sim1237.2A$，取 $1.0I_b=1237.2A$；

最大动作电流：$I_{dmax}=0.25I_{kmax}=3.15kA$；(即最大制动系数为 0.25)。

发电机外部短路时，穿越发电机最大周期性短路电流 $I_{kmax}=12600A$；

发电机出口短路时流经保护装置的最小周期性短路电流 $I_{min}=25.8kA$。

6.3.1.4 灵敏度校验

$K_L=0.866\times25800\div11000=2.03>2.0$(差动速断)

或 $K_L=0.866\times25800\div400=55.8>2.0$(比例制动)

6.3.2 复合电压启动的过电流保护 50/51，G87(或 G82)

6.3.2.1 动作电流

$I_{op}=1.2\times1237.4/0.935=1588A=0.794I_n$，取 $I_s=1600A=0.80I_n$(整定范围 $0.05I_n\sim24I_n$)。

6.3.2.2 负序电压动作值 47

$V_{21}=0.06U_n=0.06\times10500=630V=6\%U_n$(整定范围 $1\%U_n\sim50\%U_n$)。

6.3.2.3 低电压动作值 27

$U_{lv}=(0.5-0.6)U_n=5000\sim6000V$；

取 $U_{lv}=6000V=60\%U_n$(整定范围 $5\%U_n\sim100\%U_n$)。

电压信号取自母线 PT

6.3.2.4 动作时间

$t=1.5s$(与电站 10kV 出线保护时间相配合)。

6.3.2.5 灵敏度校验

$K_L=0.866\times12600\div1600=6.8>1.5$

6.3.3 负序电流保护 46，G87

6.3.3.1 负序电流速断保护

动作电流 $I_{op}=(0.5\sim0.6)I_b=618.7\sim742.4A$，取 $I_s=620A=50\%I_b$。

(整定范围 $10\%I_b\sim500\%I_b$)

动作时间 $t=0.1s$。

6.3.3.2 负序过负荷保护 46

一次动作电流 $I_{op}=(1.2\times0.08\times1237.2)\div0.935=127A=0.1026I_b$。

取 $I_{op}=10\%I_b=124A$(整定范围 $10\%I_b\sim500\%I_b$)。

动作时间 $t=1s$(报警)。

6.3.4　定子单相接地保护 50G/51G——G87

采用 LXHM－1 型零序电流互感器，需配 ACE990。

一次动作电流 2.4A。

动作时间 $t=0.2s$。

6.3.5　过负荷保护 51，G87

动作电流 $I_{op}=(1.05\times1237.2)/0.935=1389A$，取 $I_s=1380A=0.69I_n$。

（整定范围 $0.05I_n\sim24I_n$）

动作时间 $t=5s$（定时限）报警。（整定范围 0.05～300s）

6.3.6　转子两点接地保护 DMP380

6.3.6.1　转子一点接地报警电阻值

$R_{s1}=20k\Omega$

报警动作时间 $T_{s2}=2s$。

转子一点接地跳闸，关断。

6.3.6.2　转子两点接地报警（关断）

转子两点接地跳闸 ON，接地点压比定值 7%。

6.3.6.3　励磁低电压

$U_{lc}=0.8U_L$

6.3.7　强励保护 G87

动作电压 1，$V_{s1}=80V(8000V)$。

动作电压 2，$V_{s2}=130V(13000V)$。

6.3.8　失磁保护 G87

6.3.8.1　发电机数据

$S=22.5MVA$，$U_{n1}=10.5kV$，$X_d=130\%$，$X'_d=12.8\%$

6.3.8.2　发电机额定电流和额定阻抗

$$I_b=\frac{22500}{\sqrt{3}\times10.5}=1237.2\ A$$

$$Z_n=\frac{10500}{\sqrt{3}\times1237.2}=4.9\Omega$$

$$X_a=4.9(X'_d/200)=0.314\Omega$$

$$X_b=4.9(X'_d/200+1)=5.214\Omega$$

$$X_c=4.9(X'_d/200+X_d/100)=6.684\Omega$$

动作时间：

圆周 1，$T_1=0.07s$。

圆周 2，$T_2=0.5s$。

发电机保护整定结果汇总，见表 9－3。

表 9－3　发电机保护整定表

发电机数据	型　　号	QF_2-18-2	电流互感器	2000/5，$I_n=2000$
	额定电流	$I_b=1237.2\ A$	变比	400
	额定电压	10.5kV	电压互感器	10000/100，$U_n=10000V$
保护名称	保护装置及整定范围		整定值	动作开关
一 差动保护 87	D21（G87）			
1.1 最小动作电流			$0.20I_n$	跳闸：QF1（出线开关）
1.2 比率制动系数	整定范围 15%～50%		30%	
1.3 最小制动电流	$(0.8\sim1.0)I_b$		$1.0I_b$	
1.4 最大动作电流			$2.55I_b$	
二 复合电压过流保护 51	G87			
2.1 动作电流 I_s	$(0.05\sim24)I_n$		$0.8I_n$	跳闸 QF1（出线开关）
2.2 负序电压动作值	$(1\%\sim50\%)U_n$		6%	
2.3 低电压动作值	$(5\%\sim100\%)U_n$		60%　60V	
2.4 动作时间	0.05～300s		1.5s	
三 负序电流保护 46	G87			
3.1 速断动作电流	$(10\%\sim500\%)I_b$		$50\%I_b$	跳闸 QF1（出线开关）
3.2 动作时间	0.05～300s		0.1s	
3.3 负序过负荷动作电流	$(10\%\sim500\%)I_b$		$10\%I_b$	
3.4 过负荷动作时间			1.0s	报警
四 定子单相接地 51G	G87			
4.1 一次动作电流	LXHM－1 型零序电流互感器		2.4A	跳闸 QF1（出线开关）
4.2 动作时间	0.05～300s		0.2s	
五 过负荷 51	G87			
5.1 动作电流	整定范围$(0.05\sim24)I_n$		$0.69I_n$	报警或跳闸
5.2 动作时间	0.05～300s		5.0s	
六 转子接地	DMP380			
6.1 一点接地动作电阻值	1.00～50.00kΩ		20kΩ	报警
6.2 一点接地动作时间	1.00～100.00s		2.0s	
6.3 两点接地点压比定值	0.00%～20.00%		7%	跳闸：出线开关
6.4 两点接地动作时间	1.00～100.00s		0.5s	
七 失磁保护 40	G87			
发电机额定阻抗			4.9Ω	
公共点 X_a			0.314Ω	
圆周 1 X_b			5.214Ω	
圆周 2 X_c			6.684Ω	
脱扣延时 T_1			70ms	跳闸：出线开关
脱扣延时 T_2			500ms	
励磁低电压			139V	
机端低电压			$0.8U_n$	
八 强励保护	G82			
8.1 动作电压			$80\%U_n$	

7　低压系统微机保护装置整定计算

7.1　现行规范对低压回路的保护要求

① 根据 GB 50055—2011《通用用电设备配电设计规范》，对 1000V 以下低压电动机规定应装设的保护有：

相间短路保护，由塑壳断路器或熔断器实现；

接地故障保护，由综合保护器或塑壳断路器（熔断器）实现；

过载保护、断相保护、增安型电机 t_E 时间保护，由综合保护器实现；

低电压保护，由接触器或综合保护器实现。

② GB50054—2011《低压配电设计规范》对低压配电线路规定装设的保护有：

短路保护，由塑壳断路器或熔断器实现；

过负荷保护，由综合保护器或断路器、熔断器实现；

接地故障保护，由综合保护器或断路器实现。

③ 综合保护器的其他功能——启动时间过长保护，堵转保护、不平衡保护、过载热保护、低电压，过电压，自动再启动，遥控，通信功能等（上述保护功能因保护器选型不同而有所差别）。可按实际需要投用或退出。

7.2　电动机微机保护器整定计算

本章内容以 LM 系列保护监控装置为例说明保护装置的整定，其他型号的保护装置如基本上与此相同。

7.2.1　低压 380V 电动机电流互感器额定电流及变比选择

LM－300、LM－500 系列保护器需要外配互感器，其变比推荐按表 9－4 选择。

表 9－4　LM－300，300⁺，500，500F 系列保护器外配互感器

额定容量/kW	55	75	90	110	132	160	185	200	220	250	280	315
额定电流范围 I_{1m}/A	102.5 122.7	139.7 －155	167 －186	200.8 228	239.7 272	289 330	330.5 382	357.3 385	386 424	438 452	494 500	557 560
互感器变比	150/1 150/5	200/1 200/5	250/1 250/5	250/1 250/5	300/1 300/5	400/1 400/5	400/1 400/5	500/1 500/5	500/1 500/5	600/1 600/5	600/1 600/5	750/1 750/5

LM－310、LM－510 系列保护器配套互感器，其额定电流宜按表 9－5 选择。

表 9－5　LM－310，310⁺，510，510F 系列配套互感器

额定容量/kW	0.37	0.55	0.75	1.1	1.5	2.2	3	4	5.5	7.5	11	15	18.5	22	30	37	45	55
额定电流范围/A	0.9 1.3	1.5 1.8	1.8 2.3	2.5 3.2	3.4 4.0	4.7 5.8	6.4 7.7	8.2 9.9	11.1 13.3	15 17	21.8 24.6	29.4 31.6	35.5 37.7	42.2 44.6	56.9 59.5	69.8 72	83.9 85.4	102.7 104.9
配套互感器额定电流/A	5	5	5	5	5	10	10	10	25	25	25	50	50	50	100	100	100	160

7.2.2 保护装置的整定计算

以 LM－300 保护装置为例，说明电动机保护器的整定计算内容和方法。

7.2.2.1 基础数据

电动机额定电流 I_{1m}；

电流互感器一次额定电流 I_{1n}；

电流互感器二次额定电流 I_{2n}；

机组预期启动时间 t_{yq}；

电动机启动电流倍数 K_{st}；

电机最大转矩倍数 T_{max}；

电动机热容量曲线——如果制造厂能提供；

增安型电动机的 t_E 时间及对应的启动电流倍数 K_{st}。

7.2.2.2 保护整定计算

① 电动机额定电流 $I_m = I_{1m} \div R_t$；

② 互感器变比 $R_t = I_{1n} \div I_{2n}$；

③ 允许启动时间 t_s(启动时间过长保护)：

对普通型和隔爆型电机，$t_s = 1.2 \times t_{yq}$；

对增安型电机，$1.7 \times t_E > t_s \geqslant 1.2 \times t_{yq}$。

④ 断相保护动作时间 $t_d = 1.0s$；保护器应能正确识别电动机回路断相。

⑤ 单相接地(零序)保护：

零序电流动作倍数 $I_0 = 1.0I_m \sim 1.5I_m$；

零序动作时间 $t_0 \leqslant 2s$。

注：固定安装的电动机，切断 TN 系统接地故障的时间不宜大于 5s。

⑥ 电流不平衡保护 Δ 的计算如式(9－55)：

$$\Delta = \left| \frac{\text{最大(或最小)} - \text{平均}}{\text{平均}} \right| \times 100\% \tag{9-55}$$

t_Δ 的设定：按照 Δ 设定越大、t_Δ 越短的原则，可在 15%～40% 之间选择，一般设定值 Δ＝20%(设定范围 10%～60%)

动作时间 $t_\Delta = 5s$。

说明：该保护器不平衡度的计算公式计算结果偏小，ABB 保护器的计算公式为：

$$\Delta = \left| \frac{I_{max} - I_{min}}{I_{max}} \right| \times 100\%$$

式中 I_{max}，I_{min}——分别为最大相和最小相的电流。

例如，当三相电流有效值分别为 $I_A = 197A$，$I_B = 154A$，$I_C = 142A$，$I_{mean} = 164.3A$：

按 LM 保护器，$\Delta = \left| \frac{197 - 164.3}{164.3} \right| \times 100\% = 19.9\% \approx 20\%$

而按 ABB 保护器，$\Delta = \left| \frac{I_{max} - I_{min}}{I_{max}} \right| \times 100\% = \left| \frac{197 - 142}{197} \right| \times 100\% = 27.92\%$，且 ABB 保护为一组反时限曲线。

⑦ 堵转保护：

该保护在启动时为闭锁状态，启动完成后投用。

堵转电流倍数可按最大转矩的1.2倍设定，即：

$$I_{LR}=1.2T_{max}$$

堵转保护延时 $t_{LR}=3s$。

⑧ 过载热保护——反时限特性：

a. 保护动作特性按式(9-56)：

$$t=\frac{35}{(I_{eq}/I_m)^2-1.05^2}\times T_p \tag{9-56}$$

式中 T_p——6倍额定电流时保护动作时间，设定该值需要考虑的原则：

(a) 当电机制造厂能提供正常发热限制曲线时，应按此曲线设定，使保护曲线位于该发热限制曲线的下方。

(b) 当无法取得电机的发热限制曲线时，可按躲过电机启动时间设定。

I_{eq}——考虑负序影响的等效发热电流，A；

I_m——电动机额定电流，A。

b. 启动时考虑负序热模型的等效发热电流按式(9-57)计算：

$$I_{eq}=\sqrt{0.5\times(K_{st}\times I_{1m})^2+4\times(0.06\times I_{1m})^2} \tag{9-57}$$

式中 I_{1m}——电动机额定电流(正序电流)。

说明：考虑启动时可能有6%的负序电流分量。而正常过载时，负序分量忽略不计。我国电机制造规范GB 755—2000技术条件规定三相电流不平衡度不大于10%；NEMA标准规定，电源电压不平衡度要求不大于5%；负序电压长期运行不大于1%，短时不大于1.5%。另外，1%的电压不平衡，可导致4%～10%的电流不平衡。

c. 时间系数 T_p 计算：

按负序热模型，按式(9-58)计算：

$$T_p=1.2\times t_{yq}\times[(I_{eq}\div I_{1m})^2-1.05^2]\div 35 \tag{9-58}$$

⑨ t_E 时间保护(对增安型电机)，该保护启动完成后自动投入，启动时闭锁。

保护器程序是按电动机堵转电流倍数 $K_{st}=7.0$ 对应的 t_E 时间编制的，因此，t_E 时间保护的整定值 t_{EP}，如果堵转倍数不是7倍，则要按式(8-59)修正到7倍时的 t_E 时间。

t_{EP} 整定值的计算，见式(9-59)、式(9-60)：

$$t_{EP}=[0.9\times(3\times K_{st}-5)\times t_E]\div 16 \qquad 当2.0<K_{st}<7.0时 \tag{9-59}$$

或

$$t_{EP}=0.9t_E \qquad 当7.0\leqslant K_{st}<10.0时 \tag{9-60}$$

式中 t_E——增安型电动机的 t_E 时间，s；

K_{st}——电动机堵转电流倍数。

系数0.9是考虑动作时间可能有10%正误差。

7.2.3 其他电动机保护装置

如LM-300⁺、LM-310⁺、LM-500、LM-500⁺等的整定计算基本功能和整定方法与LM-300系列相同，只是增加了某些补充功能，例如低电压、过电压、反相序、自启动、漏电、欠电流等，因为不是设计规范必须要求的，本章不再赘述。

7.2.4 应用举例

7.2.4.1 Y系列或YB系列电动机

YB2315S-2，110kW电动机，$I_{1m}=195A$，$K_{st}=7.0$，$t_{yq}=7.5s$，最大转矩倍数2.3，电流

互感器250/1A，采用LM－300保护器，整定结果如下：

① 互感器变比 $R_t=250$（设定范围1～900）；

② 电动机额定电流 $I_m=195/250=0.78A$（设定范围0.1～1.0A）；

③ 启动时间过长保护 $t_s=1.2\times7.5s=9.0s$（设定范围0.1～60.0s）；

④ 断相保护延时 $t=1.0s$（设定范围0.1～20.0s）；

⑤ 接地故障电流定值 $I_{ED}=1.5I_m$（设定范围0.5～8.0）；

接地故障延时 $t_{ED}=2s$ 跳闸（设定范围0.1～5.0s）；

⑥ 不平衡保护定值 $\Delta=20\%$（设定范围10%～60%）；

不平衡保护延时 $t_\Delta=5s$（设定范围1～120s）；

⑦ 堵转保护定值 $I_{LR}=1.2\times2.3=2.76I_m$，取 $3.0I_m$（设定范围 $1.0I_m\sim8I_m$）；

堵转保护延时 $t_{LR}=3s$（设定范围1.0～25.5s）；

⑧ 热过载保护，时间常数 T_p 设定：

$$T_p=1.2\times t_{yq}\times[(I_{eq}\div I_{1m})^2-1.05^2]\div35$$

$$I_{eq}=\sqrt{0.5\times(K_{st}\times I_{1m})^2+0.0144\times I_{1m}^2}=\sqrt{0.5\times(7\times195)^2+0.0144\times195^2}=965.5A$$

所以，$T_p=1.2\times7.5\times[(965.5\div195)^2-1.05^2]\div35=6.02\,s$

取 $T_p=7s$（设定范围1～40s，只能取整数）（注：启动时 $K_1=0.5$，$K_{st}=7.0$，$K_2=4.0$，$I_2=6\%$），$I_{eq}=965.5A$，即过载965.5/195＝4.95，启动时保护动作时间：

$t=\dfrac{35}{4.95^2-1.05^2}\times7=10.4>9s$，满足启动要求，说明热过载保护与启动时间过长保护相配合。

正常运行过载1.2倍时，保护动作时间为：

$$t=\frac{35}{1.2^2-1.05^2}\times7=725s=12.1\,min$$

7.2.4.2 增安型（YA系列）电动机

YAX250M－2W，45kW，$I_{1m}=84A$，$K_{st}=7.5$，$t_{yq}=6s$，$t_E=9.0s$，T3组，最大转矩倍数2.2，采用LM－310保护器，整定结果如下：

① 配套互感器额定电流 $I_n=100A$（设定范围5～160A）；

② 电动机额定电流 $I_m=84A$（设定范围0.1～160A）；

③ 启动时间 $t_s=1.2\times6s=7.2s$（设定范围0.1～60.0s）；

或 $t_s\leqslant1.7\times t_E=1.7\times9=15.3s$（冷态启动）；

④～⑦ 项整定结果与7.2.4.1举例相同。

⑧ 热过载保护，时间常数 T_p 设定：

$$I_{eq}=\sqrt{0.5\times(K_{st}\times I_{1m})^2+0.0144\times I_{1m}^2}=\sqrt{0.5\times(7.5\times84)^2+0.0144\times84^2}=445.6\,A$$

所以，$T_p=1.2\times6.0\times[(445.6\div84)^2-1.05^2]\div35=5.56\,s$，取 $T_p=7s$（设定范围1～40s，只能取整数）。

过载倍数445.6/84＝5.3倍时，动作时间：

$t=\dfrac{35}{5.3^2-1.05^2}\times7=9.0>7.2s$（与启动时间过长保护能配合，且小于15.3s）正常运

行过载1.2倍时，保护动作时间为：

$$t = \frac{35}{1.2^2 - 1.05^2} \times 7 = 725\text{s} = 12\ \text{min}$$

⑨ t_E 时间保护：

时间因子 t_{EP} 整定值，因为 $K_{st} = 7.5 \geqslant 7.0$，所以，$t_{EP} = 0.9 \times t_E = 0.9 \times 9 = 8.1\text{s}$，取 $t_{EP} = 8\text{s}$(设定范围5s～60.0s)。

当电动机堵转电流 $K_{st} = I_A / I_N = 4$ 倍时，保护动作时间：

$$t = \frac{16 \times 8}{3 \times 4 - 5} = 18.2\ \text{s}$$

又如，某电机堵转电流倍数 $K_{st} = I_A / I_N = 5.4$ 倍，$t_E = 13.4\text{s}$，则该电机等值 t_E 时间：

$$t_E = [(3 \times 5.4 - 5) \times 13.4] \div 16 = 9.33\ \text{s}$$

整定时间 $t_{EP} = 0.9 \times t_E = 0.9 \times 9.33 = 8.4\text{s}$。

当过载5.4倍时，查曲线或按公式计算得保护动作时间：

$$t_p = \frac{16 \times 8.4}{3 \times 5.4 - 5} = 12\ \text{s} < 13.4\text{s}$$

说明电机受到保护，在达到极限温度前电机已跳闸。

注：若从电动机名牌上查得堵转电流倍数 $I_A / I_N = 7.0$，$t_E = 13.4\text{s}$，则设定 $t_{EP} = 0.9 \times 13.4 = 12\text{s}$。

7.3　低压配电线路微机保护器整定计算

7.3.1　线路保护装置LL－300系列

7.3.1.1　基础数据

① 回路(额定)计算电流 I_{js}；

② 电流互感器一次额定电流 I_{1n}；

根据线路计算负荷(电流)，推荐的互感器变比选择见表9－6。

表9－6　外配电流互感器额定电流及变比选择

计算电流 I_{js} 范围/A	100～135	130～180	160～220	210～270	270～360	350～450	420～540	520～675
互感器的 I_{1n} 及变比	150/1 150/5	200/1 200/5	250/1 250/5	300/1 300/5	400/1 400/5	500/1 500/5	600/1 600/5	750/1 750/5

③ 电流互感器二次额定电流，$I_{2n} = 5\text{A}(1\text{A})$；

④ 互感器变比 $R_t = I_{1n} \div I_{2n}$；

⑤ 配电线路允许持续载流量，I_z；

⑥ 所供最大电机预期启动时间 t_{yq} 。

7.3.1.2　保护整定计算

① 回路计算电流二次值 $I_m = I_{js} \div R_t$。

整定范围：1.0～5.0A(当 $I_{2n} = 5\text{A}$)或0.2～1.0A(当 $I_{2n} = 1\text{A}$)。

② 线路允许持续载流量二次值 $I_{z2} = I_z \div R_t$。

③ 过负荷保护：利用综合保护器保护线路过负荷，则该回路的主保护电器需要选用带

有分励脱扣器的低压断路器，利用综合保护器的接点(常开)使断路器跳闸。保护动作电流是按回路计算电流倍数整定的，按式(9－61a)、式(9－61b)整定：

对正常环境，$I_{op}=I_{z2}\div I_m$(整定范围1.0～8.0) (9－61a)

对爆炸危险场所，$I_{op}=(I_{z2}\div 1.25)\div I_m$ (9－61b)

动作时间 $t=1.2\times t_{yq}$(整定范围0.1～25.5s)

或 $t=5\sim10s$(当所供负荷中无电动机启动负载)

式中 I_{op}——动作电流倍数；

其余符号意义同前。

说明：低压配电线路的过负荷保护，通常是由低压断路器的热脱扣器或熔断器来完成。

按照 GB 50054—2011《低压配电设计规范》的规定，保护电器的动作特性应符合式(9－62)的要求：

$$I_{js}\leqslant I_{op}\leqslant I_z \quad (9-62)$$

式中 I_{js}——回路计算电流，A；

I_{op}——断路器的脱扣器额定电流或整定电流，或熔断器熔体电流，A。

④ 单相接地(零序)保护：

零序电流动作倍数 $I_0=(1.0\sim1.5)I_{js}$(整定范围0.5～3.0倍)

零序动作时间 $t_0=4.5s$(整定范围0.1～5.0s)

规范要求 $t_0\leqslant5.0s$(固定安装设备)或 $t_0=0.4s$(移动设备)

注1：对正常有不平衡负荷的配电线路，如照明配电箱回路，零序动作电流应按躲过照明箱的最大不平衡电流整定。

注2：对单相220V负荷线路，不能采用三相线路保护装置作接地保护，可以用零序电流互感器，电缆从互感器圆形孔穿过时，如果是三芯电缆则PE线要回穿一次后再接地。如果该回路断路器的热脱扣器在线路末端接地故障时动作时间不大于5s，可不装设专用的接地保护。

7.3.2 线路保护装置 LL－310 系列

7.3.2.1 基础数据

① 回路计算电流 I_{js}

② 配套电流互感器额定电流 I_n，见表9－7。

表9－7 保护器自带互感器额定电流选择(LL－310)

计算电流 I_{js} 范围/A	1.0～4.5	5～9.0	10～22	23～45	48～90	90～160
配套互感器额定电流 I_n/A	5	10	25	50	100	160

③ 配电线路允许持续载流量 I_z

④ 所供最大电机预期启动时间 t_{yq}

7.3.2.2 保护整定计算

① 回路计算(额定)电流 I_{js}；

② 电流互感器额定电流 I_n；

③ 过负荷保护：按照 GB 50054—2011 规定，保护整定电流应按式(9－62)的要求。

整定倍数同式(9－61a)、式(9－61b)，即：

对正常环境，$I_{op} \leqslant I_z \div I_{js}$（整定范围 1.0 ~ 8.0）；

对爆炸危险场所，$I_{op} \leqslant (I_z \div 1.25) \div I_{js}$

动作时间 $t = 1.2 \times t_{yq}$（整定范围 0.1 ~ 25.5s；或 $t = 5 \sim 10$s（当所供负荷中无电动机启动负载）。

④ 单相接地（零序）保护：

零序电流动作倍数 $I_0 = (1.0 \sim 1.5) I_{js}$［整定范围 $(0.5 \sim 3.0) I_{js}$］；

零序动作时间 $t_0 = 4.5$s（整定范围 0.1 ~ 5.0s）。

规范要求 $t_0 \leqslant 5.0$s（对固定安装设备）或 $t_0 = 0.4$s（对移动设备）

7.3.3 其他系列的线路保护器，如 LL－300＋、LL－310＋的整定

这些保护装置的基本功能和整定方法与 LL－300 系列相同，只是增加了某些补充功能，例如漏电保护、过流反时限等，因为不是设计规范的要求，本章不再赘述。

7.3.4 应用举例

某低压配电线路计算负荷电流 $I_{js} = 160$A，$R_t = 200/1$，选用交联铜芯电缆 $3 \times 120\text{mm}^2 + 1 \times 70\text{mm}^2$ 线路允许载流量 $I_z = 200$A，所供负荷中最大一台电动机 15kW，$I_n = 29.4$A，$K_{st} = 7.0$，启动时间 $t_{yq} = 5$s。

选用 LL－300 线路保护器。

（1）过负荷保护

① 基本条件应满足 $I_{js} \leqslant I_{op} \leqslant I_Z$　即：满足 160A < 200A = 200A。

② 启动电流倍数 $I_{op} = 200 \div 160 = 1.25$（设定范围 0.1 ~ 8.0）。

③ 动作时间 $t = 1.2 \times t_{yq} = 6$s（0.1 ~ 100.0s），报警。

若负荷为爆炸危险环境，则：

启动电流倍数 $I_{op} = (200 \div 1.25) \div 160 = 1.0$（设定范围 0.1 ~ 8.0）。

（2）接地保护

电流动作倍数 $I_0 = 1.0 I_{js}$［整定范围 $(0.5 \sim 3.0) I_{js}$］。

动作时间 $t_0 = 4.5$s（整定范围 0.1 ~ 5.0s）。

8 自动装置

8.1 备用电源自动投入装置（ATS）

石化企业一般由双电源供电，而且任何一回线路都能带全部负荷。对这样的变电所装设备用电源自动投入装置可以缩短备用电源的切换时间，提高供电的连续性。

8.1.1 两种基本供电方式

① 变电所为单母线分段接线，两回电源同时供电（都是工作电源），分段开关正常断开，两回电源互为备用。当一回电源失电后，ATS 动作，分段开关自动合闸。由另一回电源带全部负荷。石化企业大多数是这种运行方式。

② 变电所为单母线接线或单母线分段接线（正常分段开关闭合），正常由一回电源供电（工作电源），另一回电源（备用电源）处于热备用状态。当工作电源失电后，ATS 动作，由备用电源带全部负荷。两回电源可互为“工作”或“备用”。

8.1.2 对 ATS 的基本要求

① 工作电源断开后，且备用电源有足够高的电压，才能投入备用电源。

② 手动断开电源进线开关或保护动作断开电源进线开关，应闭锁自动投入装置。

③ 工作电源失电后，自动投入装置延时动作并只能动作一次。

④ 应有电压互感器断线闭锁功能，即当互感器断线时自动投入装置不应动作。

8.1.3 对 ATS 装置的设定

正常母线(线路)电压整定值 $U_{ov}=85\sim90V$；

故障母线(线路)电压设定值 $U_{lv}=45V$；

失压延时 $t=0.6s$(或 $t=t_1+0.3s$)。

t_1 为上一级 ATS 动作时间。

8.2 电源自动快切装置

上述 ATS 成套装置是简单低电压启动的，考虑到各级母线之间的配合及电动机防冲击保护所需要的延时(由于未检验同期，自投合闸时故障电源母线残压不能太高)，可能导致最末一级 ATS 动作时间太长，不利于负荷供电的连续性。且当故障线路恢复正常后，要将各级配电系统恢复到正常运行状态比较麻烦。

故障电源失电后，该母线(或线路)的电压降低，频率下降，但故障电源进线不会出现过电流；在发生短路故障的情况下，电压也要降低，但频率不会变化，而且进线出现过电流。

自动快速切换装置是靠检测故障电源的电压、频率并与正常时电压、频率作比较，当等于/小于设定值、且未出现过电流时，则该装置启动，立即断开故障电源的进线开关，经检验两段母线电压同期后迅速合上分段开关(因为故障母线仍有剩余电压，无论电压值的高低)。由于不需要等待低电压的延时时间，而对上述电压、频率、检同期的判断，耗时很短(不超过 100ms)这样就缩短了断电时间，更好地保证了供电连续性。

自动快切装置的另外一个功能是有利于两段母线正常倒闸操作，在已知两段母线所接电网的电压、频率相差在允许范围内时，可以通过检验同期实现“先合后分”的倒闸操作(或故障线路失电后，经电压、频率判断后立即跳闸，再经检同期合上分段开关)，既能减小合闸冲击又提高供电连续性，避免大量低压电动机因为倒闸操作而停电。

一般在企业上级变电所，如总变电所装设电源自动快切装置，当外部线路故障时，可提高企业内部供电连续性。在下级变电所装设 ATS 装置。

8.3 自动低频低压减负荷装置

8.3.1 装设自动低频低压减负荷装置的必要性

石化企业变电所装设自动低频低压减负荷装置大致分两种情况：

一是在供电资源不够充足或输电容量受限的偏远地区，当系统故障时(如部分发电机组停运)供电部门要求切除部分负荷以维持系统稳定运行；二是企业内部有较大容量的自电站，当系统故障与其解列后，仍能保证重要负荷的供电，维持大部分生产装置的连续运行或降低处理量运行，但不能带全部负荷运行。此时为保证短时孤网运行的电压、频率稳定，应切除部分次要负荷。

8.3.2 自动低频低压减负荷装置技术要求

① 能快速精确测量安装处母线的电压、频率及它们的变化率，从而正确判断事故及异常运行状态，实现按确定顺序进行低频、低压切负荷。

② 应具有短路故障识别及闭锁功能，即发生短路故障时，该装置不动作。

③ 应具有电压互感器断线闭锁功能。

④ 单母线分段接线的变电所，装置同时测量两段母线电压，在两段母线分列运行时，装置分别判断各自母线的频率和电压，并按定值切除各自母线所带的负荷。在两段母线并列运行时，具备电压自动切换和判别的功能，按定值和确定的顺序切除负荷。

⑤ 应满足分批切除负荷的要求，输出继电器应满足切除回路数的要求。

8.3.3 成套产品及其应用

① 采用定性成套产品设置在企业总变电所或下级配电所母线上，当频率、电压同时降低时，分批或不分批切除次要用电回路。例如 UFV－2A 智能型低频低压减负荷装置。

② 利用分散装设在开关柜上带有频率和电压保护的智能型保护装置，通过适当设定低频率、低电压及时间定值，决定切除该回路负荷。

8.3.4 设定参考值

第一批：最不重要负荷

动作频率 $f_1 \leqslant 49.2\text{Hz}$，动作电压 $U_1 \leqslant 85\text{V}$；

动作时间 $t_1 = 3\text{s}$。

第二批：不重要负荷

动作频率 $f_1 \leqslant 48.7\text{Hz}$，动作电压 $U_1 \leqslant 80\text{V}$；

动作时间 $t_1 = 3 \sim 5\text{s}$。

8.4 自动重合闸装置（AR）

在配电系统中，特别是架空配电线路中，很多故障是非稳定性的，当电压消失后，这些故障也自行消失。经验证明，采用自动重合闸可以迅速消除这些故障，恢复供电。

但是，石化企业内部的配电线路，由于爆炸危险环境的要求，基本上都是电缆线路。只有极个别配电至厂外的线路，才是部分电缆、部分架空线路。电缆线路发生故障往往是永久性的，因此，自动重合闸装置很少在企业内部使用。

第十章　大型机组供电设计

本章所述大型机组，指的是石化企业中可能由电机拖动的或含有电机的、其容量在3200kW及以上的机组，例如炼油厂催化裂化装置的主风机和富气压缩机、制氢及加氢装置的新氢压缩机和循环氢压缩机、乙烯装置的高密度挤压机等。本章以催化装置主风机组为例，阐述大型机组供电设计问题，同时也兼顾其他用途大型机组的有关问题。

1　催化装置主风机组的几种配置方式与电机的作用

炼油厂催化裂化装置主风机组的配置中，大多数情况下都含有一台电动机，除极少数采用同步电机外，大多数采用鼠笼式异步电机。在不同的机组配置方案中，电机所起的作用及运行方式是各不相同的。下面仅讨论鼠笼式异步电机在各种配置方案中所起的作用和特点。

1.1　两机组配置

该机组由主风机、变速箱、电动机组成。石化企业其他大型机组，如催化富气压缩机、乙烯装置的挤压机都属于这种配置。往复式氢气压缩机、大型进料泵也属此类只是没有变速环节，电机与负载直接用联轴器耦联。在该机组中异步电机只有一种电动运行工况，即总是由电网吸收有功功率和无功功率，异步机总是低于同步转速旋转，同步机按同步速度旋转。该电动机的作用是：

① 顺利完成整个机组的启动而不会造成电机本身过热；

② 正常运行时，拖动主风机在设计负载下长周期运转；

1.2　三机组配置

1.2.1　几种运行工况

该机组由烟气机、主风机、变速箱、电动/发电机组成。催化富气压缩机有时也采用三机组配置，只是此时不是烟气机而是工业汽轮机。在此配置中，异步电机可能有电动、发电两种工况：

当烟机功率大于主风机消耗功率时，电机为发电状态，即向电网输送有功功率，此时机组转速将大于电机同步转速。

当烟机功率小于主风机消耗功率时，电机为电动状态，即从电网吸收有功功率，此时机组转速低于同步转速。

当烟机发出功率近似等于主风机消耗功率时，电机为空载状态，即与电网之间没有功率交换，机组转速接近同步转速。为避免变速箱频繁改变力矩传递方向，设计时应尽量避开这种运行状态。

无论是上述哪种工况，异步电机总是从电网吸收无功功率。

1.2.2　电机的作用

1.2.2.1　顺利完成整个机组的启动而不造成电机本身过热

在少数配置中，由于电机容量较小，不能启动整个机组，或是电网不能承受电机启动时的冲击，则由烟机承担启动任务，在机组接近同步转速时，才将电机接入电网。但这需要配置备用主风机。

1.2.2.2　实现机组功率的动态平衡

将剩余功率送给电网(异步发电工况)；或当烟机功率不足时，由电网吸收功率(电动机工况)。实际工程中，大多数为前者，但不同的机组，发电功率变化范围较大。

1.2.2.3　维持机组的转速在很小范围内变化

只要电机不脱网，烟机功率的变化对机组转速的影响很小。因为无论是发电状态或电动状态，该异步电机都运行在速度－转矩曲线很陡的一段稳定区域内，很小的速度(滑差)变化会产生很大的转矩(功率)变化。例如，一台12000kW、4极，额定转速1487r/min的异步电机，发电功率为3000kW时，其转速约为1504r/min，而当发电功率为5500kW时，转速约为1507r/min。

1.3　四机组配置

该机组由烟气机、主风机、汽轮机、变速箱、电动/发电机组成。在此配置中，正常运行时异步电机通常为发电工况，该机组不由电机启动，而是由汽轮机启动或由汽轮机、烟气机共同启动，当机组加速到接近电机同步转速时将电机接入电网。该机组中电机的作用同上述三机组配置中第1.2.2.2款和第1.2.2.3款内容。汽轮机的调速系统只在机组启动时起作用，正常运行时，主汽门是全开的，由异步电机稳定整个机组的转速。

在三机组和四机组配置中，自控系统都配置有可靠的超速保护系统，以便在电机脱网时迅速关小或切断进汽阀，以防机组超速。

不同负载的机组配置和电机型式及容量范围见表10－1。

表10－1　机组配置及电机选型、容量范围

负载名称	机组配置及组成	电机的作用	电机型式及容量范围
主风机组(或能量回收机组)	两机组：主风机、变速箱、电动机	(1)启动机组 (2)正常在设计负载下运行	多为异步机，少量同步机容量3200~22000kW
	三机组：烟气机、主风机、变速箱、电动/发电机	(1)启动(或不启动)机组 (2)维持机组功率平衡及转速基本稳定	多为异步机，少量同步机容量3200~18000kW
	四机组：烟气机、主风机、汽轮机、变速箱、异步发电机	维持功率平衡及转速基本稳定，一般为发电工况	异步电机，容量在3200~7500kW
新氢或循环氢压缩机(往复式、低转速)	两机组压缩机－电动机	(1)启动机组 (2)正常在设计负载下运行	一般为同步电机小容量可为异步电机

2 供电系统及启动方式

2.1 由6(10)kV公用母线供电，全压直接启动

在工程实用中，这种供电方式又可分为两种情形：

① 由装置变电所6kV母线供电；

② 由炼厂总变电所或区域变电所6(10)kV母线直接供电，在装置变电所或主风机厂房设专用母线段及开关设备；接线图见图10-1。

当电机容量较大，特别是炼厂总变电所出线有限流电抗器时，往往采用这种供电方式。

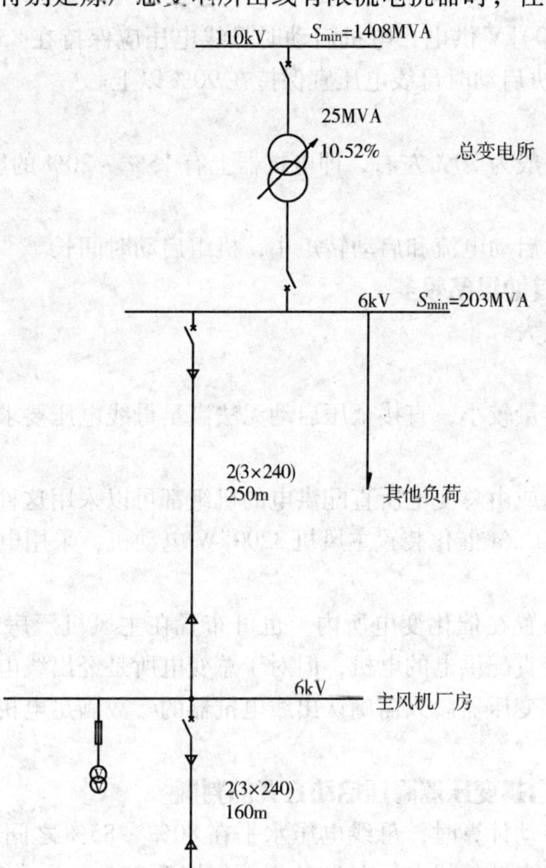

图10-1 公用母线供电，全压直接启动

注：(1)6kV母线短路容量约203MVA。

(2)电动机5500kW，6KV，606A，$K_s=4.28$，1485r/min，转子$GD^2=1240kg \cdot m^2$。

(3)负载：三机组，$GD^2=9952kg \cdot m^2$(离心式压缩机)。

2.1.1 直接启动方式的特点

① 电机启动时母线电压水平要求高，一般装置变电所母线应不低于额定电压的85%，总变电所母线电压不宜低于90%。即供电系统的电压降不大于10%~15%。

② 启动时电机机端电压高，近似等于母线电压(仅相差1%~2%)。因而启动电流大，

启动转矩和加速转矩大，启动时间短。

③ 适用于电机容量相对较小、母线短路容量较大的情况。

④ 需要开关设备最少，投资最省，在满足母线压降要求时应优先采用。

2.1.2 全压直接启动方式的应用判断

当电动机额定容量(kW)不大于供电母线上短路容量(kVA)的2.5% ~3.0%时，一般可应用此方式。

2.2 由6(10)kV母线供电，经电抗器降压启动

启动时，电机主回路接入电抗器，启动完成后切除，这种启动方式具有以下特点：

2.2.1 母线电压要求

由装置变电所6(10)kV供电，电机启动时母线电压应保持在85%以上，由总变电所6(10)kV母线供电，电机启动时母线电压宜保持在90%以上。

2.2.2 电机端电压

机端电压较低，一般为70%左右，即电抗器上有15% ~20%的压降。

2.2.3 机组启动时间

因机端电压较低，启动电流和启动转矩小，机组启动时间长。

2.2.4 需要的开关及其他设备较多

投资及占地面积较大。

2.2.5 适用条件

适用于母线短路容量较小，直接全压启动无法满足母线电压要求而机端电压要求相对较低的机组。

由装置变电所供电或由总变电所直配供电的机组都可以采用这种降压启动方式。

例如某炼厂30×10^4t/a催化装置主风机3200kW电动机，采用电抗器降压启动，接线图见图10-2。

降压启动设备可布置在催化变电所内，也可布置在主风机厂房配电间内，设专用母线段。后者适用于由总变直配供电的电机，但对于总变电所是经出线电抗器供电的线路，不再另设启动电抗器或自耦变压器。只需确认出线电抗器的参数满足电机启动及有关设备的短路要求。

2.2.6 应用电抗器、自耦变压器降压启动方式的判断

如果按直接全压启动计算时，母线电压水平在80% ~85%之间，采用电抗器降压启动通常是可行的；如直接启动母线电压在80%以下但接近80%，通常宜采用自耦变压器启动，因为后者有较大的启动转矩。

2.3 由专用变压器供电，即变压器-电动机组启动

变压器一次侧电压为35kV或66kV、110kV，二次侧电压为6.3kV或10.5kV，变压器作为电动机的专用电源设备，接线图见图10-3、图10-4，该供电方式有以下特点：

2.3.1 电压波动

机组启动时，变压器一次侧母线电压一般不应低于90%即母线压降不应大于10%。

变压器二次侧电压近似等于机端电压，其值宜为电机额定电压的70%左右(个别工程也有低于70%的)，否则机组启动时间太长或无法启动。

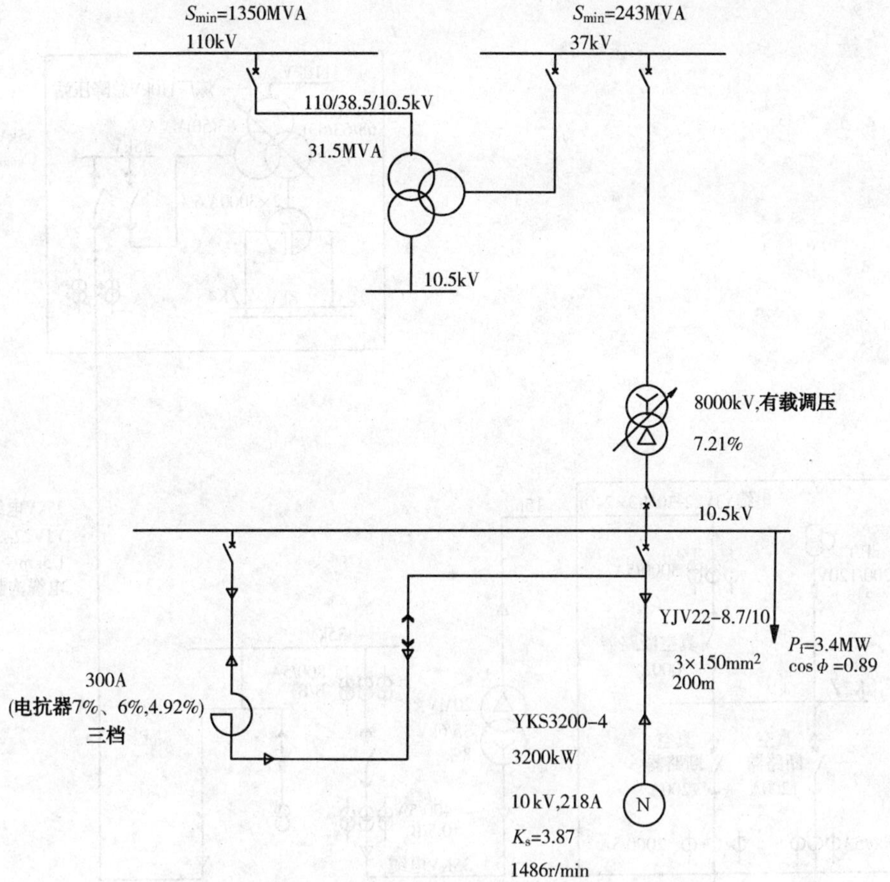

图 10－2　总变 10kV 母线供电，电抗器降压启动

注：(1)35kV 电源母线短路容量 243MVA，主变 8000kVA，$U_k=7.21\%$。

(2)电动机 3200kW，10KV，$I_n=218A$，$K_s=3.87$，1486r/min，转子 $GD^2=752kg\cdot m^2$。

(3)负载三机组，负载 $GD^2=5085.7kg\cdot m^2$。

上述要求，在变压器一次侧母线短路容量足够大的情况下，可通过合理选择变压器的参数(容量和阻抗电压)来实现。

2.3.2　有载调压变压器的应用

专用变压器如果选用有载调压变压器，可以在启动前将二次侧电压适当提高以利于启动，正常运行时再调至合适的电压；对于无载调压变压器虽然也可利用电压分接开关适当调节启动前的二次电压值，但由于不能有载调压，应特别注意正常运行时的机端电压不得超过电机的允许值(＋5%)。

2.3.3　变压器－电动机组供电启动方式的应用判断

当电机的额定容量(MW)小于或等于变压器一次侧母线短路容量(MVA)的3%时，适当选择变压器的容量和短路阻抗值，该供电方式是可行的。常用于电动机容量在 7500～20000kW 甚至更大的电动机。

2.3.4　应用实例

近年来，随着炼油装置规模的不断扩大，电机容量越来越大，变压器－电动机组的供电方式也越来越多了，如高桥石化公司3#催化 12000kW 机组、镇海石化公司 300×10^4t/a 催化

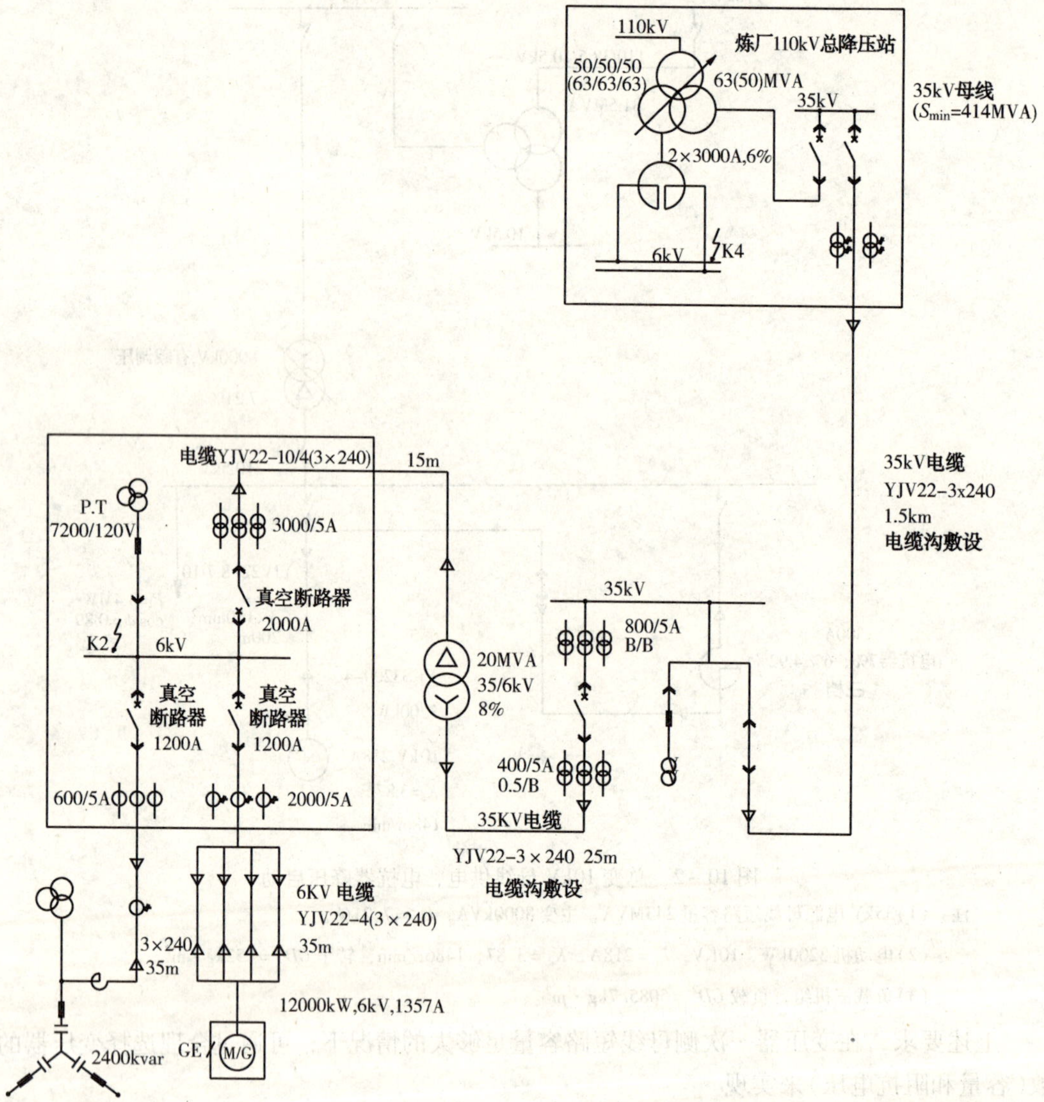

图 10－3　变压器－电动机组供电

注：(1)供电系统：总变 35kV 短路容量 414MVA。

(2)电动机 12000kW，6KV，1357A，K_s=4.09，1486r/min，转子 GD^2=1240kg·m²。

(3)负载：三机组，GD^2=15039kg·m²。

12000kW 机组和大连石化公司 350×10⁴t/a 催化 18000kW 机组等项目都成功的采用了变压器－电动机组的供电方式。

2.3.5　影响变压器－电动机组供电方式的因素

① 是否能取得较合适的变压器一次侧电压，如 35kV，或 110kV，该电压最好是企业内部电压而不是企业的受电电源电压，因为如果是后者，对这台专用变压器，供电部门就可能要收取设备容量费(贴费)，使得运行费用大大提高。

② 变压器一次侧母线短路容量是否满足要求。

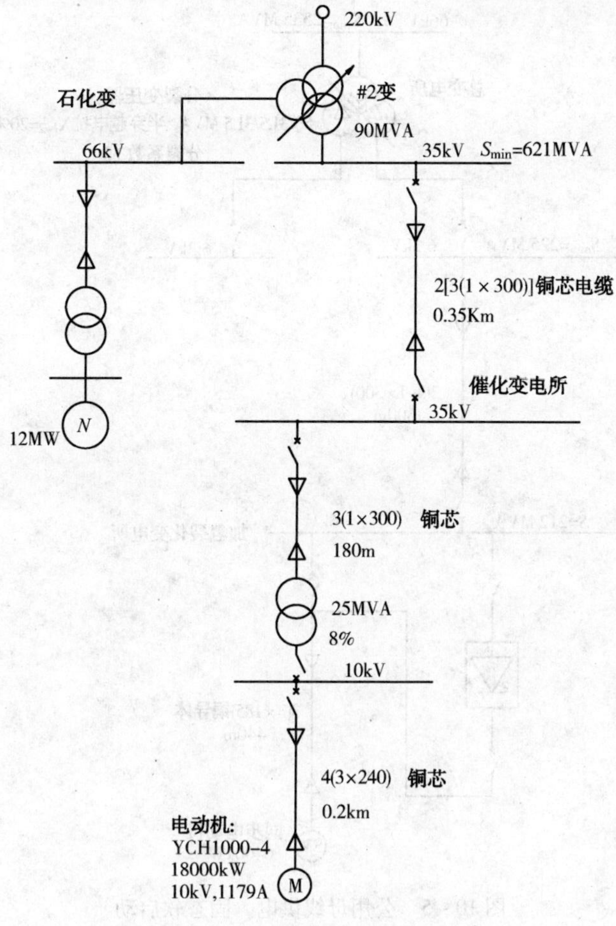

图 10－4 变压器－电动机组供电

注：(1)系统 35kV 母线短路容量 621MVA。

(2)电动机：18000kW，10kV，1179A，K_s＝4.1，1487r/min，转子 GD^2＝5972kg·m^2。

(3)负载：三机组，GD^2＝28900kg·m^2，启动静叶开度 14°，启动力矩 20%。

2.4 降压软启动方式

除了变频软启动方式外，各种软启动都属于降压启动的范畴，包括上述电抗器启动、自耦变压器启动方式等。但这里指的是固态(晶闸管)软启动、可变电阻软启动；可变电抗变压器软启动等几种方式。接线图见图 10－5、图 10－6。

2.4.1 软启动的共同特点

原则上它们都属于降压启动，在启动过程中可改变(或调节)其输出电压(电流)。

在起始状态输出电压很低，只需要克服机组的静阻力矩，电机转动以后，随着转速增加，滑差减小，电机的阻抗不断增加，软启动设备输出电压也逐渐增加，电机继续加速。最后，电机达到接近额定转速，电压升高到额定电压，启动设备切除，启动完成。

这些软启动设备与串联电抗器不同的是，在启动过程中，前者可认为是可变阻抗：阻抗由大逐渐变小，而电动机阻抗逐渐由小变大；而后者的阻抗在启动过程中是不变的。

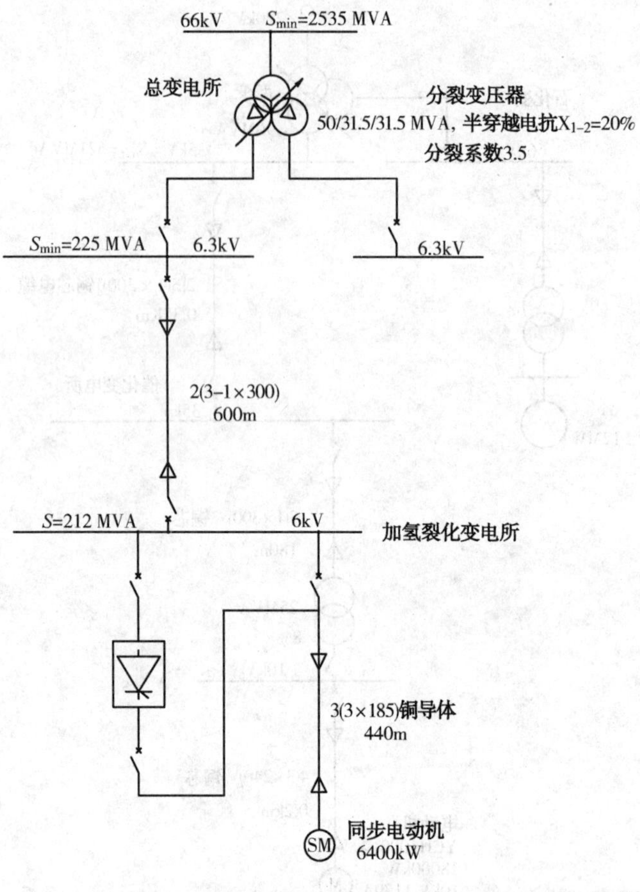

图 10-5　公用母线供电，固态软启动

注：(1)供电系统：总变 6kV 母线最小短路容量 225MVA。

(2)同步电动机：6400kW，6kV，709A，$\cos\phi=0.9$，$K_s=5.5$，300r/min。

(3)负载：往复式压缩机。

2.4.2　应用条件

当全压直接启动时，母线电压在 80% 以下可考虑采用软启动方式。值得注意的是上述软启动方式并不是万能的，当供电母线的短路容量很小、电动机容量相对较大时可能无法完成启动。通常当电动机额定容量(MW)大于供电母线短路容量(MVA)的 8% ~10% 时，或全压直接启动计算的母线电压在 75% 以下，应该考虑采用变频软启动方式。

2.5　变频软启动

基于原理的不同，采用变频软启动，可以说对电网短路容量几乎没有要求，只要满足正常供电要求(供电能力)即可。但变频设备价格昂贵，虽然用于启动设备的变频器容量可以小于电动机额定容量(约为电机额定容量的 1/3)但对于一台 20MW 以上的电动机，启动用变频设备的投资也相当可观，工程中宜慎用。

选用启动方式的顺序：全压直接启动，电抗器降压启动，自偶变压器启动，变压器-电动机组启动，降压软启动，变频软启动。

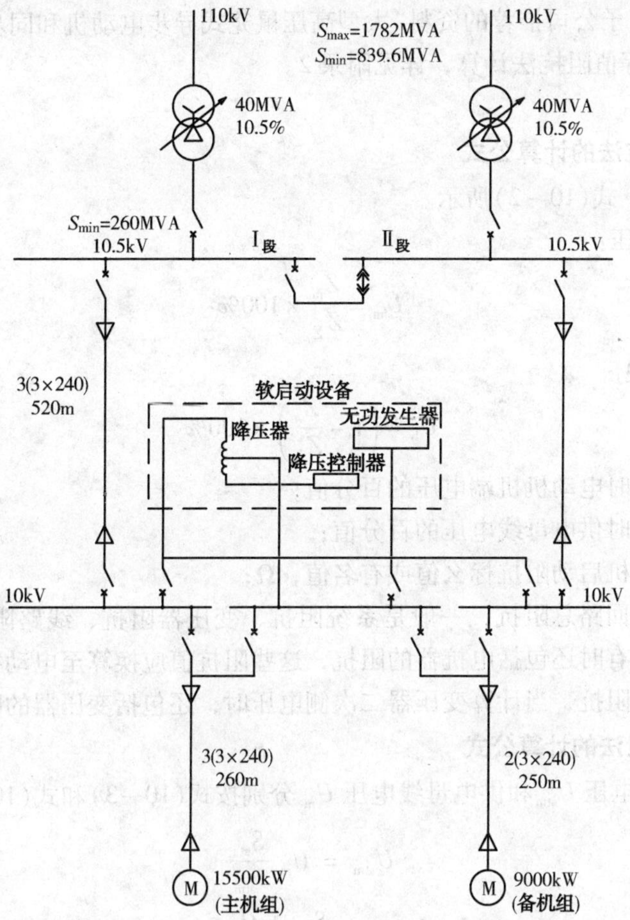

图 10－6　公用母线供电，降补软启动(一拖二)

注：(1)系统 110kV 侧最小短路容量 839.6MVA。

(2)电动机：15500kV，10kV，1036A，K_s =4.0，1486r/min，转子 GD^2 =5250kg·m²。

(3)负载：三机组，CD^2 =22470kg·m²。

3　供电系统接线方式

如前所述，大型机组常用几种供电方式的一次接线图如图 10－1～图 10－6。图中注明了电动机的主要电气参数、被拖动负载的有关数据，同时也给出了配电系统的短路容量和各元件的参数。这些都是成功的供电方案，可供新建的类似工程参考。

4　电气计算

4.1　启动电压波动计算

4.1.1　计算条件及方法

① 采用 EDSA 程序计算，这是国际上公认的方法，有条件时推荐用该程序计算；

② 按《设计手册》第六章第四节的方法计算(简称启动容量法)。

③ 按德国西门子公司推荐的资料“大型高压鼠笼式异步电动机和同步电动机常用启动方法”计算，即采用等值阻抗法计算，详见附录2。

4.1.2 计算公式

4.1.2.1 等值阻抗法的计算公式

如式(10－1)～式(10－2)所示。

电动机机端电压：

$$U_m = \frac{Z_m}{Z_\Sigma} \times 100\% \tag{10-1}$$

供电母线电压：

$$U_b = \left(1 - \frac{Z_s}{Z_\Sigma}\right) \times 100\% \tag{10-2}$$

式中 U_m——启动时电动机机端电压的百分值；

U_b——启动时供电母线电压的百分值；

Z_m——电动机启动阻抗标幺值或有名值，Ω；

Z_Σ——启动回路总阻抗，一般是系统阻抗、变压器阻抗、线路阻抗、电动机阻抗之和；有时还包括电抗器的阻抗，这些阻抗值应换算至电动机额定电压。

Z_s——系统阻抗，当计算变压器二次侧电压时，还包括变压器的阻抗。

4.1.2.2 启动容量法的计算公式

启动时电机端电压 U_{stm} 和供电母线电压 U_m 分别按式(10－3)和式(10－4)计算

$$U_{stm} = U_m \frac{S_{st}}{S_{stm}} \tag{10-3}$$

$$U_m = \frac{S_{km} + Q_{fh}}{S_{km} + Q_{fh} + S_{st}} \tag{10-4}$$

式中 S_{km}——母线短路容量，MVA；

Q_{fh}——母线预接负荷的无功功率，Mvar；

S_{stm}——电动机额定启动容量，MVA；

S_{st}——启动回路额定输入容量，MVA；计算公式见式(10－5)～式(10－7)：

对直接全压启动，$S_{st} = \dfrac{1}{\dfrac{1}{S_{stm}} + \dfrac{X_l}{U_m^2}}$ (10－5)

式中 X_l——线路电抗，Ω；

U_m——母线标称电压，kV。

对变压器－电动机组，$S_{st} = \dfrac{1}{\dfrac{1}{S_{stm}} + \dfrac{X_{tm}}{S_{rtm}} + \dfrac{X_l}{U_m^2}}$ (10－6)

式中 X_{tm}——变压器电抗标幺值，可取短路阻抗标幺值；

S_{rtm}——变压器额定容量，MVA。

对电抗器降压启动，$S_{st} = \dfrac{1}{\dfrac{1}{S_{stm}} + \dfrac{X_r}{U_m^2} + \dfrac{X_l}{U_m^2}}$ (10－7)

式中　X_r——电抗器每相电抗，Ω。

4.1.3　计算实例

【实例1】总变6kV公用母线供电，电动机全压直接启动。

基础数据：总变6kV母线短路容量$S = 203MV$，预接负荷$P_{fh} = 13MW$，$\cos\phi = 0.90$；电动机数据：5500kW，6kV，606A，$\cos\phi = 0.9$，$\eta = 0.97$，$K_s = 4.28A$；配电电缆：2(3×240)交联聚乙烯绝缘，铜芯。$L = 410m$，接线图见图10-1。

【解】

(1)采用阻抗法计算

① 用标幺值计算，取$S_j = 100MVA$。

系统　$X_s = 100/203 = 0.4926$。

线路　$X_l = (0.202 \times 0.41) \div 2 = 0.0414$。

电动机$S_m = 5500 \div (0.97 \times 0.9) = 6300kVA = 6.3MVA$。

$$X_m \cong Z_m = \frac{100}{4.28 \times 6.3} \times \left(\frac{6}{6.3}\right)^2 = 3.3637$$

$$X_\Sigma = 0.4926 + 0.0414 + 3.3637 = 3.8977$$

机端电压　$U_m = \frac{3.3637}{3.8977} \times 100\% = 86.3\%$。

6kV母线电压　$U_b = \frac{3.3637 + 0.0414}{3.8977} \times 100\% = 87.36\%$，满足要求。

② 用有名值计算：

系统电抗　$X_s = \frac{1.05^2 \times 6^2}{203} = 0.1955\Omega$。

(1.05是考虑到电源比电机额定电压高5%)

线路电抗　$X_l = (0.080 \times 0.41) \div 2 = 0.0164\Omega$。

电动机电抗　$X_m \cong Z_m = \frac{6000}{\sqrt{3} \times 606 \times 4.28} = 1.3356\Omega$。

$$X_\Sigma = 0.1955 + 0.0164 + 1.3356 = 1.5475\Omega。$$

机端电压　$U_m = \frac{1.3356}{1.5475} \times 100\% = 86.3\%$。

6kV母线电压　$U_b = \left(1 - \frac{0.1955}{1.5475}\right) \times 100\% = 87.37\%$，满足要求。

计算结果与用标幺值计算完全相同。

结语：大电机启动时，母线电压值不小于85%是规范最低要求，当需要频繁启动或负荷中有同步电动机时宜不小于90%。本例母线电压87.3%>85%，可以认为满足要求。

(2) 用启动容量法计算

$$S_{stm} = (5.5 \div 0.9 \div 0.97) \times 4.28 = 26.96MVA$$

$$X_l = (0.08 + 6.1/240) \times 0.41/2 = 0.0216\Omega$$

$$S_{st} = \frac{1}{\frac{1}{26.96} + \frac{0.0216}{6^2}} = 26.53MVA$$

预接负荷的无功功率$Q_{fh} = P_{fh} \times \tan\phi = 13 \times 0.484 = 6.29Mvar$。

母线电压相对值：

$$U_{m}=\frac{203+6.29}{203+6.29+26.53}\times 100\%=88.7\%$$

机端电压相对值：

$$U_{stm}=88.7\%\times 26.53/26.96=87.3\%$$

可见，用启动容量法计算的启动电压比等值阻抗法要高出约 1 个百分点。

【实例 2】10kV 公用母线供电，电动机经电抗器降压启动，10kV 电源由 35/10kV，8000kVA，$u_k=7.21\%$ 主变压器供电。接线图见图 10－2。

基础数据：35kV 变压器一次侧母线短路容量最小 243MVA；35/10kV 有载调压变压器，8000kVA，$u_k=7.21\%$；10kV 电缆线路 3×150 交联铜芯，200m；电动机 3200kW，10kV，218A，$\eta=96.7\%$，$\cos\phi=0.876$，$K_s=3.87$。

【解】用标幺值阻抗计算，取 $S_j=100\text{MVA}$。

阻抗换算：

系统电抗　　$X_s=100/243=0.4115$。

变压器　　$X_t=0.0721\times 100/8=0.9013$。

10kV 线路　　$X_{l2}=0.084\times 0.2=0.0168$。

电动机 $S_m=3200\div(0.967\times 0.876)=3778\text{kVA}=3.778\text{MVA}$。

$$X_m\cong Z_m=\frac{100}{3.87\times 3.778}\times\left(\frac{6}{6.3}\right)^2=6.204$$

① 按全压直接启动计算：

$$X_{\Sigma}=0.4115+0.9013+0.0168+6.204=7.533$$

机端电压　$U_m=\frac{6.204}{7.533}\times 100\%=82.36\%$。

35kV 母线电压　$U_{b1}=\left(1-\frac{0.4115}{7.533}\right)\times 100\%=94.54\%$。

10kV 母线电压　$U_{b2}=\frac{6.204+0.0168}{7.533}\times 100\%=82.58\%<85\%$。

可见 10kV 母线电压不满足要求，拟用电抗器降压启动。

② 启动电抗器选择计算：

10kV 母线以上系统阻抗 $X'_s=0.4115+0.9013=1.3128$。

按 10kV 母线电压降不大于 15% 计算，则：

$$\frac{1.3128}{1.3128+X_k+0.0168+6.204}\leqslant\frac{0.15}{1.0}，即\frac{1.3128}{7.5336+X_k}=0.15$$

$0.15X_k=1.3128-7.5336\times 0.15=0.1827$

$X_k=0.1827/0.15=1.218$

若电抗器额定电流选为 300A，则：

$X_k=1.218/17.456=0.0698=6.98\%$，取 $X_k=7\%$，则：

$$X_k=0.07\times\frac{10}{\sqrt{3}\times 0.3}\times\frac{100}{10.5^2}=1.2222$$

③ 电压波动计算：

$$X_{\Sigma}=0.4115+0.9013+1.2222+0.0168+6.204=8.7558$$

机端电压　$U_m = \dfrac{6.204}{8.7558} \times 100\% = 70.86\%$。

10kV 母线电压　$U_{b2} = \dfrac{6.204 + 0.0168 + 1.2222}{8.7558} \times 100\% = 85.01\%$。

35kV 母线电压　$U_{b1} = \left(1 - \dfrac{0.4115}{8.7558}\right) \times 100\% = 95.3\%$。

可见，10kV 母线电压提高约 3%，但机端电压下降了 12%，宜适当提高机端电压。

利用有载调压变压器的调压作用，可在启动前将 10kV 母线电压适当提高，比如提高 5%（但不宜超过 10.5kV），可使启动时 10kV 母线和机端电压都能满足要求。即

$U_m = 1.05 \times 70.86\% = 74.4\%$

$U_{b2} = 1.05 \times 85\% = 89.25\%$，满足要求。

【实例 3】变压器－电动机组供电，接线图见图 10－4。

基础数据：

35kV 母线短路容量：621MVA，35kV 预接负荷 $P_{fh} = 5\text{MW}$，$\cos\phi = 0.90$；

35kV 电缆线路：$2(3 \times 1 \times 240)$，0.35km；

35/10kV 变压器：25MVA，$u_k = 8\%$；

10kV 电缆线路：　$4(3 \times 240)$，0.2km；

电动机：18000kW，10kV，1179A，$\cos\phi = 0.91$

　　$\eta = 96.9\%$，$K_s = 4.10$，$T_s/T_n = 0.51$。

【解】(1) 用等值阻抗法计算

① 用阻抗标幺值计算，取 $S_j = 100\text{MVA}$。

系统电抗 $X_s = 100/621 = 0.161$。

35kV 线路阻抗 $X_{l1} = 0.01867 \times 100/37^2 = 0.00136$，$R_{l1} = 0.01242 \times 100/37^2 = 0.00091$。

(0.35km，35kV 电缆的电抗和电阻值见以下有名值计算)

变压器电抗 $X_t = 0.08 \times 100/25 = 0.32$。

10kV 线路阻抗 $X_{l2} = (0.087 \times 0.2 \times 100/10.5^2) \div 4 = 0.00395$，$R_{l2} = (0.094 \times 0.2 \times 100/10.5^2) \div 4 = 0.00426$。

电动机阻抗 $S_m = 18000 \div (0.969 \times 0.91) = 20410\text{kVA} = 20.41\text{MVA}$。

$$X_m \cong Z_m = \frac{100}{4.1 \times 20.41} \times \left(\frac{10}{10.5}\right)^2 = 1.084$$

总阻抗：

$$X_\Sigma = 0.161 + 0.00136 + 0.32 + 0.00395 + 1.048 = 1.5703$$

$$R_\Sigma = 0.0009 + 0.00426 = 0.00516$$

$$Z_\Sigma = \sqrt{0.00516^2 + 1.5703^2} = 1.5703$$

可见，电阻可以忽略不计。

机端电压 $U_m = \dfrac{1.084}{1.5703} \times 100\% = 69\%$。

35kV 母线电压 $U_{b1} = \left(1 - \dfrac{0.161}{1.5703}\right) \times 100\% = 89.7\%$。

② 用有名值计算：

系统电抗 $X_s = \frac{1.05 \times 10^2}{621} = 0.1775\Omega$。

35kV 电缆 $R_{l1} = 0.09227 \times (0.35/1.3)/2 = 0.01242\Omega$，$X_{l1} = 0.1387 \times (0.35/1.3)/2 = 0.01867\Omega$。

注：上式中电阻值 0.09227Ω 和电抗值 0.1387Ω 为 1.3km、3(1×240)电缆的实测值。

变压器电抗 $X_t = 0.08 \times 10^2/25 = 0.32\Omega$。

10kV 线路阻抗 $R_{l2} = 0.094 \times 0.2 \times 1/4 = 0.0047\Omega$，$X_{l2} = 0.087 \times 0.2 \times 1/4 = 0.00435\Omega$。

电动机阻抗 $X_m = \frac{10000}{\sqrt{3} \times 4.1 \times 1179} = 1.1944\Omega$。

总阻抗 $X_\Sigma = 0.1775 + 0.01867 + 0.32 + 0.00435 + 1.1944 = 1.7149\Omega$。

机端电压：$U_m = \frac{1.1944}{1.7149} \times 100\% = 69.6\%$。

35kV 母线电压：$U_{b1} = \left(1 - \frac{0.1775}{1.7149}\right) \times 100\% = 89.6\%$。

可见，用标幺值和有名值计算结果一致。

(2)用启动容量法计算

$$S_{stm} = (18 \div 0.91 \div 0.969) \times 4.1 = 83.69\text{MVA}$$

$$X_1 \approx \sqrt{0.01242^2 + 0.01867^2} = 0.0224\Omega$$

$$S_{st} = \frac{1}{\frac{1}{83.69} + \frac{0.08}{25} + \frac{0.0224}{35^2}} = 65.93\text{MVA}$$

预接负荷的无功功率 $Q_{fh} = P_{fh} \times \tan\phi = 5 \times 0.484 = 2.42\text{Mvar}$。

母线电压相对值：

$$U_m = \frac{621 + 2.42}{621 + 2.42 + 65.93} \times 100\% = 90.4\%$$

机端电压相对值：

$$U_{stm} = 90.4\% \times 65.93/83.69 = 71.2\%$$

可见，用启动容量法计算的启动电压，比等值阻抗法要高出约 1 个百分点。

4.1.3.1 降压软启动计算

采用降压软启动方式，无论启动设备的类型，其电气计算主要由设备供货商完成并对计算结果负责。

通常，操作程序是：电气专业设计人员根据机械专业提供的初步负荷资料(主要是电动机容量)和业主提供的供电系统参数进行电压波动初步计算，决定是否需要采用软启动方式。

设计部门会同业主需要向软启动设备供货商提供以下资料：

电动机参数：额定容量、额定电压、额定电流、启动电流倍数、额定效率和功率因数、启动转矩和最大转矩(包括同步电动机的牵入转矩)、转动惯量等。

被驱动负载数据：静阻力矩、启动转矩曲线、额定阻力矩、转动惯量(或 GD^2)。

供电系统参数：该机组供电系统主接线、接线图上指定的某电压等级的短路容量、各电压母线启动时压降最大允许值。

启动时电机端最低电压允许值一般由电机供货商提出要求。

4.1.3.2 对电压波动计算结果的说明

① 在应用西门子资料“大型高压鼠笼式异步电动机和同步电动机常用启动方法”(附录2)计算启动电压波动时，应注意以下几点：

a. 公用母线电压，要求在大电机启动时压降不大于10%，即电压水平保持在90%以上。但在我国的实际应用中，装置变电所的6~10kV母线要求压降不应大于15%，总变电所的6(10)kV母线压降不宜大于10%，35~110kV母线压降要求不应大于5%~8%。

b. 不计各元件的电阻值，将系统、变压器、电动机的阻抗值视为电抗值；不计预接负荷的影响。

c. 计算系统电抗时，考虑电源电压(发电机电动势)高于用电设备电压5%，这样将系统电抗加大1.1倍，使计算结果偏于保守。

d. 在电抗有名值的换算中，其他电压元件都归算至电动机额定电压。

e. 在附录2所举例子中，机端电压未作具体规定，但对修正后的启动转矩要求不小于额定启动转矩的25%(可近似认为机端电压不应低于50% U_n)。

f. 实际启动电流和额定启动电流与计算值之间有一修正系数 a，此值小于1.0，是考虑启动时电机漏抗的影响，其值与电机的极数、机端电压值及机座号有关。

② 电压波动计算中，百分数与实际有名值之间的关系：

启动压降百分数 ΔU 按式(10-8)计算

$$\Delta U = \frac{U_0 - U_s}{U_0} \times 100\% \qquad (10-8)$$

式中 U_0——启动前电压实际值，kV；

U_s——启动时电压实际值，kV。

a. 本例中，若启动前35kV侧实际电压为36.5kV，则启动时母线电压：

$U_{b1} = 36.5 \times 89.6\% = 32.7\text{kV}$，即

$$U_{b1} = \left(1 - \frac{36.5 - 32.7}{36.5}\right) \times 100\% = 89.6\%$$

如变压器变比为35/10.5kV(分接开关置于±0)，则启动前10kV侧电压为：

$$U_m = 36.5 \times 10.5/35 = 10.95\text{kV}$$

启动时机端电压为：

$$U_{ms} = 10.95 \times 69\% = 7.555\text{kV} = 7555\text{V}$$

折算到电机额定电压10kV，

$$U_{ms} = 7555/10000 = 75.55\%$$

b. 本例中，若启动前35kV侧，实际电压为34.8kV，则启动时：

$U_{b1} = 34.8 \times 89.6\% = 31.18\text{kV}$，即

$$U_{b1} = \left(1 - \frac{34.8 - 31.18}{34.8}\right) \times 100\% = 89.6\%$$

启动前10kV侧电压为：

$$U_m = 34.8 \times 10.5/35 = 10.44\text{kV}$$

启动时机端电压为：

$$U_{ms} = 10.44 \times 69\% = 7.204\text{kV} = 7204\text{V}$$

折算到电机额定电压10kV：

$$U_{ms}=7204/10000=72\%$$

③ 启动前母线电压水平对机端电压的影响：

a. 启动前系统电压的调整

从上述计算可以看出，启动前适当提高供电母线电压，对启动是有利的。但这种调压范围是很有限的，因为必须满足正常运行时电机电压不能高于规定值（额定电压的 +5%），即 10.5kV。上述②a 中，启动前变压器二次侧电压为 10.95kV，当电机正常运行时，变压器中的压降约 2.22%（此值与变压器的负载率和负载功率因数有关）。于是正常运行时机端电压为：

$U_m=10.95-10.95\times2.22\%=10.71$kV，显然有些偏高了。

若系统电压经常为 36.5kV，对于无载调压变压器应将分接开关置于 +2.5% 位置，即 $35+35\times2.5\%=35.875$kV。此时，二次侧空载电压为：

$$U_m=36.5\times10.5/35.875=10.683\text{kV}$$

启动时机端电压 $U_{ms}=10.683\times0.69=7.371$kV，即 $U_{ms}=73.7\%$。

正常运行机端电压 $U_m=10.683\times(1-0.0222)=10.446$kV，满足要求。

一般说来，启动前供电母线电压若能高于电机额定电压 5% 左右，即 10.5kV 或 6.3kV，是比较适宜的。

b. 计算值与实测值之比较：

以某炼油厂 3 号催化 12000kW 电机为例，35kV 系统短路容量 414MVA，变压器 20MVA、阻抗 8%，计算的启动电压水平为：

机端电压 $U_m=71.5\%$，35kV 母线电压 $U_b=89.3\%$。

实测电压：启动前 35kV 母线 36.57kV，6kV 侧为 6.5kV。

启动时 35kV 母线 33kV：6kV 侧为 4.7kV（相当于电机额定电压的 78.3%）。

即
$$U_b=U_b=\left(1-\frac{36.57-33}{36.57}\right)\times100\%=90.2\%$$

$$U_m=\left(1-\frac{6.5-4.7}{6.5}\right)\times100\%=72.3\%$$

可见实测值略高于计算值，这是因为一方面系统及各元件参数有一定的误差，另一方面在电机启动时，启动电流也略有下降。

若启动前 6kV 侧电压为 6.0kV，则启动时机端电压下降为：

$U_m=6(71.5\%$（或 72.3%）$=4.29$kV（或 4.34kV），即相当于电机额定电压的 71.5% 或 72.3%，故在电机订货技术协议中机端电压取 71.5% 是合适的。

4.2 机组启动时间计算

4.2.1 电动机容许启动最小机端电压

启动时机端电压 U_{stm} 最小值应满足式（10-9）：

$$U_{stm}=\sqrt{\frac{1.1M_j}{M_{sm}}} \tag{10-9}$$

式中 M_j——机械负载的静阻力矩相对值；

M_{sm}——电动机启动转矩相对值。

4.2.2 启动时间计算

对于离心式和轴流式压缩机负载，在启动过程中，可认为电动机的剩余加速力矩变化不大（机械阻力矩上升时，电动机的转矩也在上升），启动时间 t_s 可按式（10－10）近似计算：

$$t = \frac{T_n}{U_{stm}^2 \times M_{am} - M_{aj}} \tag{10-10}$$

式中 T_n——机组的机械时间常数，s；按式（10－11）计算：

$$T_n = \frac{GD^2 \times n_0^2}{365 \times P_{em} \times 10^3} \tag{10-11}$$

GD^2——机组的飞轮力矩，kg·m²；按式（10－12）计算：

$$GD^2 = GD_m^2 + GD_j^2 (n_j / n_m)^2 \tag{10-12}$$

式中 U_{stm}——启动时机端电压相对值；

M_{am}——电动机的平均转矩相对值；按式（10－13）和式（10－14）计算：

对一般异步电机，$M_{am} = M_{sm} + 0.2(M_{max} - M_{sm})$ （10－13）

对同步电动机，$M_{am} = M_{sm}$ 或 $M_{am} = 1.1 M_{sm}$（当 $M_{sm} < M_y$ 时） （10－14）

M_y——同步电机牵入转矩相对值；

M_{max}——电动机最大转矩相对值；

M_{sm}——电动机启动转矩相对值；

M_{aj}——机械负载的平均阻力矩。

可按照制造厂提供的阻力矩曲线取若干点求其平均值。负载转矩必须按下式折算至电机转速，即：

$$M_{jm} = M_j \times n_j / n_m$$

n_0——电动机的同步转速，r/min；

P_{em}——电动机的额定功率，kW；

GD_m^2——电动机的飞轮力矩，kg·m²；

GD_j^2——机械负荷的飞轮力矩，折算至电机轴 kg·m²；

n_j——机械负荷的额定转速，r/min；

n_m——电动机的额定转速，r/min；

M_{jm}——折算至电机转速的负载转矩标幺值。

有关转矩、转动惯量等单位换算见附录4。

4.3 电动机启动温升校验

4.3.1 定子绕组启动温升 τ_d 计算（对铜线绕组）

定子铜线绕组温升按式（10－15）计算

$$\tau_d = 0.85(U_{sm} \times K_s \times J_d)^2 \times t_s \times 1/150 \tag{10-15}$$

式中 K_s——电动机启动电流倍数；

J_d——电动机定子绕组的额定电流密度，A/mm²；

其余符号同前。

电动机在冷状态启动2次，其定子温度 θ_d 按式（10－16）计算：

$$\theta_d = 40 + 2\tau_d \tag{10-16}$$

电动机在热态启动1次，其定子温度 θ_d 按式（10－17）计算。

$$\theta_d = \theta_{ed} + \tau_d = 120 + \tau_d \tag{10-17}$$

对 B 级绝缘、或 F 级绝缘按 B 级考核的电机，θ_{ed}取 120℃，θ_d 不应超过 220℃。

4.3.2 转子容许发热校验

按同步电动机的阻尼笼条或异步电机转子导条的温度不超过 300℃容许的最长启动时间 $t_{s.max}$按式(10－18)计算：

$$t_{s.max} = \frac{235 \times G}{P_{em} \times U_{sm}^2 \times M_{am}} \tag{10-18}$$

式中，G——同步电动机的阻尼笼条或异步电机转子导条的铜质量，kg；

其余符号同前。

4.4 机组启动计算实例

【例 1】某机组两机配置，主风机 AV71－11 型，轴流压缩机；变速箱 AD63H 型(德国产品)；电动机 YCH1000－4 型，18000kW，10kV，1179A。

(1) 基础数据

① 负载(含压缩机、变速箱、联轴节等)的启动数据(已折算至电机轴)：

$GD^2 = 28900\text{kg}\cdot\text{m}^2$；

负载最大启动阻转矩 23529N·m(额定转速时负载的阻力矩)；

轴流压缩机的静叶开度为 14°负载启动转矩曲线数据，见表 10－2。

表 10－2　负载启动转矩曲线数据表

转速/(r/min)	0	300	600	750	900	1050	1200	1275	1350
转矩相对值	0.016	0.008	0.02	0.04	0.06	0.09	0.126	0.15	0.17
转速/(r/min)	1380	1410	1425	1440	1455	1470	1485	1493	
转矩相对值	0.173	0.179	0.189	0.197	0.20	0.20	0.203	0.203	

② 电动机数据：

额定容量　$P_{em} = 18000\text{kW}$；

启动时机端电压　$U_{sm} = 0.70U_n$(或 $0.74U_n$)；

启动转矩相对值　$M_{sm} = 0.51$；

最大转矩相对值　$M_{max} = 1.83$；

启动电流倍数　$K_s = 4.10$；

转子飞轮力矩　$GD_m^2 = 5972\text{kg}\cdot\text{m}^2$；

同步转速　$n_0 = 1500\text{r/min}$；

额定转速　$n_m = 1486\text{r/min}$；

额定转矩　$M_m = 115677\text{N}\cdot\text{m} = 11797\text{kg}\cdot\text{m}$；

定子电流密度　4.48A/mm^2；

转子导条铜质量　$G = 1505\text{kg}$。

(2) 机组启动时间计算

机组的 $GD^2 = 5972 + 28900 = 34872\text{kg}\cdot\text{m}^2$。

计算机组时间常数 T_n：

$$T_n = \frac{34872 \times 1500^2}{365 \times 18000 \times 10^3} = 11.94\text{s}$$

电动机的平均转矩 M_{am}：

$$M_{am} = 0.51 + 0.2(1.83 - 0.51) = 0.774$$

负荷的平均阻力矩 M_{aj} 由负载阻力矩曲线表(10－2)求得：

$$M_{aj} = (M_{1j} + M_{2j} + \cdots + M_{nj})/n = (0.016 + 0.008 + 0.02 + \cdots + 0.203)/17 = 0.131$$

机组启动时间按式(10－10)计算：

当启动电压为 $0.70U_n$ 时，：

$$t_s = \frac{T_n}{U_{sm}^2 \times M_{am} - M_{aj}} = \frac{11.94}{0.70^2 \times 0.774 - 0.131} = 48.1\text{s}$$

当启动电压为 $0.74U_n$ 时：

$$t_s = \frac{T_n}{U_{sm}^2 \times M_{am} - M_{aj}} = \frac{11.94}{0.74^2 \times 0.774 - 0.131} = 40.8\text{s}$$

(3) 定子绕组启动温升 τ_d 及温度 θ_d 计算

① 定子绕组启动温升 τ_d 由式(10－15)计算，得：

$$\tau_d = 0.85(U_{sm} \times K_s \times J_d)^2 \times t_s \times 1/150 = 0.85(0.70 \times 4.1 \times 4.48)^2 \times 48.1 \times 1/150 = 45℃$$

② 定子绕组启动温度 θ_d 由式(10－16)计算，得：

冷态启动 2 次定子绕组温度：

$$\theta_d = 40 + 2 \times 45 = 130℃$$

热态启动 1 次定子绕组温度由式(10－17)计算，得：

$$\theta_d = 120 + 45 = 165℃ < 220℃$$

(4) 转子导条温度不超过 300℃，容许启动时间 $t_{s.max}$ 计算

按式(10－18)，当机端电压为 $0.70U_n$ 时：

$$t_{s.max} = \frac{235 \times G}{P_{em} \times U_{sm}^2 \times M_{am}} = \frac{235 \times 1505}{18000 \times 0.70^2 \times 0.774} = 51.8\text{s} > 48.1\text{s}$$

当机端电压为 $0.74U_n$ 时：

或 $$t_{s.max} = \frac{235 \times G}{P_{em} \times U_{sm}^2 \times M_{am}} = \frac{235 \times 1505}{18000 \times 0.74^2 \times 0.774} = 46.3\text{s} > 40.8\text{s}$$

可见，电动机的容量及性能满足启动要求。

【例 2】某机组三机配置，电动机启动，烟气机：YL－1300A 型；主风机：AV63－11 型，轴流压缩机；变速箱：NDL5360T 型；电动机：YCH1000－4 型，14000kW，6kV，1544A。

(1) 基础数据

① 负载(含压缩机、烟气机、变速箱、联轴节等)的启动数据(已折算至电机轴)：

$GD^2 = 25000\text{kg} \cdot \text{m}^2$；

最大启动阻转矩 29045N · m；

轴流压缩机的静叶开度为 22°(或 14°)；

负载启动转矩(以电动机额定转矩为基准的标幺值)曲线数据，见表 10－3。

表 10－3　负载启动转矩曲线数据表

转速/(r/min)	0	300	450	600	750	900	1050	1200
转矩，静叶 22°	0	0.047	0.049	0.06	0.085	0.123	0.153	0.20
转矩，静叶 14°	0	0.04	0.043	0.052	0.074	0.107	0.133	0.174
转速/(r/min)	1275	1350	1380	1425	1455	1470	1485	1493
转矩，静叶 22°	0.23	0.26	0.277	0.29	0.30	0.31	0.31	0.323
转矩，静叶 14°	0.20	0.226	0.24	0.252	0.261	0.27	0.27	0.28

注：静阻力矩为零是考虑该机组启动前有电动盘车。

② 电动机数据：

额定容量 $P_{em}=14000kW$；

启动时机端电压 $U_{sm}=0.77U_n$（或 $0.82U_n$）；

启动转矩相对值 $M_{sm}=0.41$；

最大转矩相对值 $M_{max}=1.69$；

启动电流倍数 $K_s=3.74$；

转子飞轮力矩 $GD_m^2=5072kg\cdot m^2$；

同步转速 $n_0=1500r/min$；

额定转速 $n_m=1488r/min$；

额定转矩 $M_m=89823N\cdot m=9165kg\cdot m$；

定子电流密度 $3.44A/mm^2$；

转子导体铜质量 $G=1290kg$。

（2）机组启动时间计算

机组的 $GD^2=5072+25000=30072kg\cdot m^2$；

机组时间常数 T_n：

$$T_n=\frac{30072\times1500^2}{365\times14000\times10^3}=13.2s$$

电动机的平均转矩 M_{am}：

$$M_{am}=0.41+0.2(1.69-0.41)=0.67$$

负荷的平均阻力矩 M_{aj}（静叶开度 22°）：

$M_{aj}=(M_{1j}+M_{2j}+\cdots+M_{nj})/n=(0+0.047+0.049+\cdots+0.323)/16=0.188$

或 $M_{aj}=(0+0.04+0.043+0.052+\cdots+0.28)/16=0.164$（静叶开度 14°）

① 机组启动时间（静叶开度 22°）按式（10－10）得：

启动电压为 $0.77U_n$ 时，$t_s=\frac{T_n}{U_{sm}^2\times M_{am}-M_{aj}}=\frac{13.2}{0.77^2\times0.67-0.188}=63.1s$

启动电压为 $0.82U_n$ 时，$t_s=\frac{T_n}{U_{sm}^2\times M_{am}-M_{aj}}=\frac{13.2}{0.82^2\times0.67-0.188}=50.3s$

② 机组启动时间（静叶开度 14°）：

启动电压为 $0.77U_n$ 时，$t_s=\frac{T_n}{U_{sm}^2\times M_{am}-M_{aj}}=\frac{13.2}{0.77^2\times0.67-0.164}=56.6s$

启动电压为0.82U_n时，$t_s=\frac{T_n}{U_{sm}^2 \times M_{am}-M_{aj}}=\frac{13.2}{0.82^2 \times 0.67-0.164}=46s$

(3) 定子绕组启动温升τ_d及温度θ_d计算

① 定子绕组启动温升τ_d

由式(10－15)计算，主风机静叶开度22°时：

$\tau_d=0.85(U_{sm} \times K_s \times J_d)^2 \times t_s \times 1/150=0.85(0.77 \times 3.74 \times 3.44)^2 \times 63.1 \times 1/150=35.1℃(U_{sm}=0.77U_n)$

或$\tau_d=0.85(0.82 \times 3.74 \times 3.44)^2 \times 50.3 \times 1/150=31.7℃(U_{sm}=0.82U_n)$

② 定子绕组启动温度θ_d由式(10－16)计算，得主风机静叶开度22°时：

冷态启动2次定子绕组温度：

$\theta_d=40+2 \times 35.1=110.2℃$　　$(U_{sm}=0.77U_n)$

或　$\theta_d=40+2 \times 31.7=103.4℃$　　$(U_{sm}=0.82U_n)$

热态启动1次定子绕组温度

$\theta_d=120+35.1=155.1℃$　　$(U_{sm}=0.77U_n)$

或　$\theta_d=120+31.7=151.7℃$　　$(U_{sm}=0.82U_n)$

(4) 转子导条温度不超过300℃，容许启动时间计算

按式(10－18)，当机端电压为0.77U_n时(静叶开度14°)：

$$t_{s.max}=\frac{235 \times G}{P_{em} \times U_{sm}^2 \times M_{am}}=\frac{235 \times 1290}{14000 \times 0.77^2 \times 0.67}=54.5s<56.6s$$

当机端电压为0.82U_n时(静叶开14°)：

$$t_{s.max}=\frac{235 \times G}{P_{em} \times U_{sm}^2 \times M_{am}}=\frac{235 \times 1290}{14000 \times 0.82^2 \times 0.67}=48.1s>46s(\text{但}<50.3s)$$

可见，当主风机静叶开度为22°启动时，电机转子导条要超温，在静叶开度为14°启动时，机端电压0.82U_n导条温度满足要求；机端电压0.77U_n，导条温度基本满足要求。

结论：此机组应在主风机静叶开度为14°的条件下启动。

4.5　无功补偿计算

4.5.1　补偿原则

① 由6(10)kV装置变电所母线供电的主风机组，无功补偿由该变电所统一考虑。宜逐台计算出各用电负荷(各回路)所消耗的无功功率，并据此计算出自然功率因数并以此确定补偿容量。

② 由总变电所以专用6(10)kV线路供电的主风机组或以变压器－电动机组供电的机组，宜按以下原则进行无功补偿：

a. 两机组配置，一般不需无功补偿。因为该机组只要投入运行，负荷率就会很高(80%以上)，其自然功率因数接近电动机的额定功率因数，一般都在0.9以上。而且，在大多数情况下都是备用机组，运行时间短。

b. 三机组或四机组配置，电机一般为发电工况或轻载的电动工况，功率因数一般都很低，特别是异步发电状态，对系统功率因数影响较大，因此需要进行无功补偿。以下主要列举这种配置方式的无功补偿计算。

4.5.2 补偿容量计算实例

4.5.2.1 机组由总变电所专用线路供电，三机组配置

电机正常为轻载电动工况。此时应按正常运行计算补偿容量，补偿后的 $\cos\phi$ 宜在 0.91 ~ 0.95 之间，但机组甩烟机后电机满载运行时功率因数不宜大于 0.95。

设电机用电负荷 P_1，功率因数 $\cos\phi_1$，要将功率因数提高到 $\cos\phi_2$，需要补偿无功功率 ΔQ 按式(10 - 19)计算

$$\Delta Q = P_1(\tan\phi_1 - \tan\phi_2) \tag{10-19}$$

例如某电动机：9400kW，6kV，1049A，$\cos\phi_n = 0.90$，$\eta = 95.7\%$，正常运行负载 2300kW (负载率 24.5%)。

查电动机负载曲线当 $K_1 = 24.5\%$ 时，$\cos\phi_1 = 0.795$，$\tan\phi_1 = 0.763$，$\eta = 94.7\%$

$\therefore \quad P_1 = 2300/0.947 = 2429\text{kW}$

当补偿到 $\cos\phi_2 = 0.92(\tan\phi_2 = 0.426)$时，

补偿容量 $\Delta Q = P_1(\tan\phi_1 - \tan\phi_2) = 2429 \times (0.763 - 0.426) = 818.6\text{kvar}$，取 900kvar。

验算满载时的 $\cos\phi$：

$$P_1 = 9400/0.957 = 9822\text{kW}$$

$$Q_1 = 9822 \times 0.4843 = 4757\text{kvar}(\cos\phi_n = 0.90 \text{ 时}，\tan\phi = 0.4843)$$

从电网实际吸收的无功功率为：

$$Q'_1 = Q_1 - \Delta Q = 4757 - 900 = 3857\text{kvar},$$

$$S = \sqrt{P_1^2 + Q'^2_1} = \sqrt{9822^2 + 3857^2} = 10552\text{kVA}$$

$$\cos\phi = 9822/10552 = 0.93$$

4.5.2.2 变压器 - 电动机组供电

三机组配置，电机正常为异步发电工况。

此运行工况对系统功率因数的降低影响较大，必须进行无功补偿。根据发电功率的多少，其补偿容量的确定有以下两种情况：

(1) 发电功率很小时(如小于电机额定功率的 10%)

① 按该电机空载时消耗的无功功率进行补偿；

② 按该电机在此负载率下实际消耗的无功功率进行补偿。

【例 1】异步电动/发电机：12000kW，6kV，1357A，$\cos\phi_n = 0.89$，$\eta = 95.6\%$，空载电流 $I_0 = 202\text{A}$，正常运行平均发电功率 $P_f = -2000\text{kW}$(负载率 $K_1 = 0.167$)，由电机特性曲线查得此时 $\cos\phi = -0.70$，$\tan\phi = -1.02$，即：

$$Q_f = -2000 \times (-1.02) = 2040\text{kvar}$$

按空载时消耗无功功率进行补偿(假定空载时全为无功消耗)：

$$\Delta Q = Q_0 = \sqrt{3}UI_0 = \sqrt{3} \times 6 \times 202 = 2099\text{kvar}，\text{取 } 2100\text{kvar}$$

按电机实际消耗的无功补偿：

$$\Delta Q = Q_f = 2040\text{kvar}$$

(2) 发电功率较大时(如达到电机额定功率的 20% ~ 60%)

① 按该电机在此负载率下实际消耗的无功功率进行补偿；

② 按全厂用电负荷无功平衡或按该机组供电的区域变电所无功平衡确定补偿容量。

【例 2】某厂区域变电所原有供电负荷为：$P_1 = 14200\text{kW}$，$Q_1 = 6470\text{kvar}$，平均的 $\cos\phi_1 =$

0.91，$\tan\phi_1 = 0.4556$；当异步发电机投入运行后（发电 2000kW），系统供给总负荷为：

$$P_2 = 14200 - 2000 = 12200\text{kW}$$

系统提供的无功负荷为：

$$Q_2 = 6470 + 2040 = 8510\text{kvar}$$

$$\tan\phi_2 = 8510/12200 = 0.6975，则 \cos\phi = 0.82$$

若保持原有功率因数不变，则需补偿无功：

$\Delta Q = 12200 \times (0.6975 - 0.4556) = 2951\text{kvar}$，实际取 3000kvar。

补偿后，$Q_2 = 8510 - 3000 = 5510\text{kvar}$。

补偿后的平均 $\cos\phi_2 = \dfrac{12200}{\sqrt{12200^2 + 5510^2}} = 0.911$。

即维持原功率因数不变。

4.5.3 接线方式

① 电容器组采用单星形接线，并按需要选择适当的串联电抗器。

② 电容补偿装置应靠近机组安装，接在机组的专用母线段上（主风机厂房配电间或催化装置变电所内）。

4.6 继电保护设置及整定计算

继电保护设置及整定计算详见第九章 4.2 节。补充说明以下几点。

4.6.1 关于单相接地保护

对于变压器 - 电动机组供电方式，零序电流保护已没有意义，因为当电机回路接地时，流经该回路的电容电流即为系统全部电容电流。通常在 6(10)kV 专用母线段上装设二次侧有开口三角形的电压互感器，变压器二次侧系统发生接地时利用开口三角的零序电压报警或跳闸。

4.6.2 大型机组一般不设置自动再启动

所以，低电压保护的电压整定值一般为 65V，时间 0.5s。

5 电气设备选择

5.1 开关柜及断路器选择

用于大中型电动机或电动/发电机开关设备的选型要求与变电所其他用途的开关设备相同，此处不再复述。

5.2 电流互感器选择

电流互感器的选择与校验项目，详见第八章 4.2 节，补充说明以下几点：

5.2.1 一般要求

① 互感器宜装 3 相，组成 3 相星形接线；

② 差动保护用二次绕组应为 5P 级；

③ 额定二次负载不宜小于 15VA。

5.2.2 主保护为纵联差动保护

5.2.2.1 差动保护专用一组互感器

① 在开关柜装设两组互感器。一组用于智能电度表和过流保护，二次绕组为 0.5/

10P15；另一组用于纵差保护，二次绕组为5P15/10P15。其中5P级用于差动保护，另一个二次绕组备用。

② 在电机主接线箱装设一组与开关柜内同型号的用于纵差保护的互感器，二次绕组为5P15/10P15。

5.2.2.2 差动保护与过电流保护共用一组互感器

① 在开关柜装设一组互感器，二次绕组为5P15/10P15。其中5P15级用于差动保护，10P15级用于电流保护。也可以选用一组有三个二次绕组的互感器，准确度组合为0.5/5P15/10P15(或0.5/5P15/5P15)，0.5级用于智能电度表，其余两个分别用于差动保护和过流保护。

② 在电机主接线箱装设一组与开关柜内同型号的用于纵差保护的互感器，二次绕组为0.5/5P15(或5P15/10P15)，0.5级可用于智能电度表，5P15用于差动保护。

5.2.3 主保护为自平衡差动保护

① 在开关柜装设一组互感器，二次绕组为0.5/10P15，15VA，用于智能电度表和电流保护。

② 在电机主接线箱装设一组自平衡差动保护用互感器，50/5A，5P10，15VA。

5.3 电压互感器选择

这里指的是大型机组专用母线上电压互感器的选择，分两种情况：

5.3.1 由总变电所6～10kV母线直接供电、在装置变电所或机组厂房配电室设置的机组专用母线

宜选用两只单相单二次绕组的电压互感器，即JDZ－6(10)型，6(10)/0.1kV，组成V－V接线，供保护及测量用。

5.3.2 变压器－电动机组供电的专用6(10)kV母线

装设三只单相双二次绕组的电压互感器，即JDZJ－6(10)型，组成Y/Y/Δ接线，电压比$\frac{6(10)}{\sqrt{3}}\Big/\frac{0.1}{\sqrt{3}}\Big/\frac{0.1}{3}$kV。其中Y形接线的二次绕组用于测量及电压保护；开口三角形用于6(10)kV系统单相接地故障报警，因为此时电动机接地电流保护已不起作用。

5.4 变压器－电动机组供电方式中变压器的选择

5.4.1 额定容量选择

对于主风机组，由于启动时间长，属于典型的重载启动负荷，一般应按电动机额定容量的115%～130%选择变压器容量。例如，12000kW电动机：

$$S_{\mathrm{m}}=\frac{P}{\eta\cdot\cos\phi}=\frac{12000}{0.956\times0.89}=14103.7\mathrm{kVA}$$

所以 $S_{\mathrm{T}}=(1.15\sim1.30)\times14103.7=16219\sim18335\mathrm{kVA}$

若取下限，则可选16MVA变压器；若取上限，则应选20MVA变压器。另外，还应考虑到启动电压水平以及是否带烟机启动(三机组配置，启动时间会更长)，通常宜选20MVA变压器。

5.4.2 额定电压及变比

一次侧额定电压宜为石化企业内部配电电压，通常为35kV；也可以是企业的受电电压，

如 35kV、63kV、110kV。二次侧额定电压一般为 6.3kV 或 10.5kV。

额定变比一般为 35 ±2 ×2.5%/6.3(10.5)kV，63 ±2 ×2.5%/6.3(10.5)kV 等

5.4.3 有载调压变压器的选用

一般宜采用无激磁调压变压器，通过合理选择一、二次额定电压及变比，再利用一次侧的电压分接开关的调压作用，是可以满足电动机启动和正常运行时电压要求的。当电网电压波动较大且频繁时，可采用有载调压变压器。

5.4.4 短路阻抗百分数

设计中应尽量选用标准阻抗，即：

35kV 变压器：8%(或 7.5% –10MVA 及以下)；

63kV 变压器：9%(大于 6.3MVA)

110kV 变压器：10.5%(6.3MVA 及以上)

当启动电压波动计算中，选用上述标准阻抗无法满足要求时，可考虑按实际需要选用非标准阻抗。降低变压器阻抗，将使机端电压略有提高而变压器一次侧母线电压有所降低；反之，提高变压器阻抗，将使机端电压显著下降，变压器一次母线电压略有提高。

5.5 降压启动电抗器选择

一般宜选用干式电抗器。电抗器额定电流及电抗百分值的选择见 4.1 节。

5.6 配电电缆选择

5.6.1 电缆选型

推荐选用交联聚乙烯绝缘、聚氯乙烯护套、铜导体电力电缆。并按敷设条件决定是否采用钢带铠装电缆或无铠装电缆。

5.6.2 额定电压

对于中性点不接地系统或经消弧线圈接地系统，大型机组的电动机回路本身发生单相接地故障时，通常保护装置将动作于跳闸；若保护动作于报警信号，由人工停机并切换至备用机组，故障持续时间将超过 1min。另外，由于总变电所其他回路，例如配出线路或变压器回路发生单相接地时，有可能继续运行一段时间，将使系统非故障相对地电压持续升高，考虑到大型机组的重要性，电缆电压推荐选择如下：

额定电压 6kV 的电动机，选用 6/6kV 电缆；

额定电压 10kV 的电动机，选用 8.7/10kV 电缆；

中性点为小电阻接地系统，可选择 3.6/6kV、6/10kV 电缆。

5.6.3 载流量及修正系数

按 GB 50217—2007《电力工程电缆设计规范》中的数据选取电缆载流量，再按其他条件进行修正。

5.6.4 计算实例

电动机 5500kW，6kV，606A 选择配电电缆

5.6.4.1 空气中敷设 – 电缆桥架(梯架)敷设

气温及修正系数：

最热月日最高气温平均值 35℃，计算修正系数 K：

$$K = \sqrt{\frac{\theta_m - \theta_2}{\theta_m - \theta_1}} = \sqrt{\frac{90 - 35}{90 - 40}} = 1.048$$

并列校正系数0.65(梯架内电缆两层叠置)

从GB 50217—2007 表B.0.2-1 查得：铝导体、环境温度40℃载流量：

3×185-323A；选两根3×185mm² 电缆，即：

$I_L = 2 \times 323 \times 1.29 \times 1.048 \times 0.65 = 567A < 606A$，不满足要求。

3×240-378A；选两根3×240mm² 电缆，即：

$I_L = 2 \times 378 \times 1.29 \times 1.048 \times 0.65 = 664A > 606A$，满足要求。

上例中，修正系数1.29是换算成铜导体的载流量。

若用托盘叠置一层，并列系数为0.7，选两根3×185mm² 电缆，即：

$I_L = 2 \times 323 \times 1.29 \times 1.048 \times 0.7 = 610A > 606A$，满足要求。

可见，在桥架敷设的情况下，由于电缆叠置层数和桥架类型不同对并列系数的影响，其电缆截面选择有几种结果。综合各种因素后，可以得出在大多数情况下，选用2(3×185mm²)是可行的。附录2电缆选择推荐表就是以此作出的。

5.6.4.2 直接埋地敷设

敷设条件：

最热月土壤0.8m处温度26℃。

土壤热阻系数1.5℃·m/W。

并列敷设校正系数0.85(按有3根同时运行的电缆并列)。

查规范GB 50217—2007 表B.0.2-2，可得3×240mm²、铝导体、有铠装电缆、环境温度25℃、热阻系数为2.0℃·m/W时的载流量为295A。

温度校正系数 $K_t = \sqrt{\frac{\theta_m - \theta_2}{\theta_m - \theta_1}} = \sqrt{\frac{90-26}{90-25}} = 0.992$。

热阻校正系数 $K_r = 0.93/0.87 = 1.069$。

式中，0.93和0.87分别为热阻系数1.5℃·m/W和2.0℃·m/W时的校正系数，因表中数据295A已用热阻2.0℃·m/W校正过，所以须按热阻1.5℃·m/W再校正过来。

于是，$I_L = 2 \times 295 \times 1.29 \times 0.992 \times 1.069 \times 0.85 = 686A > 606A$，可见选两根3×240mm² 电缆，满足要求。

本例中如果最热月土壤0.8m处温度为20℃，则温度校正系数为1.04。

选用两根3×185mm² 铜芯电缆，载流量为：

$I_L = 2 \times 252 \times 1.29 \times 1.04 \times 1.069 \times 0.85 = 614A > 606A$，满足要求。

当按相关条件选择的电缆载流量与电动机额定电流相比较，其负误差小于2%时，则认为合格可不再加大一级截面。

6 辅助设备的供电

大型机组的辅助用电设备通常有润滑油泵、动力油泵、电加热器、盘车装置及吊车等。为了确保主机连续可靠运转，对其辅机的供电可靠性及控制接线应有严格要求。

6.1 润滑油泵和动力油泵

润滑油泵为整个机组的轴承提供润滑，是确保机组安全可靠运行的关键辅机。在没有设置汽动油泵时，通常设有 A/B 两台电动油泵，正常运行一台。当油压低于设定值时，压力信号自动启动另一台备用油泵。A/B 两泵应由不同低压母线段供电且该母线间设置有自动投入装置。两台油泵可以是一台为主泵，正常运行，另一台为备用泵；也可 A/B 两泵互为备用关系，先开起的即为主泵，另一台为备用泵。备用泵靠压力信号自动开机，通常是手动停机。在设置两台电动润滑油泵情况下，通常还配置有高位油箱。当设置有汽动油泵时，一般设一台电动油泵作备用，此油泵的电源一般应有自动切换装置。

当有快速启动的柴油发电机作为应急电源时，其中一台润滑油泵应由应急电源供电。

动力油泵(仅主风机为轴流压缩机时有此辅机并设有独立的动力油站)。通常设置 A/B 两台电动油泵，正常运行一台。其供电及控制要求同润滑油泵。

6.2 电加热器及其他

主要是油箱加热器和主电机的防潮加热器。前者在开机前投入运行，确保润滑油的温度在规定范围内，通常带有自动温控装置。主电机加热器须在电机停机后方可投入运行，因此应与主电机的断路器有连锁关系。

盘车装置只有在主电机停运时才允许开机。吊车的供电无特殊要求。

附录 1　西门子公司资料大型高压电动机(鼠笼型或同步电动机)

常用启动方式及对系统的影响计算实例：

已知：

电源数据(6kV 母线)：短路容量 $S''_K = 200\text{MVA}$

电缆数据：长度 $L = 1.5\text{km}$

电缆并列根数 $n = 3$

电缆型号：NKBA $3 \times 240\text{mm}^2$

电抗 $X_K = 0.085\Omega/\text{km}$

(以上所列参数选自西门子《电力电缆及其应用》一书)

电动机数据：型号　1RN1，4 极，PN(额定功率) = 8MW

额定电压 $U_N = 6\text{kV}$

功率因数 $p.f = 0.9$

效率 $\eta = 98\%$

额定电流 $I_n = 875\text{A}$

启动电流倍数 $I_A/I_N = 5.3$

启动转矩/额定转矩 $M_A/M_N = 0.9$

假设电动机启动时电源线路最大允许压降 ΔU 为 10%，M_{A1}/M_n(或 M_{A2}/M_n、M_{A3}/M_n、M_{A4}/M_n)不应小于 0.25(考虑到负载静阻转矩)。

(M_{A2}/M_n、M_{A3}/M_n、M_{A4}/M_n 为不同启动方式的启动转矩倍数——译注)

考虑到启动压降，在整个启动过程中，应监测电动机的启动转矩曲线，以确定是否有足够的启动加速转矩。

如果计算结果显示在电动机升速过程中加速转矩过低，由于启动电流而影响电动机机端电压的恢复。要考虑咨询电机制造厂作补充计算(对每一个速度点作精确计算)。

确定电抗：

系统电抗：

$$X_{\mathrm{N}}=\frac{1.1\times U_{\mathrm{K}}^{2}}{S''_{\mathrm{K}}}=\frac{1.1\times 6^{2}}{200}=0.198\Omega/\text{相}$$

注：系数 $1.1=1.05^2$ 为发电机端感应电动势之比 EMF/U 的平方。

电缆电抗：

$$X_{\mathrm{K}}=\frac{l\times X'_{\mathrm{K}}}{n}=\frac{1.5\times 0.085}{3}=0.043\Omega/\text{相}$$

电动机在启动时短路电抗：

$$X_{\mathrm{Kmotor}}=\frac{U_{\mathrm{N}}}{\sqrt{3}\times\dfrac{I_{\mathrm{A}}}{I_{\mathrm{N}}}\times I_{\mathrm{N}}}=\frac{6000}{\sqrt{3}\times 5.3\times 875}=0.748\ \Omega/\text{相}$$

1. 直接启动

启动时电动机机端压：

$$U_{\mathrm{Amotor}}=\frac{X_{\mathrm{Kmotor}}}{X_{\mathrm{Kmotor}}+X_{\mathrm{N}}+X_{\mathrm{K}}}\times U_{\mathrm{N}}=\frac{0.748}{0.748+0.198+0.043}\times U_{\mathrm{N}}=0.76U_{\mathrm{N}}$$

确定启动电流倍数：

$$\frac{I_{\mathrm{A1}}}{I_{\mathrm{N}}}=\frac{I_{\mathrm{A}}}{I_{\mathrm{N}}}\times\frac{X_{\mathrm{Kmotor}}}{X_{\mathrm{Kmotor}}+X_{\mathrm{N}}+X_{\mathrm{K}}}=5.3\times\frac{0.748}{0.748+0.198+0.043}=4.0$$

式中 I_{A}——电动机额定启动电流；

I_{A1}——计入启动时系统和线路电抗压降后的启动电流；

I_{N}——电动机额定电流。

确定电动机实际启动电流时，要计入电动机磁饱和后漏电抗的影响。启动电流可以通过系数“a”计算（见附表 10－1）：

当$\dfrac{U_{\mathrm{Amotor}}}{U_{\mathrm{N}}}=0.76$时，系数“$a$”$=0.74$

附表 10－1　不同机端电压时的修正系数“a”

机端电压相对值$\frac{U_{\mathrm{Amotor}}}{U_{\mathrm{N}}}$	1.0	0.90	0.80	0.76	0.63	0.50	0.38	0.30
系数“a”	1.0	0.88	0.78	0.74	0.595	0.47	0.32	0.25

于是，实际启动电流 $I_{\mathrm{A1}}/I_{\mathrm{N}}=I_{\mathrm{A}}/I_{\mathrm{N}}\times a=5.3\times 0.74=3.92$。

计算启动转矩：

$$\frac{M_{\mathrm{A1}}}{M_{\mathrm{N}}}=\frac{M_{\mathrm{A}}}{M_{\mathrm{N}}}\left(\frac{X_{\mathrm{Kmotor}}}{X_{\mathrm{Kmotot}}+X_{\mathrm{N}}+X_{\mathrm{K}}}\right)^{2}=0.9\times\left(\frac{0.748}{0.748+0.198+0.043}\right)^{2}=0.52$$

式中 M_{A}——电动机额定启动转矩；

M_{A1}——计入启动时系统和电缆电抗压降后的启动转矩；

M_{N}——电动机额定转矩。

实际的启动转矩也可以通过系数“a”计算：

$$M_{\mathrm{A1}}/M_{\mathrm{N}}=\frac{M_{\mathrm{A}}}{M_{\mathrm{N}}}\times a^{2}=0.9\times 0.74^{2}=0.49$$

电机启动时系统电源(供电母线——译注)电压的降低：

$$\Delta U_{\mathrm{N}}=\frac{X_{\mathrm{N}}}{X_{\mathrm{Kmotor}}+X_{\mathrm{N}}+X_{\mathrm{K}}}\times 100\%=\frac{0.198}{0.748+0.198+0.043}\times 100\%=20\%$$

系统压降远远超过了允许压降。要满足 $\Delta U_{\mathrm{N}}\leqslant 10\%$ 和 $M_{\mathrm{A1}}/M_{\mathrm{N}}\geqslant 0.25$，可考虑采用电抗器启动方式。

2. 电抗器启动(电抗器在供电段)

电抗器电抗计算：

线路最大允许压降为10%，即 $\Delta U_{\mathrm{n}}\leqslant 0.1$

$$\frac{\Delta U_{\mathrm{N}}}{U_{\mathrm{N}}}=\frac{X_{\mathrm{N}}}{X_{\mathrm{N}}+X_{\mathrm{K}}+X_{\mathrm{D}}+X_{\mathrm{Kmotor}}}=\frac{0.1}{1.0}$$

$$X_{\mathrm{N}}=0.1(X_{\mathrm{N}}+X_{\mathrm{K}}+X_{\mathrm{D}}+X_{\mathrm{Kmotor}})$$

$$10X_{\mathrm{N}}=X_{\mathrm{N}}+X_{\mathrm{K}}+X_{\mathrm{D}}+X_{\mathrm{Kmotor}}$$

$$9X_{\mathrm{N}}=X_{\mathrm{D}}+X_{\mathrm{K}}+X_{\mathrm{Kmotor}}$$

$$9X_{\mathrm{N}}-(X_{\mathrm{K}}+X_{\mathrm{Kmotor}})=X_{\mathrm{D}}$$

$$9\times 0.198-(0.043+0.748)=X_{\mathrm{D}}$$

$$X_{\mathrm{D}}=0.991\Omega/\text{相}$$

启动时，电动机机端压降为：

$$U_{\mathrm{Amotor}}=\frac{X_{\mathrm{Kmotor}}}{X_{\mathrm{Kmotor}}+X_{\mathrm{N}}+X_{\mathrm{K}}+X_{\mathrm{D}}}\times U_{\mathrm{N}}=\frac{0.748}{0.748+0.198+0.043+0.991}\times U_{\mathrm{N}}=0.38U_{\mathrm{N}}$$

启动电流倍数：

$$\frac{I_{\mathrm{A2}}}{I_{\mathrm{N}}}=\frac{I_{\mathrm{A}}}{I_{\mathrm{N}}}\times\frac{X_{\mathrm{Kmotor}}}{X_{\mathrm{Kmotor}}+X_{\mathrm{N}}+X_{\mathrm{K}}+X_{\mathrm{D}}}=5.3\times\frac{0.748}{0.748+0.198+0.043+0.991}=2.0$$

式中 I_{A}—电动机额定启动电流；

I_{A2}——计入线路压降后的启动电流(由电抗器、电源系统和电缆电抗引起)；

I_{N}——电动机额定电流。

确定电动机实际启动电流时，有必要计入电动机磁饱和后漏电抗的影响。启动电流可以通过系数“a”计算。

当$\frac{U_{\mathrm{Amotor}}}{U_{\mathrm{N}}}=0.38$时，系数“$a$”$=0.32$(见附表10－1)。

实际启动电流倍数为：

$$\frac{I_{\mathrm{A2}}}{I_{\mathrm{N}}}=\frac{I_{\mathrm{A}}}{I_{\mathrm{N}}}\times a=5.3\times 0.32=1.7$$

计算启动转矩：

$$\frac{M_{\mathrm{A2}}}{M_{\mathrm{N}}}=\frac{M_{\mathrm{A}}}{M_{\mathrm{N}}}\left(\frac{X_{\mathrm{Kmotor}}}{X_{\mathrm{Kmotor}}+X_{\mathrm{N}}+X_{\mathrm{K}}+X_{\mathrm{D}}}\right)^2=0.9\left(\frac{0.748}{0.748+0.198+0.043+0.991}\right)^2=0.13$$

式中 M_{A}——电动机额定启动转矩；

M_{A2}——计入线路压降后的启动转矩(由电抗器、线路和电缆电抗引起)；

M_{N}—电动机额定转矩。

实际转矩可以通过系数“a”计算：

$$\frac{M_{\mathrm{A2}}}{M_{\mathrm{N}}}=\frac{M_{\mathrm{A}}}{M_{\mathrm{N}}}\times a^2=0.9\times 0.32^2=0.092$$

不满足 $\frac{M_{A2}}{M_N} \geqslant 0.25$ 的条件。

应选择降压启动方式。

3. 降压启动方式

自耦变压器调压，本节略——译注。

4. 专用变压器启动(变压器—电动机组启动——译注)

已知数据：

电源数据(30kV 系统)；

系统短路容量 $S''_K = 500\text{MVA}$；

变压器数据：额定容量 $S_K = 10\text{MVA}$，变比 30/6kV，阻抗电压 $U_K = 10\%$；

电缆长度小于500m，阻抗忽略不计。

启动时应满足的条件：

系统允许最大的压降 $\Delta U_N \leqslant 10\%$。

电动机启动转矩 $\frac{M_{A4}}{M_N} \geqslant 0.25$。

式中 M_{A4}——专用变压器启动方式电动机的启动转矩；

M_N——电动机额定转矩，数据同前。

电抗计算：

系统电抗 $X_N = \frac{1.1 \times U_N^2}{S''_K} = \frac{1.1 \times 6^2}{500} = 0.079\Omega/\text{相}$。

变压器电抗 $X_T = \frac{U_K \times U_N^2}{100 \times S_N} = \frac{10 \times 6^2}{100 \times 10} = 0.36\Omega/\text{相}$。

应注意，计算系统和变压器电抗时，采用电动机额定电压，故公式中电压为电动机额定电压。

启动时，电动机机端电压：

$$U_{\text{Amotor}} = \frac{X_{\text{Kmotor}}}{X_{\text{Kmotor}} + X_T + X_N} \times U_N = \frac{0.748}{0.748 + 0.36 + 0.079} \times U_N = 0.63 U_N$$

启动电流倍数：

$$\frac{I'_{A4}}{I'_N} = \frac{I_{A4}}{I_N} = \frac{I_A}{I_N} \times \frac{X_{\text{Kmotor}}}{X_{\text{Kmotor}} + X_T + X_N} = 5.3 \times \frac{0.748}{0.748 + 0.36 + 0.79} = 3.34$$

式中 I'_{A4}——系统侧启动电流，$I'_{A4} = I_{A4}/K_{Rt}$；

I_{A4}——折算到电动机则的启动电流，该电流相对于额定启动电流 I_A 要小，因为计入了系统和变压器的电抗；

I_A——电动机额定启动电流；

$I'_N = I_N/K_{Rt}$，电源侧电动机额定电流；

I_N——电动机额定电流；

$K_{Rt} = U_H/U_L$——变压器变比。

确定电动机实际启动电流时，有必要计入电动机磁饱和后漏电抗的影响。启动电流可以通过系数"a"计算。

当 $\frac{U_{\text{Kmotor}}}{U_N} = 0.63$ 时，系数"a" $= 0.595$。

因而，实际启动电流：

$$\frac{I'_{A4}}{I'_N}=\frac{I_{A4}}{I_N}=\frac{I_A}{I_N}\times a=5.3\times 0.595=3.15$$

计算启动转矩：

$$\frac{M_{A4}}{M_N}=\frac{M_A}{M_N}\left(\frac{X_{Kmotor}}{X_{Kmotor}+X_T+X_N}\right)^2=0.9\left(\frac{0.748}{0.748+0.36+0.079}\right)^2=0.36$$

式中 M_A——电动机额定电压启动转矩；

M_{A4}——计入系统和变压器阻抗后的降压启动转矩；

M_N——电动机额定转矩。

计算实际启动转矩也可以通过系数“a”确定：

$$\frac{M_{A4}}{M_N}=\frac{M_A}{M_N}\times a^2=0.9\times 0.595^2=0.32\geqslant 0.25$$

启动时系统电压降：

$$\Delta U_N=\frac{X_N}{X_{Kmotor}+X_T+X_N}\cdot 100\%=\frac{0.079}{0.748+0.36+0.079}\cdot 100\%=6.7\%<10\%$$

满足启动要求。

SIEMENS　E35 INFORMATION

Topic: The most commonly used methods of starting large HV motors (squirrel－cage and synchronous motors) and the effects on the line Simplified calculation examples with eff ects on the line brought about by starting a motor.

Known data:

Line data(6kV bus):

S''_K－the short－circuit rating＝200MVA

Cable data　L—length＝1.5km

The cable consists of 3 parallel cables($n=3$)

Type NKBA 3×240mm^2

X_K—inductive reactance＝0.085ohm/km

(as listed in Siemens cable book “Power cables and their Application”)

Motor data:

Type 1RN1, 4－pole, P_N—rated power＝8MW, U_N—rated voltage＝6kV; $p.f=0.9$;

$\eta=98\%$, I_N—rated current＝875A

I_A/I_N—starting current on direct－on line starting as multiple of the rated current＝5.3

M_A/M_N—starting torque on direct－on line starting as multiple of the rated torque＝0.9

Let the maximum permissible line voltage dorp ΔU on motor start－up be 10%.

M_{A1}/M_N or M_{A2}/M_N or M_{A3}/M_N or M_{A4}/M_N must not be less than 0.25 (with due regard to the load torque)

When the given voltage drop is taken into account, the starting torque curve available from the motor must always be examined to determine whether sufficient acceleration torque is delivered throughout the starting period.

If calculation shows that acceleration torque is too low in the upper speed range, the voltage recovery at the motor terminals brought about by falling starting current can be taken into account at the factory by supplementary calculations (precise calculation for each speed point). Please inquire for this, Determining the reactance:

Line reactance: $X_N = \dfrac{1.1 \times U_K^2}{S''_K} = \dfrac{1.1 \times 6^2}{200} = 0.198 \text{ohm/ph}$

Note: $1.1 = 1.05^2$, taken account of the generator EMF/U ratio;

Cable reactance:

$$X_K = \frac{l \times X'_K}{n} = \frac{1.5 \times 0.085}{3} = 0.043 \text{ohm/ph}$$

Motor short-circuit reactance on start-up:

$$X_{Kmotor} = \frac{U_N}{\sqrt{3} \times I_A/I_N \times I_N} = \frac{6000}{\sqrt{3} \times 5.3 \times 875} = 0.748 \text{ohm/ph}$$

1. Direct-on-line starting

The voltage at the motor terminals during start-up is:

$$U_{Amotor} = \frac{X_{Kmotor}}{X_{Kmotor} + X_N + X_K} \times U_N = \frac{0.748}{0.748 + 0.198 + 0.043} \times U_N = 0.76 U_N$$

Determining the starting current:

$$\frac{I_{A1}}{I_N} = \frac{I_A}{I_N} \times \frac{I_{A1}}{I_N} = \frac{I_A}{I_N} \times \frac{X_{Kmotor}}{X_{Kmotor} + X_N + X_K} = 5.3 \times \frac{0.748}{0.748 + 0.198 + 0.043} = 4.0$$

I_A——calculated starting current at a constant voltage;

I_{A1}——starting current reduced relative to I_A because of the voltage drop across the line and cable reactances;

I_N——motor rated current.

When the actual starting current is determined, it is necessary to take account of the effect of Leakage saturation in the motor. This is done by means of an "a" factor.

Where $\dfrac{U_{Amotor}}{U_N} = 0.76$

The "a" factor $= 0.74$

The actual starting current is therefore:

$$I_{A1}/I_N = I_A/I_N \times a = 5.3 \times 0.74 = 3.9$$

Calculation of the starting torque:

$$\frac{M_{A1}}{M_N} = \frac{M_A}{M_N}\left(\frac{X_{Kmotor}}{X_{Kmotor} + X_N + X_K}\right)^2 = 0.9\left(\frac{0.748}{0.748 + 0.198 + 0.043}\right)^2 = 0.52$$

M_A = calculated value of starting torque with constant voltage;

M_{A1} = starting torque reduced relative to M_A because of the voltage drop across the line and cable reactances.

M_N = motor rated torque;

Calculation of the actual starting torque is also based on factor "a"

$$M_{A1}/M_N = \frac{M_A}{M_N} \times a^2 = 0.9 \times 0.74^2 = 0.49$$

Calculation of the line voltage dip on starting of the motor

$$\Delta U_N = \frac{X_N}{X_{Kmotor} + X_N + X_K} \times 100\% = \frac{0.198}{0.748 + 0.198 + 0.043} \times 100\% = 20\%$$

The permissible voltage dip is considerably exceeded. Attention is therefore given to the question as to whether the requirements $\Delta U_N \leqslant 10\%$ and $M_{A1}/M_N \geqslant 0.25$ are met by reactor starting。

2. Reactor starting (reactor in supply line)

Calculation of reactor reactance X_D

The maximum permissible voltage drop in the line is 10%, i. g $\Delta U_N \leqslant 0.1$

$$\frac{\Delta U_N}{U_N} = \frac{X_N}{X_N + X_K + X_D + X_{Kmotor}} = \frac{0.1}{1.0}$$

$$X_N = 0.1(X_N + X_K + X_D + X_{Kmotor})$$

$$10X_N = X_N + X_K + X_D + X_{Kmotor}$$

$$9X_N = X_D + X_K + X_{Kmotor}$$

$$9X_N - (X_K + X_{Kmotor}) = X_D$$

$$9 \times 0.198 - (0.043 + 0.748) = X_D$$

$$X_D = 0.991 \text{ohm/ph}$$

The voltage at the motor terminals during starting-up is:

$$U_{Amotor} = \frac{X_{Kmotor}}{X_{Kmotor} + X_N + X_K + X_D} \times U_N = \frac{0.748}{0.748 + 0.198 + 0.043 + 0.991} \times U_N = 0.38U_N$$

Calculating the starting current:

$$\frac{I_{A2}}{I_N} = \frac{I_A}{I_N} \times \frac{X_{Kmotor}}{X_{Kmotor} + X_N + X_K + X_D} = 5.3 \times \frac{0.748}{0.748 + 0.198 + 0.043 + 0.991} = 2.0$$

I_A—calculated value of starting current at constant voltage;

I_{A2}—reduced starting current relative to I_A, caused by the voltage drop across the line (line reactance, cable and reactor reactances);

I_N—motor rated current.

When the actual starting current is determined, It also necessary to take account of the leakage saturation in the motor. This is done by means of an "a" factor

Where $\frac{U_{Amotor}}{U_N} = 0.38$

The "a" factor $= 0.32$

The actual starting current is therefore:

$$\frac{I_{A2}}{I_N} = \frac{I_A}{I_N} \times a = 5.3 \times 0.32 = 1.7$$

Calculation of the starting torque:

$$\frac{M_{A2}}{M_N} = \frac{M_A}{M_N}\left(\frac{X_{Kmotor}}{X_{Kmotor} + X_N + X_K + X_D}\right)^2 = 0.9\left(\frac{0.748}{0.748 + 0.198 + 0.043 + 0.991}\right)^2 = 0.13$$

M_A = calculated value of starting torque with constant voltage;

M_{A2} = reduced starting torque relative to M_A because of the voltage drop across the line (line reactance, cable and reactor reactances);

M_N = motor rated torque.

The actual starting torque is also calculated by means of factor "a"

$$\frac{M_{A2}}{M_N} = \frac{M_A}{M_N} \times a^2 = 0.9 \times 0.32^2 = 0.092$$

The conditiOn $\frac{M_{A2}}{M_N} \geqslant 0.25$ is not met by a long way.

Reduced – voltage starting must therefore be chosen.

3. Reduced – voltage starting (auto – transformer with tapings starting)(本节略－译注)

4. Starting with unit transformer (transformer—motor unit starting)

Known data:

Line data (30kV system):

S''_K—short – circuit power = 500MVA

Transformer data:

30/6kV, S_K—rated power = 10MVA,

U_K—impedance voltage = 10%

Cable length < 500m, and so the cable reactance is disgarded.

Condition: Max. Permissible line voltage drop

$\Delta U_N \leqslant 10\%$, $\frac{M_{A4}}{M_N} \geqslant 0.25$

M_{A4} and M_N: see over page for further details.

Calculating the reactances:

Line reactance:

$$X_N = \frac{1.1 \times U_N^2}{S''_K} = \frac{1.1 \times 6^2}{500} = 0.079\text{ohm/ph}$$

Transformer reactance:

$$X_T = \frac{U_K \times U_N^2}{100 \times S_N} = \frac{10 \times 6^2}{100 \times 10} = 0.36\text{ohm/ph}$$

It should be kept in mind when the line and transformer reactance are calculated that these are to be referred to the motor rated voltage, and that the motor rated voltage must therefore appear in the equation.

The voltage at the motor terminals on start – up is

$$U_{Amotor} = \frac{X_{Kmotor}}{X_{Kmotor} + X_T + X_N} \times U_N = \frac{0.748}{0.748 + 0.36 + 0.079} \times U_N = 0.63U_N$$

$$\frac{U_{Amotor}}{U_N} = 0.63$$

Calculation of the starting current:

$$\frac{I'_{A4}}{I'_N} = \frac{I_{A4}}{I_N} = \frac{I_A}{I_N} \times \frac{X_{Kmotor}}{X_{Kmotor} + X_T + X_N} = 5.3 \times \frac{0.748}{0.748 + 0.36 + 0.79} = 3.35$$

$I'_{A4} = I_{A4}/K_{Rt}$—starting current referred to the line side;

I_{A4}—Lower starting current relative to I_A because of the voltage drop across the line and transformer reactances, referred to the motor side;

I_A—see under "direct - on - line starting" for further information;

$I'_N = I_N/K_{Rt}$—motor rated current referred to the line side;

I_N—motor rated current ;

$K_{Rt} = U_H/U_L$—transformation ratio of the transformer.

When the actual starting current is calculated, it is necessary to take account of the leakage Saturation effect in the motor, This is done by means of an 'a' factor (see diagram on page 5)

At $U_{Kmotor}/U_N = 0.63$, the 'a' factor = 0.595

The actual starting current is therefore

$$\frac{I'_{A4}}{I'_N} = \frac{I_{A4}}{I_N} = \frac{I_A}{I_N} \times a = 5.3 \times 0.595 = 3.15$$

Calculation of the starting torque:

$$\frac{M_{A4}}{M_N} = \frac{M_A}{M_N}\left(\frac{X_{Kmotor}}{X_{Kmotor} + X_T + X_N}\right)^2 = 0.9\left(\frac{0.748}{0.748 + 0.35 + 0.079}\right)^2 = 0.365$$

M_A = calculated starting torque with constant voltage

M_{A4} = reduced starting torque relative to M_A due to the voltage drop across the transformer and Line reactance

M_N = motor rated torque

Calculation of the actual starting torque is also by means of the 'a' factor

$$\frac{M_{A4}}{M_N} = \frac{M_A}{M_N} \times a^2 = 0.9 \times 0.595^2 = 0.32 \geqslant 0.25$$

Calculation of the line voltage dip :

$$\Delta U_N = \frac{X_N}{X_{Kmotor} + X_T + X_N} \cdot 100\% = \frac{0.079}{0.748 + 0.36 + 0.079} \cdot 100\% = 6.7\%$$

The conditions are therefore met.

附录 2　大型异步电动机供电电缆及电流器互感器(CT)选择表

序号	额定容量/kW	额定电压/kV	额定电流/A	电缆截面/mm^2	CT 变比
1	3200	6	353	A3 ×240 或 2(3 ×95) B2(3 ×95)	400/5(1) 或 600/5(1)
2	4000	6	437	A2(3 ×120) B2(3 ×120)	600/5(1)
3	4500	6	492	A2(3 ×150) B2(3 ×150)	600/5(1)
4	5000	6	547	A2(3 ×185) B2(3 ×185)	800/5(1)
5	5500	6	606	A2(3 ×240) 或 2(3 ×185) B2(3 ×240)	800/5(1)

续表

序号	额定容量/kW	额定电压/kV	额定电流/A	电缆截面/mm^2	CT 变比
6	6300	6	704	A2(3×240) B2(3×240)	1000/5(1)
		10	422	A2(3×120) B2(3×95)或2(3×120)	600/5(1)
7	7100	6	783	A3(3×150)或3(3×185) B3(3×150)	1000/5(1)
		10	470	A2(3×150) B2(3×120)	600/5(1)
8	8000	6	884	A3(3×185) B3(3×185)	1200/5(1)
		10	530	A2(3×185) B2(3×185)	600/5(1)
9	9000	6	984	A3(3×240)或4(3×150) B3(3×240)	1200/5(1)
		10	590	A2(3×185) B2(3×185)	800/5(1)
10	12000	6	1308	A4(3×240) B4(3×240)	1500/5(1) 2000/5(1)
		10	785	A3(3×150)或3(3×185) B3(3×150)或3(3×185)	1000/5(1)
11 12	14000 18000	6	1533	A6(3×185)或4(3×1×300) B6(3×150)或4(3×1×240)	2000/5(1)
		10	920	A3(3×185)或3(3×240) B3(3×240)	1200/5(1)
12	18000	10	1180	A4(3×240)	1500/5(1)

注：A—空气中敷设；环境温度35℃，修正系数1.05(40℃时为1.0)，并列敷设系数0.65(按二层梯架)。

B—埋地敷设；地温25℃，修正系数1.0，土壤热阻系数1.5℃·m/W，修正系数0.93/0.89=1.069，并列敷设系数0.85。

附录3　单位换算

名　称	换　算
长度	1米(m)=39.37英寸(in)=3.28英尺(ft)=1.093码(yd)，1英寸(in)=25.4毫米mm
面积	1毫米^2(mm^2)=0.00155英寸^2(in^2)，1英寸^2(in^2)=645.16毫米^2(mm^2)
体积	1升(L)=0.22英国加仑(UKgal)=0.26美国加仑(USgal) =0.035英尺^3(ft^3)=10^{-3}米^3(m^3)

续表

<table>
<tr><th>名 称</th><th>换 算</th></tr>
<tr><td>质量</td><td>1 千克(kg) = 2.2 磅(lb)</td></tr>
<tr><td>力</td><td>1 千克力(kgf) = 2.2 磅力(lbf) = 9.8 牛顿(N)</td></tr>
<tr><td>压力，应力</td><td>1 工程大气压(at) = 1 千克力/厘米^2(kgf/cm^2) = 14.22 磅力/英寸^2(lbf/in^2)
= 9.8 × 10^4 牛顿/米^2(N/m^2)
1 千克力/毫米^2(kgf/mm^2) = 9.8 兆帕(MPa) = 9.8 牛顿/毫米^2(N/mm^2)
1 帕(Pa) = 1 牛顿/米^2(N/m^2)</td></tr>
<tr><td>速度</td><td>1 米/秒(m/s) = 3.28 英尺/秒(ft/s)</td></tr>
<tr><td>力矩</td><td>1 千克力米(kgf · m) = 7.23 磅力英尺(lbf · ft) = 9.8 牛顿米(N · m)
1 牛顿米(N · m) = 0.102 千克力米(kgf · m) = 0.737 磅力 · 英尺(lbf · ft)</td></tr>
<tr><td>功率</td><td>1 马力(英制 hp) = 0.746 千瓦(kW)，1 马力(米制 ps) = 0.735 千瓦(kW)</td></tr>
<tr><td>温度</td><td>摄氏度℃ $= \frac{5}{9}$(℉ − 32°)华氏度℉ $= 32 + \left(\frac{9}{5} \times ℃\right)$
<table>
<tr><td>℃</td><td>−40</td><td>−20</td><td>−15</td><td>0</td><td>40</td><td>60</td><td>100</td></tr>
<tr><td>℉</td><td>−40</td><td>−4</td><td>5</td><td>32</td><td>104</td><td>140</td><td>212</td></tr>
</table></td></tr>
<tr><td>温差换算</td><td>1 度(℃) = 1K(开尔文)</td></tr>
<tr><td>热量</td><td>1 卡(cal) = 4.187 焦(J)</td></tr>
</table>

转动惯量

$$WK^2 = WR^2(\text{kg} \cdot \text{m}^2) = \frac{1}{4}GD^2(\text{kg} \cdot \text{m}^2) = \text{J}(\text{kg} \cdot \text{m}^2)$$

1 千克米^2(kg · m^2) = 23.73 磅英尺^2(lb · ft^2)

$$WK^2(\text{lb} \cdot \text{ft}^2) = 5.932 \times GD^2(\text{kg} \cdot \text{m}^2) = 23.73 \times \text{J}(\text{kg} \cdot \text{m}^2)$$

将以千克米^2 为单位、按直径计算的 GD^2 乘以 5.932 倍就换算成以磅英尺^2 为单位、按半径计算的 WK^2。

例如，某引进机组负载的转动惯量 WK^2 = 89218lb · ft^2(折算到电机转速后)

电机的飞轮力矩 GD^2 = 4536.2kg · m^2

机组总的转动惯量 WK^2 = 89218lb · ft^2 + 4536.2 × 5.932 = 116127lb · ft^2

机组总的飞轮力矩 GD^2 = (89218 ÷ 23.73) × 4 + 4536.2 = 19575kg · m^2

旋转机械的转矩 M、转速 n 与功率 P 之关系：$M = 975 \times \frac{P}{n}$

式中，M—kg · m，P—kW，n—r/min

高、低速轴之间转矩、飞轮力矩换算：$M_2 = M_1(n_1/n_2)$

$$GD_2^2 = GD_1^2(n_1/n_2)^2, \quad J_2 = J_1(n_1/n_2)^2$$

关于美国线规：circular mil(圆密尔) = 直径为 1 密尔的圆面积，是面积单位，即

1 圆密尔(MC) $= \frac{1}{4} \times \pi \times 0.001^2 = 7.854 \times 10^{-7}$in^2 $= 5.067 \times 10^{-4}$mm^2，1 密尔 = 0.001 英寸，

1 千圆密尔(MCM) = 1000 × 1CM = 0.5067mm^2 例如，750MCM = 380mm^2

美国#14 线规 AWG14 = 4110CM = 2.08mm^2；AWG10 − 10380cm = 5.26mm^2

第十一章　爆炸危险环境电气设计

1　设计规范

GB 50058—2013　《爆炸危险环境电力装置设计规范》(报批稿)

GB 50074—2002　《石油库设计规范》

GB 50737—2011　《石油储备库设计规范》

GB 50156—2012　《汽车加油加气站设计与施工规范》

以上设计规范中，GB 50058—2013《爆炸危险环境电力装置设计规范》(报批稿)，是石油化工企业爆炸危险环境电气设计的主要执行标准。是本章内容重要编写依据之一。

2　爆炸性气体环境

2.1　爆炸危险物质及爆炸性气体环境

2.1.1　爆炸危险物质

2.1.1.1　可燃气体

如瓦斯气、煤气、干气、氢气、液化石油气等。

2.1.1.2　可燃液体

在可预见的使用条件下能产生可燃蒸气或薄雾的液体，如汽油。

可预见的使用条件，包括：

① 大气条件下可燃液体产生的蒸气或薄雾；

② 闪点低于或等于环境温度的可燃液体的蒸气或薄雾；

③ 可燃液体的操作温度高于其闪点的情况下，有可能泄露时产生的蒸气。

2.1.1.3　可燃性粉尘

在空气中能燃烧或无焰燃烧并在大气压和正常温度下能与空气形成爆炸性混合物的粉尘、纤维或飞絮。

2.1.2　爆炸性环境

① 爆炸性气体环境：大气条件下，气体或蒸气可燃物质与空气的混合物，引燃后能保持燃烧自行传播的环境。

② 爆炸性粉尘环境：大气条件下，可燃性粉尘与空气形成的混合物，点燃后能保持燃烧自行传播的环境。

2.2　形成爆炸的条件

必须同时存在爆炸危险物质(可燃气体或粉尘)、空气(氧气)、点燃源(火花，电弧或高温)，且只有处于爆炸极限以内(低于爆炸上限，高于爆炸下限)的气体混合物才能形成爆炸。

2.3 爆炸性气体危险环境区域划分

2.3.1 某些基本概念

2.3.1.1 如何分区?

按爆炸性气体混合物出现的频繁程度和持续时间进行分区。

2.3.1.2 分为几区?

分0区、1区和2区。

0区——连续出现或长期出现爆炸性气体混合物的环境，一般为存在连续释放源的区域;

1区——正常运行时可能出现爆炸性气体混合物的环境，一般为存在一级释放源的区域;

2区——正常运行时不太可能出现爆炸性气体混合物，或即使出现也仅是短时存在爆炸性气体混合物的环境；一般为存在二级释放源的区域。

IEC 79-10对上述分区的危险时间划分是:

连续存在爆炸危险的时间:

0区——1000h/a以上;

1区——10~1000h/a;

2区——0.1~10h/a。

2.3.1.3 释放源的分级

(1) 连续释放源

连续释放或预计长期释放的释放源。

如固定顶储罐内可燃液体的表面；污水处理预分离器直接与空气接触的可燃液体表面；经常向空间释放可燃气体或可燃液体的蒸气排气孔等。

(2) 一级释放源

正常运行时，预计可能周期性或偶尔释放的释放源。

如运行时间较长、密封不好的泵、压缩机和阀门等的密封处；正常运行会向空间释放易燃物质的取样点；汽车、火车易燃物质装车口等；正常运行会向空间释放易燃物质的泄压阀、排气口。

(3) 二级释放源

正常运行时预计不可能释放、即使释放也只是偶尔和短时期的释放源。如密封良好、正常运行时不能释放易燃物质的泵、压缩机、阀门的密封处以及法兰管道接头等处；正常运行时不能向空间释放易燃物质的取样点、安全阀、排气孔。

通常，石油化工生产装置区大部分是二级释放源，少量一级释放源，没有或极少连续释放源；因而相应地爆炸危险环境分区结果是：大部分为2区，少量1区，没有0区(有中间原料罐区或含油污水预分离设施除外)

2.3.1.4 自然通风及机械通风，何谓通风良好?

① 自然通风：露天或有顶无墙的厂房、泵棚等；最小风速0.5m/s。

② 机械通风：对建筑物内设置的人工通风设施；

③ 通风良好：空气流量使区域内易燃物质很快稀释到爆炸下限的25%以下；对于封闭区域内，采用机械通风当每平方米地板面积每分钟至少提供0.3m^3的空气或至少1h换气6次，则可认为是通风良好。

2.3.1.5　重于空气和轻于空气的气体或蒸气

① 相对密度<0.8，谓之轻于空气的气体；

② 相对密度>1.2，谓之重于空气的气体。

注：对于相对密度在0.8～1.2之间的气体或蒸气应酌情考虑。工程设计中可两种情况都考虑，即危险区域范围大小按重于空气，如2区水平距离按15m。但在释放源附近水平距离4.5m、上下分别7.5m和4.5m范围内按轻于空气的危险物质考虑，即在重于空气的危险环境内包含一个轻于空气的危险区域。分别考虑各自电气设备的选型。

2.3.2　户外通风良好场所危险区域的范围

2.3.2.1　重于空气的可燃物质，户外通风良好环境

二级释放源，位于地面上，高度在7.5m以下或以上时的2区范围：

这是一个圆柱体，地面上水平距离15m、高度7.5m以上水平距离7.5m；释放源以上7.5m，2区以外的附加2区为15m，高度0.6m。地下沟、坑划为1区；见GB 50058中附录B图B.0.1－1和图B.0.1－2。

2.3.2.2　轻于空气的可燃物质，户外通风良好环境

二级释放源，位于地面上，高度在4.5m以下的2区范围：

这是一个圆柱体，水平距离4.5m；释放源以上7.5m，释放源以下至地面；见GB 50058附录B中图B.0.1－7。

2.3.3　封闭建筑物内部重于空气的二级释放源(如油泵房)

① 通风不良－无机械通风或通风换气量不满足《防爆规范》第3.2.4条的有关要求

1区范围：整个室内及离释放源15m范围内的地下坑沟；

2区范围：离释放源水平距离15m以内、高7.5m的室外范围，或墙外3m，取最大者，屋顶上3m；

附加2区：离释放源15m以外、30m以内，高度0.6m(对高挥发性产品)；

见GB 50058附录B中图B.0.1－3。

注：若为无孔洞的实体墙，则墙外为非危险区。

② 通风良好，即通风换气量满足《防爆规范》第3.2.4条的有关要求，则室内划为2区，其余同上。

③ 若为一级释放源，且通风良好，危险范围划分同2.3.3.1。

2.3.4　有顶无墙(如泵棚)建筑物内部重于空气的二级释放源

离释放源15m以内、高7.5m的范围及屋顶上3m划为2区，地坪下沟、坑为1区，2区以外水平距离15m高0.6m为附加二区(对高挥发性产品)；

油品输送系统的泵棚、露天泵站危险区域划分见GB 50074—2002《石油库设计规范》附录B第B.0.8条。

2.3.5　有顶无墙的氢气压缩机棚(屋顶有通风窗)，其2区范围是：

离释放源水平距离4.5m以内、释放源以下4.5m或到地坪；屋顶上离通风窗水平距离4.5m、通风窗以上7.5m；见GB 50058附录B中图B.0.1－8。

2.3.6 有顶有墙通风不良的氢气压缩机厂房

厂房内部划为1区，墙外水平3m、房顶上4.5m划为2区；见GB 50058附录B中图B.0.1－9。

2.3.7 装置区内的塔、容器、换热器、机泵等危险物质2级释放源

地面上高度7.5m以内、水平距离15m或高度7.5m以上离设备边缘水平距离及顶部7.5m划为2区；2区内地面下的沟、坑及正常取样口附近划为1区；见GB 50058附录A图A.0.1。

2.3.8 户外装置区爆炸危险区域划分

① 爆炸危险区域划分的基础是工艺和配管等专业提供的"爆炸危险区域划分条件表"，包括危险物质设备的名称、介质种类、操作温度、压力、释放源名称和级别、平面(立面)位置等。

应以释放源为起点确定爆炸危险范围，当不能确定释放源的准确位置时，通常以危险物质设备的外边缘计算危险区域的范围。

② 爆炸危险装置区内部一般为2区，地面下的沟、坑，取样点等附近为1区。

③ 以装置边缘处危险物质设备外边缘计算，15m为半径高7.5m的范围内为2区；当危险物质轻于空气时，水平距离4.5m、向上7.5m、向下4.5m(或至地坪)的范围为2区。

④ 含有氢气的设备，且氢气含量的体积比≥30%时，在释放源周围，爆炸危险范围按轻于空气划分，即水平距离4.5m为2区(或1区—视释放源级别而定)ⅡC级；在水平距离4.5m以外，距释放源15m以内为Ⅱ区ⅡB或ⅡA级。

⑤ 加热炉、尾气或干气焚烧炉：火嘴(明火)附近1.5m半径内划为无危险环境；若炉体表面温度大于区域内可燃物质的引燃温度，则附近1.2m范围内划为无危险环境；若炉体表面温度不大于区域内可燃物质的引燃温度，则按一般危险物质设备划分危险范围。

⑥ 对于加工、处理含有高挥发性液体的大中型生产装置区，2区范围以外15m、地面上0.6m为附加2区。这些液体包括：丁烷、乙烷、乙烯、丙烷、丙烯、液态液化石油气、液化天然气及其混合物等。见GB 50058附录A图A.0.1。

2.3.9 油品储罐(储存可燃物质的蒸气重于空气)

对所有储罐，爆炸危险区域－罐壁外、罐顶上3m，地面围堰以内划为2区，地面下沟、坑内为1区；

固定拱顶罐－罐内液面上部空间划为0区；罐顶放空口周围半径1.5m空间划为1区；

浮顶式油罐(内浮顶)：浮盘上部空间及通气口周围半径1.5m空间划为1区；非内浮顶：浮盘上部空间至罐顶划为1区。

2.3.10 污水处理厂

含油污水处理的工艺流程：前面最危险，越往后危险性越低。

2.3.10.1 分离器(隔油池－单元分离器、预分离器、分离器)

(1) 地上或半地下隔油池－无盖

按GB 50058附录B中图B.0.1－10确定危险分区。

(2) 地上或半地下隔油池－有盖板(推荐按图11－1划分)

盖板下、液面上的空间划0区，盖板上及距池内壁3m以内空间划1区；1区上部3m、距池内壁水平距离7.5m、以及距池内壁水平距离15m高度3m(从地面计算)的空间划为2区。没有附加2区。详见图11－1。

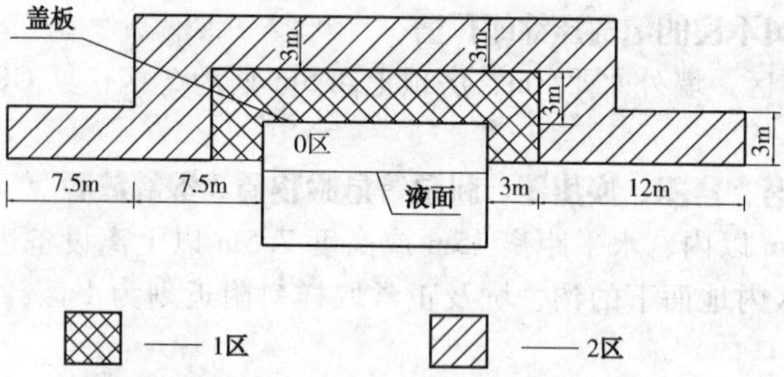

图 11－1　单元分离器、预分离器(有盖)

2.3.10.2　溶气浮选装置(曝气池)

(1) 无盖地下(地上)溶气浮选池

液面上至地坪(或池顶)划为 1 区，地面上池壁外 3m、地坪上(池顶上)高度 3m 空间划为 2 区，见 GB 50058 附录 B 中图 B.0.1－11。

(2) 有盖地下溶气浮选池(推荐按图 11－2 划分)

盖板下、液面上的空间划为 1 区，盖板上及距池内壁 1.5m 以内空间划 2 区。

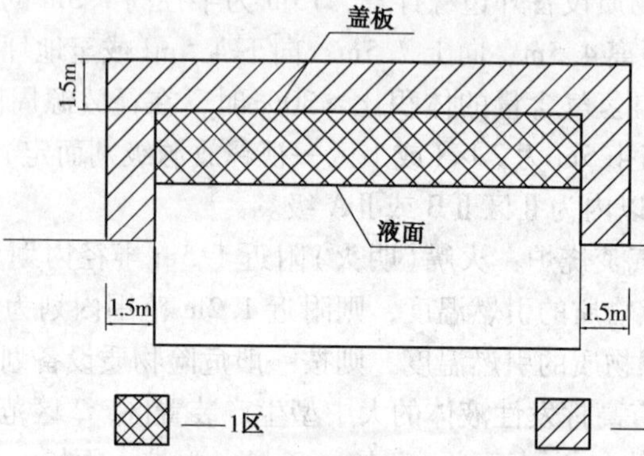

图 11－2　溶器浮选装置(有盖)

(3) 生物氧化装置

无盖生物氧化池：池壁外水平距离 3m，液面上方至地坪上高度 3m 的范围内划为 2 区；见 GB 50058 附录 B 中图 B.0.1－12。

2.3.11　循环水场的机械通风冷却塔

一般视为无危险环境。

2.3.12　与建筑物毗邻的爆炸危险场所划分

分别见 GB 50058 附录 B 中图 B.0.1－15 ~ 图 B.0.1－17，注意几点：

① 以释放源为起点计算危险范围，水平距离：重于空气 15m 轻于空气 4.5m；

② 用没有门窗和其他孔洞的非燃烧体实体墙与危险环境隔开时，危险气体不能通过；其他路径当与释放源的距离满足 15m(4.5m)时，则无释放源的毗邻房间认为是无危险环境。

2.3.13　低温液化天然气贮罐的危险区域划分

见 GB 50058 附录 B 中图 B.0.1－21。

2.3.14　阀门、阀兰处的爆炸危险场所划分

① 位于通风良好而未封闭区域内的截断阀和止回阀周围视为无危险区域，如户外装置区、有顶无墙的泵棚等场所。

② 位于通风良好的封闭区域内的截断阀和止回阀，在封闭区域内划为 2 区，如通风良好的建筑物内、阀室内。位于通风不良的封闭区域内的截断阀和止回阀周围的区域，在封闭的范围内划为 1 区。

③ 位于通风良好的未封闭区域内的工艺程序控制阀周围的区域，在阀杆密封或类似密封周围的 0.5m 的范围内划为 2 区；位于通风良好的封闭区域内的工艺程序控制阀周围的区域，在封闭的范围内划为 2 区；位于通风不良的封闭区域内的工艺程序控制阀周围的区域，在封闭的范围内划为 2 区。

2.3.15 小型工艺设备和生产装置危险区域划分

容积不大于 $95m^3$，或压力不大于 3.5MPa、流量不大于 38L/s，且为 2 级释放源，以释放源为中心、4.5m 为半径的范围内（至地面）划为 2 区，地下坑、沟为 1 区（重于空气）；没有附加 2 区。

2.4 爆炸性气体混合物的分级和分组

爆炸性气体混合物，按最大试验安全间隙或最小点燃电流比分级，按引燃温度分组，见表 11－1。

表 11－1 爆炸性气体混合物的分级和分组表

爆炸性气体混合物	最大试验安全间隙 MESG/mm	最小点燃电流比 MICR	引燃温度（℃）和温度组别					
			T1	T2	T3	T4	T5	T6
			$T>450$	$450\geqslant T>300$	$300\geqslant T>200$	$200\geqslant T>135$	$135\geqslant T>100$	$100\geqslant T>85$
Ⅰ	1.14	1.0	甲烷					
ⅡA	0.9≤MESG	0.8<MICR	甲烷、乙烷、丙烷、苯乙烯、苯、苯胺、甲苯胺、一氧化碳、丙酮、氨	丁烷、丙烯、乙苯、甲醇－丁醇，	戊烷、己烷、庚烷、辛烷、汽油、硫化氢、石脑油、煤油、燃料油、柴油	乙醛 乙醚		亚硝酸乙酯
ⅡB	0.5<MESG<0.9	0.45≤MICR≤0.8	民用煤气，环丙烷、丙烯氰	乙烯、丁二烯 环氧丙烷	二甲醚、硫化氢			
ⅡC	MESG≤0.5	MICR<0.45	水煤气、氢焦炉煤气	乙炔			二硫化碳	硝酸乙酯

注：（1）某些含氢气的混合性气体，如工业甲烷、城市煤气，当氢的体积含量大于 30% 时，应划为ⅡC 级。例如，催化装置的富气压缩机（气压机）其介质也含有氢气，但体积含量小于 30%，仍划为ⅡB 级。含硫化氢和天然气的混合气体，当硫化氢体积含量小于 25% 时，该混合气体仍按ⅡA 级考虑。详见本章附录。

（2）最大试验安全间隙，说的是爆炸性气体的传爆能力，安全间隙越小，说明传爆能力越强，爆炸产生的压力越大。爆炸性气体的这种特性是制造隔爆性电气设备的主要依据。对ⅡC 级，防爆间隙不大于 0.5mm 内部爆炸才不会传出来引起外部爆炸。

（3）最小点燃电流比，说的是点燃爆炸性气体混合物所需最小能量，不同的危险物质形成的爆炸性混合物点燃所需能量是不同的。这是本安型设备不同级别划分的依据。

3 爆炸性粉尘环境

在生产、加工、处理过程中，某些可燃性粉尘能与空气形成爆炸性粉尘混合物。

3.1 可燃性粉尘分组

可形成爆炸性粉尘环境的粉尘分为以下三组：

ⅢA 可燃性飞絮——如、棉、麻、丝毛纤维，木质纤维，人造纤维等；

ⅢB 非导电性粉尘——如聚乙烯、面粉、可可、硫磺等；

ⅢC 导电性粉尘——如石墨、焦炭、煤粉等。

3.2 可燃性粉尘产生爆炸的条件

① 爆炸性粉尘混合物的浓度在爆炸极限以内；

② 存在能够点燃爆炸性粉尘混合物的火花、电弧、高温、静电放电或能量辐射。

3.3 爆炸性粉尘的温度组别

按引燃温度分为T11、T12、T13三组，见表11－2。

表11－2 爆炸性粉尘引燃温度分组

温度组别及温度范围		T11	T12	T13
		$T>270℃$	$200<C<T\leqslant270℃$	$150℃<T\leqslant200℃$
粉尘物质及类别	非导电性可燃纤维	棉、麻、丝、毛纤维，人造纤维	木质纤维	
	非导电性爆炸性粉尘	聚乙烯、面粉、硫磺	可可、米糠	
	导电性爆炸性粉尘	镁、铝粉、铝青铜焦炭	煤粉、铁粉	

3.4 爆炸性粉尘环境区域划分

3.4.1 粉尘释放源

连续释放源——粉尘云持续存在或预计长期出现或短期经常出现；

一级释放源——正常运行时预计可能周期性释放或偶尔释放的释放源；

二级释放源——正常运行时预计不太可能释放，或只是不经常地并且是短时期地释放。

3.4.2 爆炸性粉尘环境的分区

按爆炸性粉尘环境出现的频繁程度和持续时间分以下3区：

20区——空气中的可燃性粉尘云连续出现或长期地或频繁地出现爆炸性粉尘环境。
20区通常对应于存在连续释放源的区域。

21区——正常运行时，空气中的可燃性粉尘云偶尔出现爆炸性粉尘环境。
21区通常对应于存在一级释放源的区域。

22区——正常运行时，空气中的可燃粉尘一般不可能出现爆炸性粉尘环境，即使出现，持续时间也是短暂的。
22区通常对应于存在二级释放源的区域。

3.5 爆炸性粉尘环境危险区域的范围

3.5.1 20区的范围

通常限于能生成粉尘云的生产和处理设备的内部区域及其管道内。

3.5.2 21区的范围

含有一级释放源的粉尘处理设备的内部。

对于含有一级释放源的建筑物外部场所，通常释放源周围1m距离，并垂直下延至地面或楼层地面。

对于含有一级释放源的建筑物内部，宜以整个厂房(房间、室)划为21区的范围，并考虑到粉尘量、释放速率、颗粒大小、物料湿度等因素。

3.5.3 22区的范围

对于含有二级释放源的建筑物外部场所，通常二级释放源周围3m及超出21区3m距离；并垂直下延至地面或楼层地面。

对于含有二级释放源的建筑物内部，宜以整个厂房(房间、室)划为22区的范围，并考虑到粉尘量、释放速率、颗粒大小、物料湿度等因素。

4 发达国家爆炸危险区域划分及爆炸危险物质分级比较

4.1 危险区域划分

发达国家(地区)爆炸危险区域划分之比较见表11－3。

表11－3 主要发达国家爆炸危险区域划分比较表

标准、区域划分 爆炸物性质	欧洲 IEC79－10/VDE0165	美国/NEC	日本/JIS
气体、蒸气或薄雾	Zone 0(0区) Zone 1(1区) Zone 2(2区)	ClassⅠ，Division1 Ⅰ级1类 ClassⅠ，Division2 Ⅰ级2类	0类场所 1类场所 2类场所 (工厂电气设备防爆指南、API－RP－500A)
粉尘	Zone20(20区) Zone21(21区) Zone22(22区)	ClassⅡ，Division1 Ⅱ级1类 ClassⅡ，Division2 Ⅱ级2类	
纤维或飞花	与粉尘区域划分相同	ClassⅢ，Division1， Division2 Ⅲ级1类，2类	

4.2 发达国家(地区)危险气体爆炸特性分级

发达国家(地区)危险气体爆炸特性分级见表11－4。

表11－4 主要发达国家(地区)危险气体爆炸特性分级

标准分组典型气体	欧洲、中国、IEC/欧洲标准	美国/NEC(Group)	日本(爆炸等级)
丙烷	ⅡA	D	1级 MESG＞0.6mm 2级 0.4mm＜MESG≤0.6mm 3级 MESG≤0.4mm
乙烯	ⅡB	C	
氢气	ⅡC	B	
乙炔		A	

注：爆炸性气体的危险性，按IEC标准，随组别ⅡA至ⅡC而增加；按NEC标准，由D至A危险性增加。

4.3 国外爆炸性气体的温度组别划分

4.3.1 NEC标准与IEC标准基本相同，但NEC标准对T_2，T_3，T_4组别分得更细一些。

4.3.2 日本标准与 IEC 标准完全相同，分 G_1 ~ G_6 共 6 组，对应 T_1 ~ T_6。

5 爆炸危险环境用电气设备

5.1 爆炸性环境用电气设备分类和分组

5.1.1 爆炸性环境用电气设备分类

共分Ⅲ类，它们是：

Ⅰ类——煤矿用电气设备(爆炸性气体为煤矿甲烷)；

Ⅱ类——除煤矿外其他爆炸性气体环境用电气设备；

Ⅲ类——爆炸性粉尘环境用电气设备。

Ⅱ类电气设备又可按爆炸性气体的特性进一步分类：

Ⅱ类隔爆型“d”和本质安全型“i”电气设备又分为ⅡA、ⅡB、ⅡC 三类。

对隔爆型按最大试验安全间隙(MESG)划分；

对本质安全型按最小引燃电流比(MIC)划分。

5.1.2 爆炸性环境用电气设备温度分组

5.1.2.1 Ⅰ类设备的最高表面温度

当设备表面可能堆积煤尘时不应超过 150℃；

当设备表面不可能堆积煤尘或采取措施防止煤尘堆积时，不应超过 450℃。

5.1.2.2 Ⅱ类设备的最高表面温度(按表 11－5 分组)

表 11－5 爆炸性气体环境用电气设备的温度组别

温度组别	爆炸性气体的引燃温度/℃	电气设备的最高表面温度/℃
T1	$T>450$	450
T2	$450\geqslant T>300$	300
T3	$300\geqslant T>200$	200
T4	$200\geqslant T>135$	135
T5	$135\geqslant T>100$	100
T6	$100\geqslant T>85$	85

5.2 爆炸性环境用电气设备选择

5.2.1 制造标准

我国与欧美发达国家爆炸性气体环境用防爆电气设备制造标准之比较见表 11－6。

表 11－6 中国与欧美国家防爆电气设备制造标准对照表

防爆类型及对应标准	IEC	中国	美国
通用要求	IEC 60079－0	GB 3836.1	
隔爆型 d	IEC 79－1	GB 3836.2	UL698，UL886
正压通风型 p	IEC 79－2	GB 3836.5	NFPA496，ISAS12.4
本质安全型 i	IEC 79－11	GB 3836.4	NFPA493，FM3610，UL913
充油型 o	IEC 79－6	GB 3836.6	UL698 PartⅡ

续表

防爆类型及对应标准	IEC	中国	美国
增安型 e	IEC 79 -7	GB 3836.3	无此类标准
冲砂型 q	IEC 60079 -5	GB 3836.7	无此类标准
无火花型 n	IEC 79 -15	GB 3836.8	√
浇封型 m	IEC 79 -18	GB 3836.9	无

我国防爆电气设备必须按 GB 3836—2010(eqv IEC 60079)及其他相关标准进行制造并取得有关机构的认证。

5.2.2 电气设备的保护级别

爆炸危险环境用电气设备保护级别的选择见 GB 50058 表 5.2.2 -1 和表 5.2.2 -2。

5.2.3 电气设备的类别和温度组别

爆炸危险环境用电气设备的类别和温度组别分别见 GB 50058 表 5.2.3 -1 和表 5.2.3 -2。

5.2.4 爆炸性气体环境用电气设备防爆结构的类型

按 GB 3836—2010 相关标准，爆炸性气体环境用电气设备按照防爆结构不同有以下类型：

5.2.4.1 隔爆型“d”

该设备有一个隔爆外壳，外部的可燃性气体混合物可以通过该外壳的任何结合面或结构间隙渗透到外壳内部并可能在内部引起爆炸，但：

① 这种爆炸不会引起外壳的损坏；

② 这种爆炸不会引燃外部的爆炸性气体环境；

③ 设备的最高表面温度不会引燃外部的爆炸性气体环境。

Ⅱ类隔爆型电气设备按最大试验安全间隙分为 A、B、C 三级，选用时要与爆炸性气体的

分级相适应。

5.2.4.2 增安型“e”

该设备在正常运行条件下不会产生电弧、火花，在此基础上进一步采取措施(如加强绝缘、增加爬电距离和电气间隙、更严格地制造及安装工艺要求等)提高安全程度，防止产生危险温度、电弧和火花的可能性。

(1) 电气设备任何部件表面温度应满足温度组别的要求；

其中，绕组温度不应超过表 11 -7 规定的极限温度。

表 11 -7 增安型电机绝缘绕组的极限温度 ℃

		温度测量方法①	按 GB/T 11021—2007 的耐热等级②				
			105(A)	120(E)	130(B)	155(F)	180(H)
额定运行极限温度	a. 绝缘单层绕组	电阻法或温度计法	95	110	120	130	155
	b. 其他绝缘绕组	电阻法	90	105	110	130	155
		温度计法	80	95	100	115	135
t_E 时间终了时的极限温度		电阻法	160	175	185	210	235

注：①只有在不可能用电阻法来测量温度时才允许用温度计法测量温度。

②耐热等级高于 H 级的绝缘材料，其极限温度暂按 180(H)考核。

（2）鼠笼式异步电动机的 t_E 时间

电机交流绕组在最高环境温度(一般为40℃)下，施加额定电压、额定频率并在额定功率下运行，达到稳定运行温度后，使其转子堵转并开始计时直到电机任何部件的温度上升到极限温度所需的时间即为 t_E 时间。而极限温度取决于设备的温度组别和绝缘材料的耐热等级，取二者较低者。

（3）温度组别和绝缘材料极限温度

我国标准规定的设备温度组别和绝缘材料极限工作温度见表11－8。

表11－8　设备温度组别与绝缘材料极限温度 ℃

防爆电气设备的温度组别						
温度组别	T1	T2	T3	T4	T5	T6
	450	300	200	135	100	85
绝缘材料的极限工作温度						
极限使用温度	A	E	B	F	H	C
	105	120	130	155	180	>180

5.2.4.3　本质安全型"i"

（1）本质安全电路

在规定的条件下(包括正常工作和规定的故障条件)产生的任何电火花或任何热效应均不能点燃规定的爆炸性气体环境的电路。

（2）本质安全设备

在其内部的所有电路都是本质安全电路的电气设备。

Ⅱ类本安型电气设备按最小引燃电流分为A、B、C三级，选用时要与爆炸性气体的分级相适应。本质安全型设备又细分为ia和ib，前者高于后者。

5.2.4.4　正压型"p"

① 外壳内部无可燃气体释放源；

② 保持内部保护气体的压力高于周围爆炸性环境的压力，阻止爆炸性混合物进入外壳；

③ 正压外壳及其连接管道可能产生泄漏的所有部位，相当于外部大气的正压值不低于50Pa；

④ 正压型电气设备的通风系统应符合"防爆规范"第5.2.4条的要求。

5.2.4.5　油浸型"o"

全部或部分部件浸在油内，使设备不能点燃油面以上的或外壳以外的爆炸性混合物。油应符合GB 2536—2011《电工流体变压器和开关用的未使用过的矿物绝缘油》的要求。

5.2.4.6　充砂型"q"

外壳内充填砂粒材料，使其在规定的使用条件下壳内产生的电弧、转播的火焰、外壳壁或砂粒材料的过热均不能点燃周围爆炸性混合物。

5.2.4.7　无火花型"n"

在正常运行条件下，不会点燃周围爆炸性混合物，且一般不会发生有点燃作用的故障。

该设备正常运行时：

① 不应产生电弧或火花；

② 不应产生超过电气设备相应温度组别热表面或灼热点。

5.2.4.8 其他防爆类型

除上述类型外，还有浇封型"m"、本质安全现场总线概念、光辐射式设备和传输系统保护等类型，由于使用较少，此处从略。

以上各种防爆电气设备都必须满足"爆炸性气体环境用电气设备"的通用要求，即GB 3836.1的要求。

5.2.5 爆炸性粉尘环境用电气设备

用于可燃性粉尘危险环境的电气设备应由下列一种防爆型式或几种防爆型式组合进行保护：

① 外壳保护型(Ex tD)，符合 GB 12476.1 的要求；

② 浇封保护型(Ex mD)，符合 GB 12476.6 的要求；

③ 本质安全型(Ex iD)，符合 GB 12476.4 的要求；

④ 正压保护型(Ex pD)，符合 GB 12476.7 要求的正压外壳。

以上几种防爆型式，其防爆机理主要是：采取措施防止粉尘进入设备外壳；小能量设备使其产生的能量不足以引起点燃；限制设备的表面温度。

5.2.6 防爆标志

符号 Ex，表明这是防爆电气设备，符合上述防爆型式的某一种；

5.2.6.1 Ⅰ类(煤矿用)隔爆型

如 Ex dI，Ex ibI 等。

5.2.6.2 Ⅱ类爆炸性气体/蒸气环境用

举例如下：

隔爆型——Ex dⅡBT4，Ex dⅡCT6 等；

本质安全型——Ex iaⅡBT4，Ex ibⅡAT5 等；

增安型——Ex eⅡT3，Ex eⅡT6 等；

正压型——Ex pⅡT4；

无火花型——Ex nⅡT4；

油浸型——Ex oⅡT4；

复合型，如主体增安型、部件正压型——Ex epⅡT4；

既适用于Ⅰ类又适用于Ⅱ类的隔爆型——Ex dI/ⅡBT4。

5.2.6.3 Ⅲ类爆炸性粉尘环境用电气设备

(1) 外壳保护型 Ex tDA 型和 tDB 型的差别

外壳保护型(Ex tD)在石化企业比较常用，防止点燃主要是限制外壳最高表面温度和采用"尘密"或"防尘"外壳来限制粉尘进入。该防爆型式又分为 A 型和 B 型，两种型式具有相同的保护水平，两种型式通用，采用哪种型式均不会混淆这两种型式对设备的要求。二者使用了不同的试验方法，主要差别见表 11-9。

表 11-9　外壳保护型(Ex tD)设备 A 型和 B 型的差别

A　型	B　型
根据性能要求编写	根据规范性要求编写
最高表面温度是相关粉尘层厚度为 5mm 的情况下测定的，而且安装规程要求在粉尘表面温度和点燃温度之间的安全裕度为 75K	最高表面温度是相关粉尘层厚度为 12.5mm 的情况下测定的，而且安装规程要求在粉尘表面温度和点燃温度之间的安全裕度为 25K
测量粉尘进入的方法是根据 GB4208 中 IP 代码	测量粉尘进入的方法是按照热循环试验

(2) 外壳保护型(Ex tD)设备的防爆标志(见表 11-10)

表 11-10　外壳保护型粉尘防爆电气设备的防爆标志

A 型设备		B 型设备	
使用在 21 区的设备	使用在 22 区的设备	使用在 21 区的设备	使用在 22 区的设备
DIPA21，T_A，T3	DIPA21，T_A，T3 DIPA22，T_A，T3	DIPB21，T_B，T3	DIPB21，T_B，T3 DIPB22，T_B，T3

注：(1)表中 DIP 表示“防粉尘点燃”；A 表示“A”型；21、22 表示设备可使用的区域。

(2)表中 T_A、T_B 设备表面最高允许温度或温度组别。

(3) 根据防爆型式选择设备(见表 11-11)

表 11-11　根据防爆型式选择设备

粉尘类型	20 区	21 区	22 区
导电性或非导电性粉尘	tDA20 tDB20 iaD maD	tDA20 或 tDA21 tDB20 或 tDB21 iaD 或 ibD maD 或 mbD pD	tDA20 或 tDA21 或 tDA22 tDB20 或 tDB21 或 tBA22 iaD 或 ibD maD 或 mbD pD　IP6X(注)
设备最高表面温度 T_{max}/℃	A 型设备 $T_{max} = T_{5min} - 75℃$ B 型设备 $T_{max} = T_{12.5min} - 25℃$ T_{5min}，$T_{12.5min}$分别为 5mm 厚和 12.5mm 厚粉尘层最低点燃温度		

注：对 20 区和 21 区及导电性粉尘的 22 区使用的 A 型设备(尘密型)，要求防护等级不低于 IP6X，其他 22 区 A 型设备，外壳防护等级不低于 IP5X。

5.2.7　国内外爆炸性气体/蒸气环境用电气设备的防爆类型及其比较(见表 11-12)

表 11-12　国内外电气设备的防爆类型比较

IEC/欧洲标准的防爆类型	NEC/北美标准的防爆类型	中　国	日本	应用设备
隔爆型“d” Flameproof	隔爆型 Explosion - roof	隔爆型“d”	耐压防爆构造“d”	开关、电动机、控制设备、灯具等
正压通风型“P” Pressurized	正压通风或吹扫型 Pressurizing or Purging	正压型“p”	内压防爆构造“f”	同上，特别是大型设备、控制室
本安型 Intrinsic Safety“i”	本安型 Intrinsic Safety	本安型“i”	本安防爆构造“i”	测量及控制设备

续表

IEC/欧洲标准的防爆类型	NEC/北美标准的防爆类型	中国	日本	应用设备
油浸型 Oil Immersion"o"	油浸型 Oil Immersion	油浸型"o"	油浸防爆构造"o"	变压器、低压控制开关及按钮等
增安型 Increased Safety"e"	NEC 无此两种防爆类型	增安型"e"	增安防爆构造"e"	接线箱、电动机灯具、端子等
充砂型 Powder Filling"q"		充砂型"q"	无此构造	小型变压器、电阻电容器等
无火花型 Non - sparking"n"	无火花型 Non - sparking	无火花型"n"		电动机
浇封型		浇封型"m"		电阻

5.2.8 气体/蒸气危险环境防爆电气设备选择

爆炸危险环境用电气设备保护级别的选择见《防爆规范》表 5.2.2-1 和表 5.2.2-2。

5.2.9 爆炸危险环境电动机的选型(见表 11-13)

表 11-13 爆炸危险环境电动机的选型

	1 区			2 区			
	隔爆型 d	正压型 px, py	增安型 e①	隔爆型 d	正压型 px, py	增安型 e	无火花型 n
鼠笼型感应电动机	O	O	O①	O	O	O	O③
绕线型感应电动机	Δ	Δ		O	O	O	
同步电动机	O	O		O	O	O②	
直流电动机	Δ	Δ		O	O		
爆炸性粉尘危险环境	21 区			22 区			
	外壳保护型 tD		正压型 pD	外壳保护型 tD		正压型 pD	
鼠笼型感应电动机	O		O	O		O	O

注：符号 O 为适用；Δ 为慎用。

① 限于配置有适当保护装置(满足 GB 3836.3—2010 附录 D)的低压异步电动机。但要求频繁启动和环境条件恶劣的 1 区场所，不应选用增安型电动机。

② 增安型同步电动机应为无刷励磁型。

③ 无火花型电动机可用于户外或泵棚 2 区环境，不宜在油泵房内使用。

5.3 爆炸性环境电气设备安装

① 变电所、配电所(包括配电室)和控制室应布置在爆炸性环境以外，当为正压室时，可布置在 1 区、2 区内。对于可燃物质比空气重的爆炸性气体环境，位于爆炸危险区附加 2 区的变电所、配电所和控制室的电气和仪表的设备层地面，应高出室外地面 0.6m。

② 除本质安全电路外，爆炸性环境的电气线路和设备应装设过载、短路和接地保护，不可能产生过载的电气设备可不装设过载保护。爆炸性环境的电动机，除按照相关规范要求装设必要的保护之外，均应装设断相保护。

5.4 爆炸性环境电气线路设计

5.4.1 电缆和绝缘导线导体额定电压、材质和截面

5.4.1.1 额定电压及导体材质

① 额定电压。用于低压电力和照明的电缆或导线，额定电压不应低于工作电压，且 U_0/U 不低于450/750V，推荐选用0.6/1.0kV。

② 导体材质。在1区应采用铜导体，2区内宜采用铜导体，推荐全部采用铜导体。

5.4.1.2 推荐截面

GB 50058 规定的电缆配线和导线穿钢管配线的最小截面要求，分别见该规范表5.4.1－1和5.4.1－2。推荐的电缆和导线最小截面分别见表11－14和表11－15。（本质安全系统电路除外）

表11－14 爆炸危险环境电缆配线推荐的最小截面(铜导体)

项目 爆炸危险区域	电缆明设或在沟内敷设时的最小截面			移动电缆
	电力	照明	控制	
1区，20区，21区	4mm² 及以上	2.5mm² 及以上	1.5mm² 及以上	重型
2区，22区	2.5mm² 及以上	2.5mm² 及以上	1.5mm² 及以上	中型

表11－15 爆炸危险环境钢管配线技术要求

项目 爆炸危险区域	钢管配线用绝缘导线推荐的最小截面			钢管连接要求
	电力	照明	控制	
1区，20区，21区	2.5mm² 及以上	2.5mm² 及以上	2.5mm² 及以上	钢管螺纹接口不应少于5扣
2区，22区	2.5mm² 及以上	2.5mm² 及以上	1.5mm² 及以上	同上

5.4.1.3 导体允许载流量

① 低压配电线路导体允许载流量，不应小于熔断器熔体额定电流的1.25倍，和断路器长延时过电流脱扣器额定电流的1.25倍。

② 向1000V以下鼠笼型感应电动机供电的支线，长期允许载流量不应小于电动机额定电流的1.25倍。

5.4.2 线路敷设

5.4.2.1 桥架敷设

① 当易燃物质比空气重时，宜采用架空桥架敷设或直接埋地敷设；当利用工艺管桥敷设电缆桥架时，应敷设在管桥上部。

② 桥架敷设的电缆宜采用阻燃电缆；能防止机械损伤时，可采用非铠装电缆。

③ 桥架或托盘内的电缆总截面不应超过桥架或托盘有效截面的40%。

④ 桥架(梯架)或有孔托盘敷设的电缆，一般按敷设2层考虑，其载流量修正系数，可取0.683(1.05×0.65＝0.683)电缆载流量取自GB 50217—2007《电力工程电缆设计规范》，空气中敷设(表中环境温度为40℃)。

⑤ 1kV以上的电缆应布置在单独桥架内，如果与低压或控制电缆布置在同一桥架中，它们之间应采用阻燃隔板分开。

5.4.2.2 电缆沟敷设

① 电缆沟内应充砂，并设置排水措施；

② 电缆沟内宜设电缆支架，1kV 以上电缆单独占用一层支架；且布置在最上层支架上。

③ 电缆载流量取自 GB 50217—2007，埋地敷设(表中土壤温度为 25℃)的载流量。

5.4.2.3 钢管配线

① 应采用低压流体输送用镀锌焊接钢管；

② 钢管配线可采用无护套绝缘导线，当管中穿有多根导线时，导线总截面不应超过钢管截面的 40%。

③ 应按照 GB 50058 第 5.4.3 条第 5 款的要求作好隔离密封。

④ 在钢管连接螺纹部分应涂铅油或磷化膏，并设置排除冷凝水的密封接头。

5.4.2.4 其他

① 在 1 区内单相网络中的相线及中性线均应装设短路保护。例如照明箱内的配出开关应选用 1P + N 的微型断路器同时断开相线和中性线。1 区环境就地装设的照明开关也应选用两极开关，同时断开相线和中性线。

② 在 1 区内电缆严禁有中间接头，在 2 区、20 区、21 区内不应有中间接头；

③ 铝导体电缆或导线终端连接应采用压接、熔焊或钎焊；

④ 严禁架空电力线路穿越爆炸性气体环境，与爆炸性气体环境的水平距离不应小于杆塔高度的 1.5 倍。

5.4.3 接地设计

① 电源系统的接地。1000V 及以下的交流电源 TN 系统，应采用 TN - S 型式，即在危险环境中，中性导体(N 线)与保护导体(PE 线)不应连接在一起，且 N 线与地是绝缘的。

② 等电位连接。在爆炸性气体环境中，除本质安全性设备外，所有裸露的装置外部可导电部件应接入等电位系统；

③ 电气设备外露可导电部分应可靠接地。在 1 区、20 区、21 区的所有设备以及 2 区、22 区除照明灯具外的其他设备，应采用专用的接地线。

④ 电气设备的保护接地、防雷、防静电及自控设备接地(另有规定时除外)的接地装置可合并设置，接地电阻值取其中最低值；但与防直接雷击的独立接闪杆(线)应分开设置。

⑤ 按有关电力设备接地设计规范规定不需要接地的设备，在爆炸性环境仍应进行接地，详见 GB 50058 第 5.5.3 条。

附录　美国石油学会推荐实用规程 500(API－RP－500)

石油设施的Ⅰ级 1 类和 2 类场所中电气装置推荐的实用作法
(摘录——译注)

1997 年 11 月第二版

2002 年 11 月再次确认

……(省略——译注)

5.5　美国国家电气法规(NEC)对大气混合物的分组

5.5.1　因为爆炸危险物质的最大爆炸压力和其他一些特性相差很大，必须针对所涉及的危险物质选择、试验、和批准所采用的设备。为了便于设备的试验和批准，美国国家电气法规根据危险物质的易燃特性，对各种易燃物质的大气混合物进行了分组。较完善的分组参见 NFPA497。部分危险物质的气体混合物分组如下：

A 组：含乙炔的大气混合物。

B 组：含丁二烯，环氧乙烷，环氧丙烷，丙烯醛或氢气(或危险性等同于氢气的气体或蒸气，如某些加工气体)的大气混合物。

C 组：含环丙烷，乙醚，乙烯，硫化氢或危险性等同的其他气体或蒸气的大气混合物。

D 组：含丙酮，乙醇，氨，苯。不纯苯，丁烷，汽油，正己烷，漆用溶剂蒸气，甲烷，石脑油，天然气，丙烷，或危险性等同的其他气体或蒸气的大气混合物。参见 NFPA70，国家电气法规 500－3 条款：特殊预防措施。

5.5.2　可燃物质的气体或蒸气与空气形成的混合物，其爆炸特性随不同的危险物质而变化，对于Ⅰ级场所(A，B，C 组和 D 组)，危险物质如何分组涉及到最大爆炸压力、设备外壳紧固连接件之间的最大安全间隙及大气混合物的其他特性。许多危险物质的试验结果参见美国保险商实验所(UL)的技术报告第 58 号。将危险物质的最大爆炸压力和最大试验安全间隙(MESG)与每一组内标准参照物质的数据相比较，即可确定该危险物质的分组。表 1 给出了每一组中参照物质的相应数据。

表 1　Ⅰ级危险物质气体和蒸气的基本分组(公制单位)

组别	参考试验物质	最大试验安全间隙/mm	最大爆炸压力/kPa		
			在主试容器中点燃		在道管中点燃
			静止的	扰动的	静止的
A	乙炔	0.0762	1241	1793	7860
B	氢气	0.0762	938	1303	5826
C	乙醚	0.3048	758	1227	1379
D	汽油	0.7356	655	1076	1103

5.5.3　大多数石油产品归于 D 组。然而，乙烯生产，催化重整，合成氨以及其他工艺过程可能涉及其他组别，特别是 B 组和 C 组。

5.5.3.1　对蓄电池充电会释放氢气到大气中的场所，应复核是否可能划归为 B 组，见 8.2.6。

5.5.4　在硫化氢和天然气的混合物中，如果硫化氢的体积成分小于该混合物的 25%，建议将该混合物划为 D 组。(硫化氢属于 C 组，对应ⅡB—译注)。

5.5.5　人工制造的气体混合物，如果其中氢气的体积含量大于 30%，建议该混合物划归为 B 组。

Recommended Practice for Classification of Locations for Electrical Installations at Petroleum Facilities Classified as Class I, Division 1 and Division 2

API RECOMMENDED PRACTICE 500

SECOND EDITION, NOVEMBER 1997

Reaffirmed 11/2002

……

5.5 NATIONAL ELECTRICAL CODE GROUPING OF ATMOSPHERIC MIXTURES

5.5.1 Equipment must be selected, tested, and approved for the specific flammable material involved because maximum explosive pressures and other characteristics vary widely. To facilitate testing and approval, the National Electrical Code groups various atmospheric mixtures on the basis of their flammability characteristics. A partial listing follows; for a more complete listing refer to NFFA 497.

Group A: Atmospheres containing acetylene.

Group B: Atmospheres such as butadiene*, ethylene oxide*, propylene oxide*, acrolein*, or hydrogen (or gases or vapors equivalent in hazard to hydrogen, such as certain manufactured gases).

Group C: Atmospheres such as cyclopropane, ethyl ether, ethylene, hydrogen sulfide, or gases or vapors of equivalent hazard.

Group D: Atmospheres such as acetone, alcohol, ammonia*, benzene, benzol, butane, gasoline, hexane, lacquer solvent vapors, methane, naphtha, natural gas, propane, or gases or vapors of equivalent hazard. * Refer to Article 500 – 3, Special Precaution, of NFPA 70, the National Electrical Code.

5.5.2 The explosive characteristics of mixtures of gases or vapors and air vary with the specific material(s) involved. For Class I locations (Groups A, B, C, and D), the classification involves determinations of maximum explosion pressure, maximum safe clearance between parts of a clamped joint in an enclosure, and other characteristics of the atmospheric mixture. The results of the tests on many materials are found in Underwriters Laboratories Inc., Technical Report No. 58. The materials were grouped based on comparison of maximum explosion pressure and maximum experimental safe gap (MESG) to standard reference test materials for each group. Table 1 gives the pertinent data.

5.5.3 Most petroleum products are placed in Group D. However, ethylene production, catalytic reforming, ammonia synthesis, and other processes may involve other groups, particularly Groups B and C.

5.5.3.1 Locations with rechargeable batteries that can discharge hydrogen to the atmosphere should be reviewed for possible Group B classification. See Section 8.2.6.

5.5.4 In mixtures of hydrogen sulfide and natural gas, it is recommended that the mixture be considered Group D if the hydrogen sulfide constitutes less than 25 percent of the mixture (by volume).

5.5.5 In mixtures of manufactured gases, the mixture should be considered Group B if the gases contain more than 30 percent hydrogen by volume.

Table 1 A – BASIS OF GROUPING OF CLASS I GASES AND VAPORS (SI UNITS)

Group	Reference Test Materia	Maximum Experimental safe Gap (mm)	Maximum Explosion Pressure/kPa		
			Ignition in Primary Test Chamber		Ignition in Conduit
			Quiescent	Turbulent	Quies
A	Acetylene	0.0762	1241	1793	7860
B	Hydrogen	0.0762	938	1303	5826
C	Diethyl Ether	0.3048	758	1227	1379
D	Gasoline	0.7356	655	1076	1103

第十二章　配电综合自动化系统设计

1　执行标准、规范

IEC 60870 - 5 - 101　《基本远动配套标准》

IEC 60870 - 5 - 103　《基本保护配套标准 - 变电站自动化系统通信协议》

IEC 61850. 1 ~ IEC 61850. 10《变电站网络与通信协议》

GB/T 13729—2002　《远动终端设备》

GB/T 163092　《地区电网数据采集与综合自动化系统通用技术条件》

DL/T 467—2012　《电力系统实时数据通信应用层协议》

2　概述

随着计算机技术和电子技术的发展，人类社会已进入信息化时代。而工厂配电系统的电气设备大多数都已经更新换代成为智能型产品。同时，数字通信和光电技术飞速发展和广泛应用，再加上企业占地面积和人员定额的限制，促使人们对电力系统的监管有了更新的理念。基于上述背景产生的智能型配电综合自动化系统使人们对工厂电力系统的监管达到了一个新水平。利用该系统可以更可靠、更迅速、更准确地对系统内几乎每一台设备，每一条线路、每一个环节实现真正意义上的遥测、遥信、遥控、遥视和遥调。达到“秀才不出门，能知天下事、能管天下事”的目的。

石化企业配电综合自动化系统的结构按开放分布式设置。通常由集控站和若干个子站及数据通道组成，而一个典型的子站系统通常由站控层、通信层和间隔层(现场设备层)三部分组成。分布是指集控站、子站内设备的结构形式，通常由服务器、工作站及配套设施构成。不同的应用可分布在不同的计算机节点上，具有关键应用的计算机硬件应有冗余配置，为保证石化企业配电综合自动化系统安全运行，通信网络可采用冗余设置。

对于企业内部许多10kV及以下的装置变电所，通常无人值班，一般设置子站，对该变电所内的电气设备和系统进行监测与管理。

配电综合自动化系统的设计过程，通常先由设计单位根据企业配电系统组成，提出一个监控系统接线框图，再会同业主、系统供货商三方就综合自动化系统的功能，集控站及各子站的设置，间隔层设备数量，硬件和软件的配置等问题共同协商并形成技术协议(作为订货合同的附件)，再由供货商具体完成整个系统详细设计，按合同内容还可能包括设备供货及现场安装调试。

3　集控站

集控站是企业电力系统运行、事故处理的指挥中心，是工厂电力系统日常维护、人员培训中心，是工厂电力系统数据统计、报表中心。集控站通过数据通道与若干个子站相连，采集子站的数据，下达系统数据和调度指令。集控站一般设置在全厂总变电所、区域变电所或动力站(有自备发电机)。集控站通常有电气运行人员 24 小时值守。

集控站通常包含一个子站，因为在集控站也有许多需要通信(“上网”)的电气设备。

3.1 集控站的功能

3.1.1 数据采集功能

采集模拟量：电流、电压、频率、有功功率、无功功率、功率因数、电度计量等；

采集开关量：断路器、隔离开关、手车位置等状态；

参数越限告警：显示、记录事件顺序；

非电量：变压器温度、压力信号，变压器档位及其他信号。

故障信息采集。

3.1.2 数据处理功能

实时输出：显示电力系统的运行情况、数据，打印参数越限和开关变位事件；

数据处理：形成表格、曲线、统计报表、历史数据；

数据分析：配电系统的潮流分析，继电保护分析。

3.1.3 遥控功能

根据远方－就地控制、就地优先原则，选择需要遥控的某变电所的开关柜号，配合遥视功能，确认其断路器合/分状态信息后，进行分/合闸操作。可能在集控站监控主机上进行断路器分/合闸操作的回路有：总变电所的配出回路，接地变压器回路，电容补偿回路，进线及分段断路器、配电变压器回路(一次侧)等。是否执行遥控操作，由企业电气运行规程决定。为防止误操作，宜配置智能化的安全管理系统。

电动机回路通常在现场开、停机。一般不允许在电气集控站进行操作，根据工艺控制需要，个别电动机可在中心控制室 DCS 进行控制。

3.1.4 安全生产管理系统

大中型石化企业的配电综合自动化系统，宜设置可视化防误子系统及设备巡检子系统、操作票子系统、智能锁具等子系统组成的安全生产管理系统。各子系统紧密关联、数据共享、相互配合共同完成整个供电系统的安全生产和运行管理。

可视化防误子系统用于保障全系统电气设备操作的安全性，防误范围应覆盖集控站和变电站。系统应实现防误闭锁的全面性和强制性，无论远方、就地、检修及多任务并行操作等，都应具有完善的防误闭锁方式和管理手段。功能设计应符合以下要求：

① 遥控操作强制闭锁，实现对遥控控制回路硬接点强制闭锁功能；

② 唯一操作权管理，对于任何设备，在任意时刻，只有唯一的人员可以取得该设备操作权；

③ 站间联络线闭锁，应实现完善的站与站之间联络线上设备的闭锁功能；

④ 遥视联动功能，系统内置视频图像监视模块，对现场电气设备的模拟、操作过程进行视频联动监视，并具有事故告警、安防告警的视频联动功能；

⑤ 事故抢送功能，断路器事故跳闸时，应具备语音告警和信息提示功能，同时解除该设备的遥控操作闭锁，运行人员可以直接对断路器进行紧急抢送(合闸)操作；

⑥ 验电防误一体化，应安装高压带电显示闭锁装置并与电脑钥匙配合实现验电防误一体化。

3.1.5 供电系统维护功能

供电系统回路、元件参数修改；继电保护定值、曲线修改。

3.1.6　统一系统时钟功能

通过配电综合自动化系统的时钟系统，给全厂子站发出统一的时钟，保证系统及设备有统一的时钟，达到事件先后可追溯，实现事件分析、预防的目的。

3.1.7　模拟操作及工作票功能

计划性操作在集控站系统中模拟进行，经确认正确后出工作票，实际操作。

突发事件的操作在集控站系统中形成预案，按预案执行。

人员培训：通过集控站的模拟操作系统，对员工进行操作培训、突发事件处理培训等。

3.1.8　电能统计功能

统计工厂总的电能消耗及各个装置(单元)的电能消耗；通过打印报表或提供给工厂信息化系统，达到控制全厂能耗的目的。

3.2　系统硬件和高级应用

3.2.1　硬件配置

集控站的硬件包括服务器、工作站及必要的配套设施；设备的选用根据企业配电系统的规模和业主需求而定，每个服务器可完成不同的功能。

3.2.1.1　服务器配置

配电综合自动化系统服务器：服务器一方面负责完成各种配电综合自动化系统，另一方面保存实时数据库的数据及历史数据。用户对数据的访问采取统一的接口；存储格式和物理数据库的结构对用户完全透明。

WEB(网页)服务器：WEB(网页)服务器既保存外围中心数据库的全部数据，又能采用WEB(网页)的形式发布与配电综合自动化系统统一的实时信息和画面。

3.2.1.2　工作站

操作员工作站：操作员工作站可在其上看到各种实时数据、历史曲线、设备参数、图形画面等；具有告警、事故追忆等功能；可对下属供、配电设备发布操作命令。

工程师工作站：工程师工作站主要用于对供电系统图形、数据的生成及维护，工厂配电综合自动化系统网络的维护等。如：系统管理、网络管理、安全管理、通道管理，以及修改系统接线图、遥测、遥信点号即各种参数等。

通常上述数据服务器和工作站按冗余配置。

3.2.1.3　配套设备

配套设备由配电综合自动化系统所必需的输出设备组成；如事故及报表打印机、多媒体音箱等。如用户需要可设置全厂电力系统模拟盘。

3.2.2　高级应用

3.2.2.1　网络拓扑

网络拓扑又称网络建模，是配电综合自动化系统应用软件的基础。它根据全厂变配电系统一次接线图中的开关、刀闸等信息和网络元件的连接关系确定全厂电网的电气连接状态，并将网络的物理模型转化为数学模型。应具备如下主要的功能：

a. 能处理任何结线方式，如单母线、双母线、双母线带旁路母线、旁路开关等；

b. 可以分析处理电气子系统情况；

c. 对每个电气子系统指定参考；

d. 能处理单端开断的支路(线路或变压器)；

e. 能处理人工设置的状态信息；

f. 拓扑结果应能在画面上直观明了地显示；对网络结线具有着色功能以区分是否带电及电压等级等；

g. 应具备图模一体化功能，提供操作和维护方便的人机界面状态估计。

3.2.2.2 应用软件

配套软件(详见7.1.2)应能实现集控站所有的功能，这些功能包括：

a. 实时数据采集，包括所有模拟量和开关量；

b. 数据处理；

c. 事件记录与报警；

d. 图形生成与显示；

e. 电能采集计量；

f. 数据查询与打印；

g. 报表编辑、显示与打印；

h. 控制功能；

i. 统计功能；

j. 历史事件查询；

k. 故障录波功能；

l. web 浏览功能；

m. 模拟操作及操作票功能；

n. 系统自检功能。

系统应有足够的数据库容量；数据通道有强大的通信功能，适应多种通信规约接口并具有扩展性。

4 子站

子站是全厂配电综合自动化系统的基本组成部分，是电气事件数据的初始来源；子站完成对间隔层设备的数据采集，并临时存储；通过数据通道将数据上传；接收集控站的指令，并下传到间隔层设备使其执行。一个现代化大型石化企业可能有几套、十几套生产装置及相应的装置变电所，每个装置变电所可能就是一个子站，这些子站无人值班。

子站由站控层、通信层和间隔层(现场设备层)三部分组成。

4.1 间隔层(现场设备层)

完成数据采集及自身需要的数据处理。这些需要通信的现场设备包括：安装在高、低压开关柜上的综合保护装置、多功能电度表，智能型直流电源装置、UPS电源装置、EPS电源装置、变频调速装置、软启动设备；安装在保护屏上的主变压器综合保护装置、线路差动保护装置、低压智能型断路器(进线和分段开关)等设备。

4.2 通信层

通信层将间隔层的设备与站控层连接起来，即按一定的通信规约实现上下通信。详细内容见5.1所述。

4.3 站控层

站控层的硬件配置，一般重要的子站如区域性变电所或联合装置变电所按双机双网配置，即两台主机及交换机冗余配置，辅助设备有打印机、多媒体音箱等。小型子站的站控层的硬件配置可以简化，通常只设置一台主机，按用户要求设置或不设打印机和音响设备，甚至可不设主机。

有后台主机的子站具有以下功能：

4.3.1 数据采集功能

采集本站模拟量：电流、电压、频率、有功功率、无功功率、功率因数、电度计量等；

采集本站开关量：断路器、隔离开关、手车位置状态；

参数越限告警：显示、记录事件顺序；

非电量：变压器温度、压力信号，变压器档位及其他信号；

外部设备数据采集：按配电综合自动化系统要求采集本系统以外的相关数据、事件。

4.3.2 数据处理功能

实时输出：显示电力系统的运行情况、数据，参数越限和开关变位事件。

采集数据并形成表格、曲线、统计报表、历史数据，临时存储在子站主机上。

4.3.3 系统对时功能

通过通信通道与集控站的时钟系统进行对时，保证系统有统一的时钟。

4.3.4 与上级综合自动化系统数据交流功能

子站与全厂集控站进行数据交流。其中，总变电所子站有其特殊功能，该子站要完成双重功能：既执行集控站的通信任务，同时接受地方电力系统调度指令。

总变电所子站完成事故事件数据采集、存储功能。一般在总变电所设置专用的故障录波设备，对主要设备的模拟量及开关量进行记录，为事件分析提供数据。

5 通信通道

通信通道是实现集控站、子站内部站控层与间隔层设备之间的连接，以及集控站与子站之间的网络连接。主要完成数据链路的建立、通信规约的统一。该系统由通信设备和通信线路组成。

5.1 子站内部站控层与间隔层设备之间的通信

5.1.1 按照 IEC 60870－5－103 通信协议组建的通信系统

由通信层的设备及相应软件实现主机与间隔层的电子设备之间的通信。现有大多数变电所，是遵循 IEC 60870－5－103 通信协议连接的通信系统，其硬件设备一般有：通信管理机、网络交换机、通信线路等，对于某些间隔层设备可能需要配置网关或人机界面等设备。

通信管理机也称作 DPU 或网关，用于将一个变电所内所有的电子设备的通信数据整理汇总，实时上送上级集控站系统(集控站后台机和 DCS)，完成遥信、遥测等功能。另一方面接收后台机下达的命令，并转发给变电所内的相应间隔层的电子设备，完成对站内各开关设备的分、合闸远方控制或装置的参数整定，实现遥控和遥调功能。通信管理机应具有多个下行通信接口及一个或者几个上行网络接口，相当于前置机即监控计算机。

网络交换机，一般用于 LAN－WAN 的连接，是数据链路层的设备。在企业变电所的集控站或重要的子站，需要接受输入和转发的线路较多时，需要配置网络交换机。

通信线路是数据通信的物理链路，子站内部后台主机与间隔层设备的连接，一般采用现场总线方式。通常采用屏蔽双绞线。每条线路可串接 7 ~ 8 个电子设备，由电子设备所带 R485 通信口接入。传输距离一般在 150 ~ 200m，信号接至通信管理机。再由通信管理机用网络线接入网络交换机，由交换机的以太网口(电口)接到本站主机，由交换机的以太网口(光口)经光缆接入上级集控站。小型子站也可不用网络交换机，上行至本站主机和集控站的通信线路都从配置有网络接口的通信管理机接出。

对于低压配电系统的电子设备，由于数量很多(电动机保护器、配电线路保护器、变频器、多功能测量仪表等)，一般单独组成一台“低压系统集控屏”内设 2 ~ 3 台通信服务器，汇集低压系统的所有电子设备，由通信服务器上行网口接至子站的通信管理机。

5.1.2　按照 IEC 61850 通信协议组建的通信系统

近几年来，变电所数字化通信已采用 IEC 61850 通信协议，与上述协议不同的是现场电子设备要求具有以太网口(1 ~ 2 个)，采用网络线(8 芯屏蔽双绞线)由以太网口将电子设备直接连接至网络交换机，但每台设备需要一根网线，即“一对一”连接，通信距离不宜超过 100m。对于少数不带以太网口的现场设备，可采用通信规约转换器进行转换，或者选用一台小型通信管理机(实际上也是一台通信规约转换器)进行转换。采用 IEC6 1850 通信协议实现站内通信的显著优点是传输速度快、扩展性好、统一性好、不会发生数据丢失现象，是变电所综合自动化系统的发展方向。

5.2　集控站与子站之间的数据通信

集控站、子站之间的数据通道形式一般采用星形结构。为提高传送速度，集控站、子站之间的数据通道为光缆直接连接。

5.3　集控站与厂区其他系统的数据通信

包括集控站与全厂信息化系统以及通往地方电力系统调度室的数据通道。该通道为单向，并设隔离设备，采用光纤连接。

6　配电综合自动化系统网络接线图

配电综合自动化系统的接线与全厂电气一次接线系统密切相关。由于各个企业受电电压不同，厂内配电电压级数不同，厂区内区域变电所或装置变电所设置不同，有无自备发电机等等因数，再加上执行的通信协议不同、综合自动化系统供货商不同，使得各个企业的配电综合自动化系统设计不可能完全相同。但基本的网络结构是相同的。通常是有一个集控站，下面有若干个子站。

【例 1】(按照 IEC 60870 通信协议组建的系统)

本例是一个大中型石化企业的变配电系统，110kV 电压受电，集控站设在 110kV 变电所内，下设 5 个子站，其中 3 个 35/10kV 联合装置变电所，两个 10kV/0.4kV 装置变电所(含总变电所的一个子站)。按照 IEC 60870 通信协议组网。集控站接线图见图 12－1，35kV 子站接线图见图 12－2，10kV 子站接线图见图 12－3。

【例 2】(按照 IEC 61850 通信协议组建的系统)

某企业配电综合自动化系统，按照 IEC 61850 通信协议组网，集控站接线图见图 12－4。

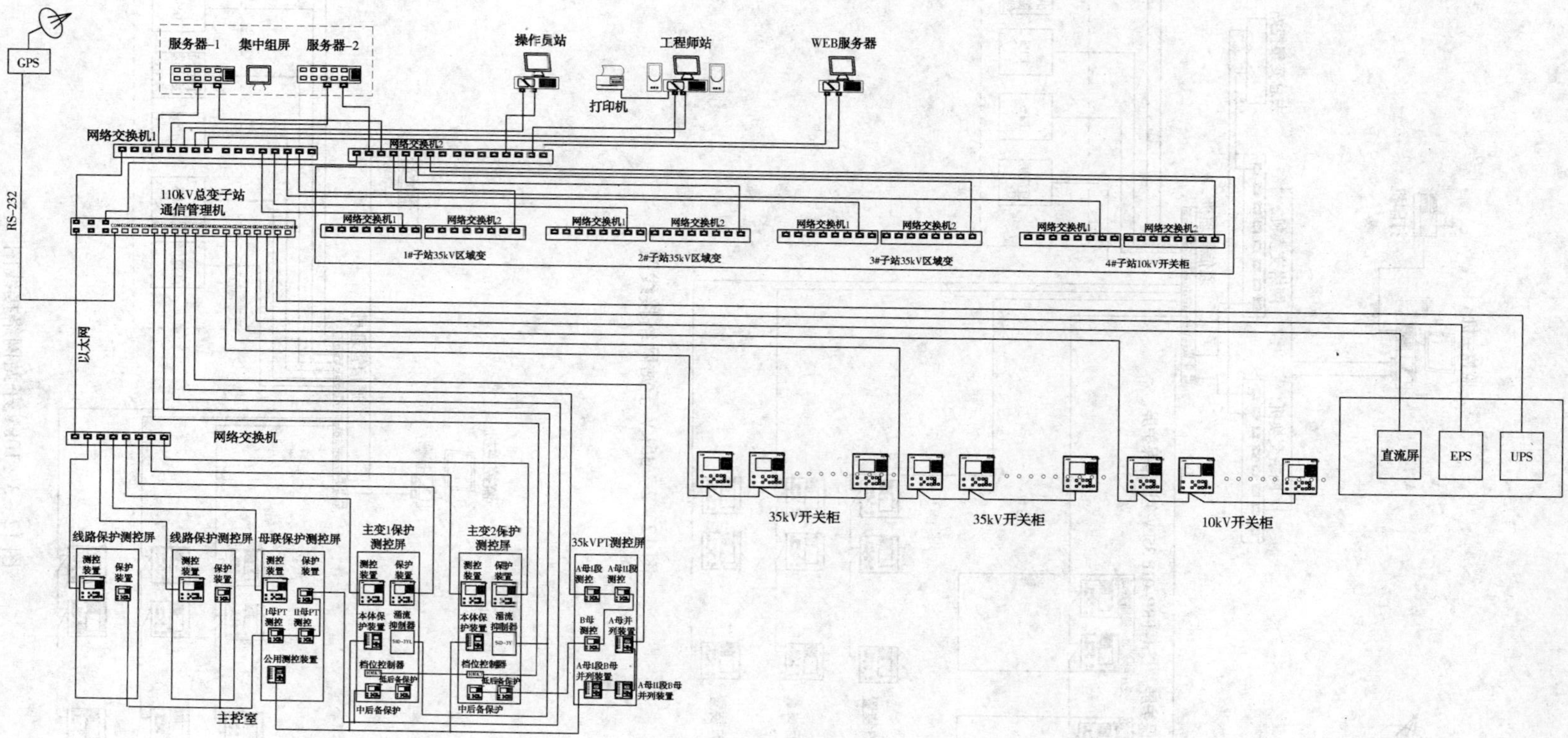

图12-1　集控站网络接线图(一)

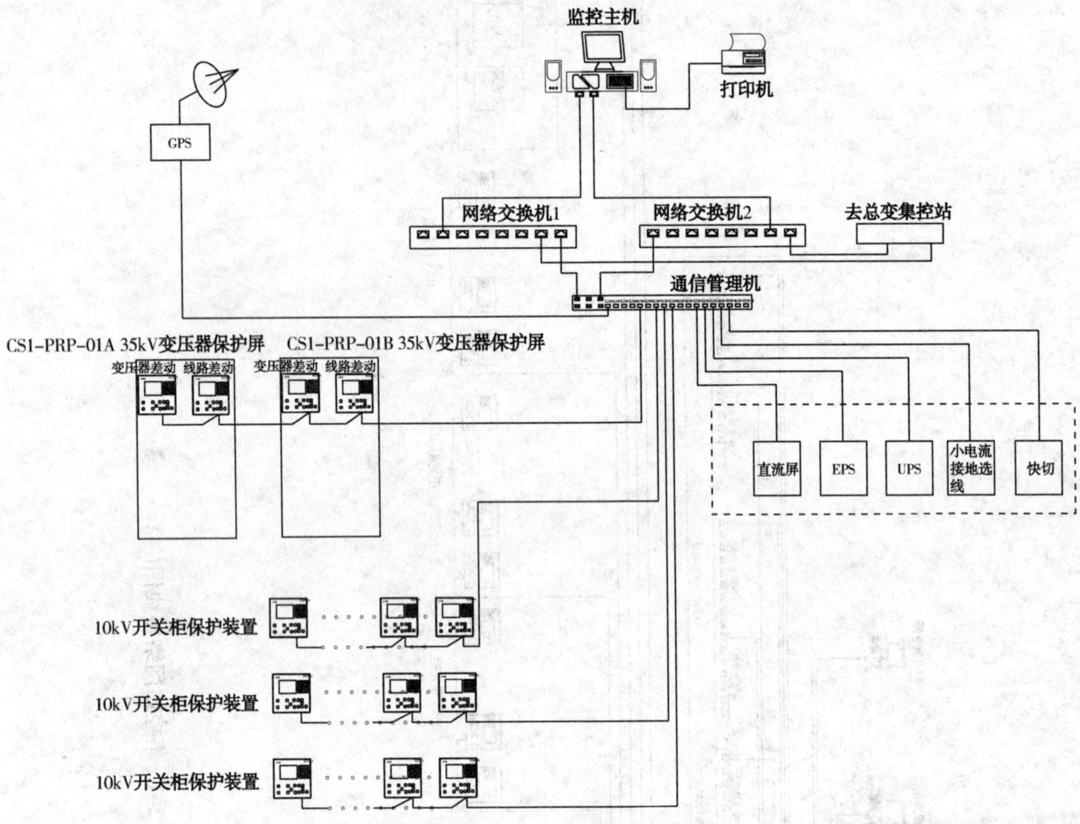

图 12－2　35kV 子站网络接线图

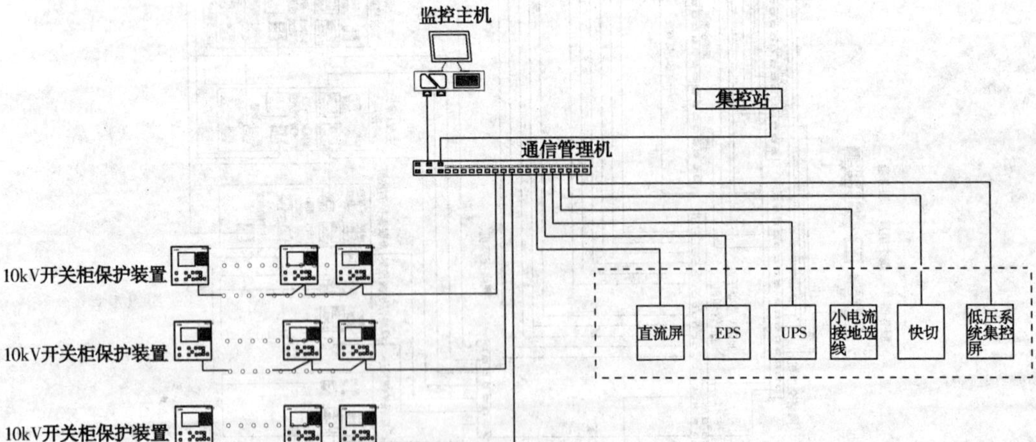

图 12－3　10kV 子站网络接线图

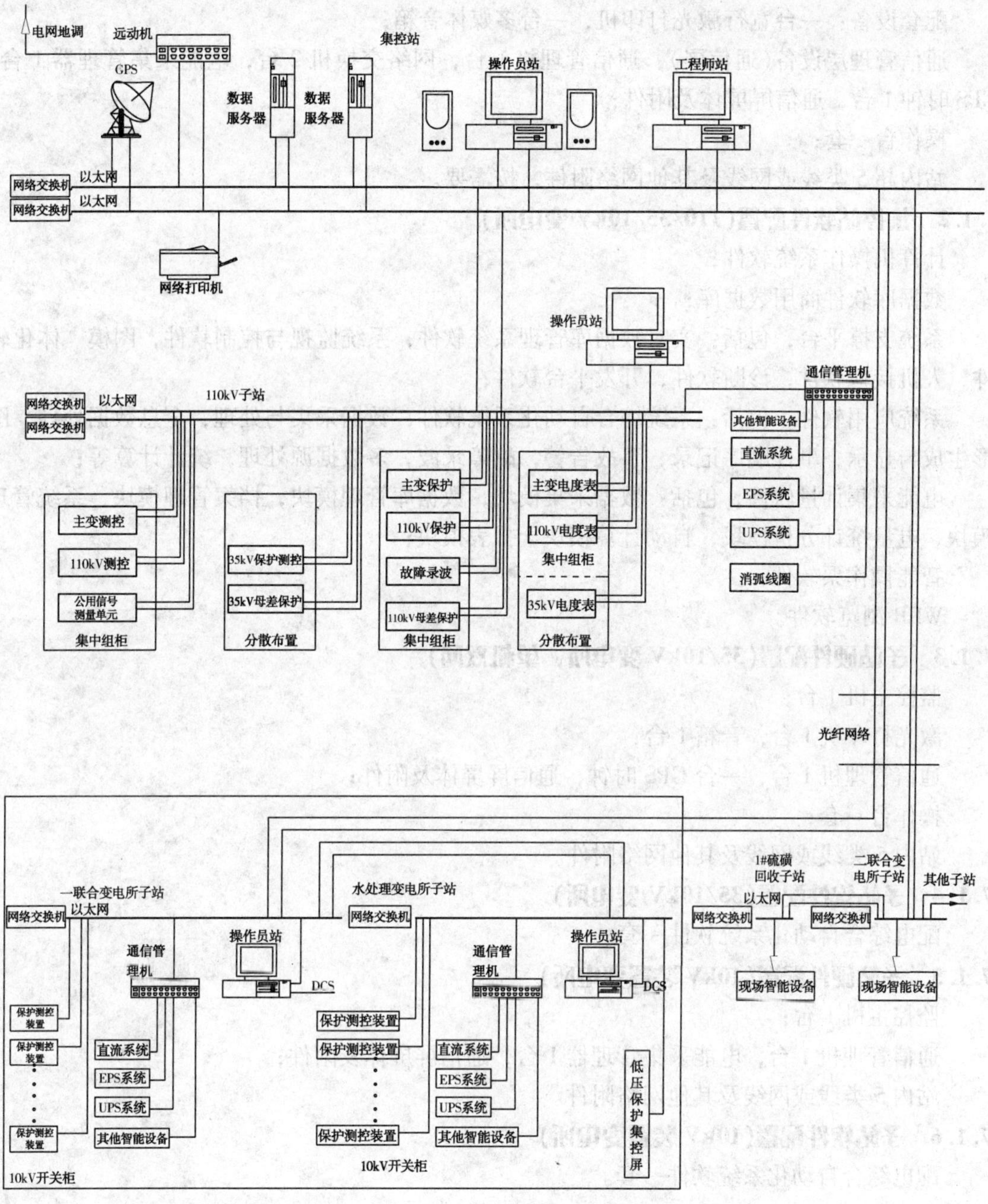

图 12－4　集控站网络接线图(二)

7　硬件、软件配置

7.1　例 1 中配电综合自动化系统的软、硬件配置

7.1.1　集控站硬件配置(110/35/10kV 变电所，双机双网)

服务器：数据服务器 2 台，互为冗余，WEB 服务器 1 台；

工作站：工程师工作站 1 台，操作员工作站 1 台，工程师站和操作员站冗余热备；

配套设备：一台宽行激光打印机，一台多媒体音箱；

通信管理层设备(通信屏)：通信管理机 1 台，网络交换机 2 台，电能采集管理器 1 台，GPS 时钟 1 台，通信屏屏体及附件；

操作台一套；

站内超 5 类线或网线及其他网络附件，按需要。

7.1.2 集控站软件配置(110/35/10kV 变电所)

计算机操作系统软件；

数据库软件商用数据库；

系统支撑平台，包括：实时数据库管理系统软件，系统监视与控制软件，图模一体化软件，人机接口软件，诊断软件，开发平台软件；

系统应用软件，包括：系统综合自动化系统软件，数据采集与处理，全息数据处理，图形生成与显示，事件顺序记录，事故告警，故障录波，多数据源处理，统计计算等；

电能采集计量软件，包括：数据采集模块，数据库管理模块，档案管理模块，系统管理模块，电量统计分析模块，自动计算模块，报表模块；

智能操作票软件；

WEB 浏览软件。

7.1.3 子站硬件配置(35/10kV 变电所，单机双网)

监控主机 1 台；

激光打印机 1 台，音箱 1 台；

通信管理机 1 台，一台 GPS 时钟，通信屏屏体及附件；

操作台一套；

站内 5 类线或网线及其他网络附件。

7.1.4 子站软件配置(35/10kV 变电所)

配电综合自动化系统软件一套。

7.1.5 子站硬件配置(10kV 装置变电所)

监控主机 1 台；

通信管理机 1 台，电能采集管理器 1 台，通信屏屏体及附件；

站内 5 类线或网线及其他网络附件。

7.1.6 子站软件配置(10kV 装置变电所)

配电综合自动化系统软件一套。

7.2 例 2 中综合自动化系统的软、硬件配置

7.2.1 集控站硬件配置(110/35/10kV 变电所，双机双网)

数据服务器 2 台；

工作站：操作员工作站 1 套，工程师工作站 1 套。工程师站和操作员站冗余热备；

通信管理设备：主干网网络交换机 2 套。数据采集网络交换机 2 套，GPS 时钟，通信机柜；

配套设备：一台宽行激光打印机，一台多媒体音箱；

屏蔽双绞线(8 芯)，按需要。

7.2.2 集控站软件配置

防病毒软件，高级企业版；

数据库软件，ORICAL 多客户端；

操作系统软件，UNIX；

综合自动化系统主站系统应用软件 NS3000。

7.2.3 第一联合装置变电所子站硬件配置

监控主机 1 台，规格同操作员工作站；

多媒体音箱一套；

网络交换机 3 台，通信管理机 1 台；

屏蔽双绞线(8 芯)，超 5 类网线，按需要；

其他：通信机柜、光纤辅件等。

7.2.4 第一联合装置变电所子站软件配置

综合自动化系统子站系统应用软件 1 套。

7.2.5 其他子站软、硬件配置

基本同第一联合装置变电所子站，此处从略。

参 考 文 献

1 任元会主编．工业与民用配电设计手册．第三版．北京：电力工业出版社，2010

2 姚高祎主编．照明设计手册．第二版．北京：中国电力出版社，2011

3 水利电力部西北电力设计院编．电力工程电气设计手册．北京：水利电力出版社，1989

4 王维俭著．电气主设备继电保护原理与应用．北京：中国电力出版社，1996

5 GB 3836.1—2010 爆炸性环境　第 1 部分：通用要求

6 GB 3836.2—2010 爆炸性环境　第 2 部分：由隔爆外壳“d”保护的设备

7 GB 3836.3—2010 爆炸性环境　第 3 部分：由增安型“d”保护的设备

8 GB 3836.4—2010 爆炸性环境　第 4 部分：由本质安全型“i”保护的设备

9 GB3836.5—2004 爆炸性环境用防爆电气设备　第 5 部分：正压外壳型“p”

10 GB 3836.6—2004 爆炸性环境用防爆电气设备　第 6 部分：油浸型“o”

11 GB 3836.8—2003 爆炸性环境用防爆电气设备　第 8 部分：“n”型电气设备

12 GB 12476.1—2000 可燃性粉尘环境用电气设备　第 1 部分：用外壳和限制表面温度保护的电气设备，第 1 节　电气设备的技术要求

13 GB 12476.2—2010 可燃性粉尘环境用电气设备　第 2 部分：选型和安装

14 GB 12476.3—2007 可燃性粉尘环境用电气设备　第 3 部分：存在或可能存在可燃性粉尘的场所分类

15 GB 12476.7—2010 可燃性粉尘环境用电气设备　第 7 部分：正压保护型 PD

16 API RECOMMENDED PRACTICE 500，Recommended Practices for Classification of Locations for ElectricalIn-stal lations at Petroleum Facilities Classified as Class I，Division 1 and Division 2，SECOND EDITION，NOVEMBER 1997，Reaffirmed 11/2002